T0222961

Bielefelder Schriften zur Didaktik der Mathematik

Band 11

Reihe herausgegeben von

Andrea Peter-Koop, Universität Bielefeld, Bielefeld, Deutschland

Rudolf vom Hofe, Universität Bielefeld, Bielefeld, Deutschland

Michael Kleine, Institut für Didaktik der Mathematik, Universität Bielefeld, Bielefeld, Deutschland

Miriam Lüken, Institut für Didaktik der Mathematik, Universität Bielefeld, Bielefeld, Deutschland

Die Reihe Bielefelder Schriften zur Didaktik der Mathematik fokussiert sich auf aktuelle Studien zum Lehren und Lernen von Mathematik in allen Schulstufen und -formen einschließlich des Elementarbereichs und des Studiums sowie der Fort- und Weiterbildung. Dabei ist die Reihe offen für alle diesbezüglichen Forschungsrichtungen und -methoden. Berichtet werden neben Studien im Rahmen von sehr guten und herausragenden Promotionen und Habilitationen auch

- empirische Forschungs- und Entwicklungsprojekte,
- theoretische Grundlagenarbeiten zur Mathematikdidaktik,
- thematisch fokussierte Proceedings zu Forschungstagungen oder Workshops.

Die Bielefelder Schriften zur Didaktik der Mathematik nehmen Themen auf, die für Lehre und Forschung relevant sind und innovative wissenschaftliche Aspekte der Mathematikdidaktik beleuchten.

Judith Huget

Die Methode der didaktisch orientierten Rekonstruktion

Systematisierung und beispielhafte Anwendung auf die Gesetze der großen Zahlen

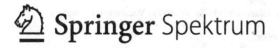 Springer Spektrum

Judith Huget
Bielefeld, Deutschland

ISSN 2199-739X   ISSN 2199-7403 (electronic)
Bielefelder Schriften zur Didaktik der Mathematik
ISBN 978-3-658-42641-5   ISBN 978-3-658-42642-2 (eBook)
https://doi.org/10.1007/978-3-658-42642-2

Die Deutsche Nationalbibliothek verzeichnet diese Publikation in der Deutschen Nationalbibliografie; detaillierte bibliografische Daten sind im Internet über http://dnb.d-nb.de abrufbar.

I acknowledge support for the publication costs by the Open Access Publication Fund of Bielefeld University and the Deutsche Forschungsgemeinschaft (DFG).

Planung/Lektorat: Marija Kojic
Springer Spektrum ist ein Imprint der eingetragenen Gesellschaft Springer Fachmedien Wiesbaden GmbH und ist ein Teil von Springer Nature.
Die Anschrift der Gesellschaft ist: Abraham-Lincoln-Str. 46, 65189 Wiesbaden, Germany

Das Papier dieses Produkts ist recyclebar.

Geleitwort

Die Identifikation von Wissenselementen von Mathematiklehrkräften ist ein wichtiger Bestandteil einer Professionsforschung. In diesem Themenfeld setzt die vorliegende Arbeit an, indem mit der Methode der didaktisch orientierten Rekonstruktion eine Möglichkeit abgeleitet wird, um transparent und nachvollziehbar Wissenselemente mathematischer Inhalte für Lehrende in Inhaltsbereichen des Fachs Mathematik abzuleiten und in Bezug auf deren inhaltlichen Folgerungen zu betrachten. Die Methode zielt dabei auf den Kern stoffdidaktischer Arbeit und strukturiert bestehende und historische Methoden zu einem einheitlichen „Instrument".

Dabei verfolgt Frau Huget zwei wesentliche Ziele in dieser Arbeit:

1. Die systematische Ableitung einer didaktisch orientierten Rekonstruktion als didaktisches Analyseinstruments, mit dem mathematische Inhaltsbereiche sukzessive aufgebrochen werden, um aus normativer Sicht Wissenselementen für Lehrkräfte offen zu legen.
2. Die Anwendung dieses didaktischen Analyseinstruments am Beispiel der Gesetze der großen Zahlen, um die analytischen Schritte und die Darlegungsmöglichkeiten an diesem Inhaltsbereich transparent darzulegen.

In der Erreichen des ersten Ziels wird bei der Lektüre der Arbeit erkennbar, dass Frau Huget insbesondere von zwei historische Stränge aus der didaktischen Forschung beeinflusst wird: die „Elementarisierung" im Sinne von Arnold Kirsch, die die Struktur des Analyseinstruments beeinflusst. Dieser Sichtweise wohnt die Kirsch'sche Intention inne, in einer stoffdidaktischen Aufarbeitung solche Wissenselemente zu betrachten, die für Lehrkräfte wesentlich erscheinen zur späteren Unterrichtung des Fachinhalts. Ebenso ist das „Dilemma" der doppelten Diskontinuität im Sinne von Felix Klein ein wesentliches Motiv, mit einem solchen Analyseinstrument Brücken zu schaffen, die zwischen schulischen und universitären Erfahrungen in der Mathematik vermitteln.

Die Anwendung der didaktisch orientierten Rekonstruktion am Beispiel der Gesetze der großen Zahlen erweist sich aus meiner Sicht als besonders sinnvoll für eine solche Arbeit, weil die Wissenselemente der verschiedenen mathematischen Sätze reichhaltig sind und eben in Bezug auf diese doppelte Diskontinuität diese Betrachtungen zulassen, um Elemente für Lehrkräfte in Bezug auf ihre Schul- und Hochschulrelevanz hin zu identifizieren.

Das von Frau Huget abgeleitete und angewendete Analyseinstrument einer didaktisch orientierten Rekonstruktion erweist sich für die weitere Forschung als offen in Bezug auf die Weiterentwicklung des Analyseinstruments auf den verschiedenen Ebenen. Ebenso schafft es eine Möglichkeit der systematischen Erschließung weiterer mathematischer Inhalte. Ich wünsche Leserinnen und Lesern ebenso viel Freude bei der Lektüre, die auch ich empfunden habe.

Bielefeld   Michael Kleine
im Mai 2023

Danksagung

Ich möchte mich von ganzem Herzen bei Herrn Prof. Dr. Michael Kleine für seine herausragende Unterstützung und Betreuung während meiner Dissertation bedanken. Seine hilfsbereite Art und sein fachliches Know-how haben mir sehr geholfen und mich stets motiviert. Durch seine konstruktiven Anmerkungen und seine wertvollen Tipps konnte ich meine Arbeit in dieser Form abschließen. Ich bin dankbar für die vielen Gelegenheiten, die er mir geboten haben. Ich freue mich auf unsere weitere Zusammenarbeit.

Herzlich danken möchte ich Herrn Prof. Dr. Nils Buchholtz für seine Unterstützung während meiner Arbeit. Seine methodischen und inhaltlichen Impulse haben meine Dissertation entscheidend geprägt und mir wertvolle Anregungen gegeben. Ich schätze die Zeit, die wir in Diskussionen verbracht haben, sehr und bin dankbar für die wertvollen Einsichten.

Meinen Kolleginnen und Kollegen (auch über die Grenzen des IDMs hinweg) möchte ich ebenfalls danken, denn durch ihre Unterstützung und ihr angenehmes Arbeitsumfeld habe ich mich immer wohl und unterstützt gefühlt. Insbesondere möchte ich auch Menschen erwähnen, die mich über die Arbeit hinaus geprägt haben: Danke an Nina, Max, Lena, Lukas, Franzi, Sebastian, Steffi, Milena und Menschen, die ich sicher hier vergessen habe. Durch sie habe ich manchmal vergessen, dass dies Arbeit ist.

Zuletzt möchte ich mich bei meiner Familie, meinen Freunden und meinem Partner bedanken. Ohne ihre Unterstützung, ihr Verständnis und ihre Geduld hätte ich diese Arbeit niemals in dieser Form schaffen können. Ich bin dankbar für die Liebe und die Unterstützung, die ich während dieser Zeit erfahren habe.

Danke, dass es euch gibt.

Judith Huget

Inhaltsverzeichnis

Abbildungsverzeichnis

Tabellenverzeichnis

Einleitung

> Was zusammenhängt, lernt sich besser und wird besser behalten. Nur muss man den Zusammenhang recht verstehen. Wenn es nur ein Zusammenhang ist, der vom Dozenten verstanden ist, oder den der Dozent nicht einmal versteht, sondern einem vorredet, so verfehlt er seinen Zweck[…] (Freudenthal, 1973; S. 75 ff.)

Freudenthal (1973) verstand, dass Wissen vernetzt gelernt werden muss und sorgte sich darum, dass schon die Lehrkraft diese Zusammenhänge nicht versteht. Zusammenhänge in der Mathematik können auf vielfache Weise hergestellt werden. Einerseits können es innermathematische Vernetzungen sein, andererseits auch außermathematische Vernetzungen, also Anwendungsbezüge. Soll der Begriff des Zusammenhangs weiter gefasst und auf Lehrkräfte bezogen werden, so rücken auch verschiedene didaktische Konzepte wie beispielsweise Darstellungsebenen, Grundvorstellungen, fundamentale Ideen in den Fokus. Neben der Analyse des fachlichen Inhalts wurden in stoffdidaktischen Analysen auch normative Aussagen zu fachdidaktischen Konzepten generiert. Wie diese Analyse durchgeführt wird, blieb dabei häufig unklar. Eine Systematisierung von stoffdidaktischen Analysen ist bisher unbekannt.

Eine Systematisierung einer stoffdidaktischen Methode bedeutet in dieser Arbeit Folgendes: Um ein Ziel zu erreichen, müssen einzelne Komponenten nach einem Ordnungsprinzip gegliedert, beschrieben und theoretisch begründet werden. Wie eine stoffdidaktische Methode definiert ist, blieb bisher unklar. Griesel (1971) formulierte Ziele einer didaktischen Orientiertheit von mathematischen Analysen, bei der er auf das Ziel der besseren Organisation von mathematischen Lernprozessen eingeht. Ein weiteres Ziel könnten aber auch Methoden und Unterrichtspraxis sein,

© Der/die Autor(en) 2024
J. Huget, *Die Methode der didaktisch orientierten Rekonstruktion*, Bielefelder Schriften zur Didaktik der Mathematik 11,
https://doi.org/10.1007/978-3-658-42642-2_1

um den mathematischen Kern zu identifizieren (Griesel, 1971, S. 79 f.). In dieser
Arbeit wird primär der Begriff der didaktisch orientierten Rekonstruktion genutzt,
der von Biehler und Blum (2016) mit dem Ziel „mathematische Gegenstände so aufzubereiten, dass natürliche Zugänge, wesentliche Grundvorstellungen und typische
Arbeitsweisen sichtbar werden und sich idealtypische Lernsequenzen herauskristallisieren" (S. 2) eingeführt wurde. Diesen Begriff beziehen sie auf die Arbeiten von
Kirsch, denen in dieser Arbeit besonderer Aufmerksamkeit beigemessen werden.

Stoffdidaktische Methoden wurden auch in der Forschung zum Professionswissen von Lehrkräften in den letzten Jahrzehnten in verschiedenen Studien zur Konzeptualisierung und Operationalisierung genutzt. Beginnend mit einer Triade aus
Fachwissen, fachdidaktischem Wissen und pädagogischem Wissen nach L. S. Shulman (1986b), über eine Erweiterung Brommes (1992) wurden auf deren Basis verschiedene Studien konzipiert, um das Professionswissen zu messen (z. B. Ball, Hill
& Bass, 2005; Baumert et al., 2011; Blömeke, Kaiser & Lehmann, 2010; Heinze,
Dreher, Lindmeier & Niemand, 2016). Fachwissen wird in dieser Arbeit hinsichtlich des Inhaltswissens und des wissenschaftstheoretischen Wissens nach Neuweg
(2011) unterschieden. Es bleibt unklar, wie Fachwissen für Lehrkräfte in Studien
normativ festgelegt wurde. Falls stoffdidaktische Analysen stattfanden, so wurden
diese oftmals nur ungenau beschrieben. Diese Arbeit setzt daran an, das Fachwissen
ausgehend vom mathematischen Inhalt zu generieren.

Für die vorliegende Arbeit wurde die Wahrscheinlichkeitsrechnung als mathematischer Inhalt in den Fokus gerückt. Sie ist gemeinsam mit der Statistik der Stochastik
zugeordnet und bildet das Exempel für die Durchführung einer stoffdidaktischen
Methode. Innerhalb der Professionsforschung ist nur wenig über das Fachwissen
von Lehrkräften in der Wahrscheinlichkeitsrechnung bekannt. Dabei zeigt das Feld
mathematisch gesehen sowohl auf schulischer als auch auf akademischer Ebene viel
Potential für Analysen, indem es wichtige Anwendungsbezüge für das alltägliche
Leben aufzeigt. Die Wahrscheinlichkeit begegnet einem Menschen in seinem Leben
vielfach, sei es bei Wettervorhersagen oder Pandemien, auch in anderen Fachdiszi-
plinen wie Physik, Wirtschaft oder der Soziologie (Batanero,Chernoff, Engel, Lee
& Sánchez, 2016). Menschen müssen in der Lage sein, in alltäglichen Situationen unter einer Unsicherheit Entscheidungen zu treffen. Dies zu lernen gehört zur
mathematischen Grundbildung eines Menschen (Gal, 2005; OECD, 2019). Diese
Vermittlung mathematischer Grundbildung gehört zu den Aufgaben von Lehrkräften. Zu untersuchen, welche fachlichen Komponenten Lehrkräfte dafür in ihrem
Wissen verinnerlicht haben sollten, ist Teil dieser Arbeit. Dies soll beispielhaft an
den Gesetzen der großen Zahlen analysiert werden. In diesem Beitrag werden das
empirische, das schwache und das starke Gesetz der großen Zahlen thematisiert, weil
sie unterschiedliche Grade an mathematischer Strenge und Komplexität aufweisen.

Des Weiteren findet nur das empirische Gesetz der großen Zahlen Anwendung in der Schule, während die anderen beiden Gesetze der großen Zahlen andere Deutungen einer Stabilisierung in mathematischer Weise beschreiben. Anhand der Gesetze der großen Zahlen können Unterschiede zwischen schulischer und akademischer Mathematik aufgezeigt werden. Mit dieser Unterscheidung geht eine Problematik für angehende Lehrkräfte einher. Sie wird doppelte Diskontinuität genannt und geht auf Felix Klein (1908) zurück, welcher auf die Losgelöstheit zwischen schulischer und akademischer Mathematik anspielt. Dieser doppelten Diskontinuität begegnen Lehrkräfte bei Eintritt in die erste Lehrerausbildungsphase und wiederum bei Eintritt in die Schulpraxis. Sie benötigen eine Form von elementarisiertem akademischem Fachwissen. Elementarisiertes akademisches Fachwissen ist eben jenes, welches Lehrkräfte in ihrer fachlichen Ausbildung erworben haben müssen, um die nötige fachliche Tiefe für den Mathematikunterricht, aber auch für den Erwerb neuen Wissens aufweisen zu können. Der Aspekt der Elementarisierung ist die Transformation von mathematischen Inhalten und Theorien auf ein niedrigeres, adressatengerechteres Niveau (Griesel, 1974, S. 117).

Aufgrund der hier erwähnten Forschungslücken sind die zwei Ziele dieser Arbeit:

1. Die Systematisierung einer didaktisch orientierten Rekonstruktion (als eine stoffdidaktische Analyse) zur Strukturierung eines mathematischen Inhalts, ausgehend vom Kern des Inhalts mit dem Ziel, normative Aussagen über Wissensinhalte für Lehrkräfte generieren zu können.
2. Die Identifikation eines Kanons möglicher elementarisierter akademischer Wissenselemente für Lehrkräfte der Sekundarstufen I und II, exemplarisch anhand der Gesetze der großen Zahlen innerhalb der Wahrscheinlichkeitsrechnung mithilfe der didaktisch orientierten Rekonstruktion (Erprobung der systematisierten Methode).

Somit liegt hier eine theoretische Arbeit mit wissenschaftstheoretischem Interesse vor. Der Aufbau der Arbeit zum Erreichen der oben genannten Ziele wird im Folgenden beschrieben.

Aufbau der Arbeit
Die vorliegende Arbeit befasst sich mit der Systematisierung der Methode der didaktisch orientierten Rekonstruktion und ihrer Erprobung anhand der Identifikation von Fachwissenselementen am Beispiel der Wahrscheinlichkeitsrechnung. Sie gliedert sich in sechs Teile. Das erste und zweite Kapitel bilden die theoretischen Grundlagen.

Dafür werden im ersten Kapitel die fachliche und fachdidaktische Strukturierung der Wahrscheinlichkeitsrechnung dargestellt mit dem Ziel der thematischen Einführung in die Wahrscheinlichkeitsrechnung. Dazu wird zunächst die fachliche Strukturierung mit der Unterscheidung in schulische und akademische Mathematik allgemein eingeführt und exemplarisch auf die Wahrscheinlichkeitsrechnung und insbesondere auf die Gesetze der großen Zahlen angewendet. Im Anschluss daran werden ausgewählte fachdidaktische Grundlagen allgemein dargestellt und auf den hier gewählten mathematischen Teilbereich übertragen. Fachdidaktische Grundlagen sind in diesem Fall insbesondere mathematische Grundbildung, Bildungsstandards, fundamentale Ideen und Grundvorstellungen. In der exemplarischen Anwendung werden des Weiteren noch Wahrscheinlichkeitsbegriffe als spezifischer fachdidaktischer Aspekt der Stochastik eingeführt.

Kapitel 3 diskutiert das Fachwissen als Teil des Professionswissens von Lehrkräften. Dafür erfolgt zunächst eine allgemeine Begriffsklärung von Wissen und Kompetenz. Anschließend werden verschiedene Konzeptualisierungen von Fachwissen dargestellt. In Abschnitt 3.3 werden die doppelte Diskontinuität und das schulmathematische Wissen nach Klein (1908) geschildert. Im Anschluss daran wird die Wissenskonzeptualisierung mit Blick auf das school-related content knowledge erörtert. Abschnitt 3.5 gibt einen Überblick über das Professionswissen bezüglich der Wahrscheinlichkeitsrechnung.

In Kapitel 4 werden aus den theoretischen Grundlagen folgernd die Ziele der Arbeit begründet. Das Kapitel 5 beschreibt die Methode der didaktisch orientierten Rekonstruktion, indem die Vorgehensweisen der Didaktisierung in Abschnitt 5.2 und der Rekonstruktion in Abschnitt 5.3 erläutert werden. Im Anschluss folgt in Abschnitt 5.4 eine Zusammenfassung des Kapitels sowie die Formulierung von Folgerungen.

Die Erprobung der Methode findet in Kapitel 6 statt. Hier wird die exemplarische Darstellung der didaktisch orientierten Rekonstruktion am Beispiel der Gesetze der großen Zahlen vorgestellt. Dazu werden nach Zielsetzung die drei Durchgänge der Didaktisierung beschrieben (s. Abschnitt 6.2). Anschließend wird der Teilprozess der Rekonstruktion in Abschnitt 6.3 durchgeführt, um Wissenselemente zu identifizieren und zu strukturieren.

Kapitel 7 befasst sich mit der Diskussion der Ergebnisse, der Limitationen und Implikationen dieser Arbeit. Im Fazit wird die Arbeit noch einmal zusammengefasst und ein Ausblick auf weitere Forschung gegeben.

Grundlegende fachliche und fachdidaktische Strukturierung mathematischer Inhalte

2

In diesem Kapitel wird dargestellt, welchen Fachinhalten (angehende) Lehrkräfte für das gymnasiale Lehramt in der ersten Phase der Lehrkräfteausbildung (also im universitären Studium) begegnen und andererseits, welche fachdidaktischen Grundlagen sie benötigen. Nun stellt sich die Frage, wieso fachdidaktische Aspekte betrachtet werden, obwohl in dieser Arbeit das Fachwissen und nicht das fachdidaktische Wissen von Lehrkräften in den Blickpunkt genommen wird. Dies hängt mit der Annahme zusammen, dass für das Verständnis fachdidaktischer Elemente immer auch ein Fachwissen zu dem jeweiligen mathematischen Teilgebiet vorhanden sein muss (Kunter & Baumer, 2011, S. 347). Dementsprechend gibt die Betrachtung fachdidaktischer Inhalte Aufschluss darüber, welches Fachwissen Lehrkräfte haben müssen.

Ziel dieses Kapitels ist die thematische Einführung in die Wahrscheinlichkeitsrechnung. Dafür werden fachliche Strukturierungen in Abschnitt 2.1 eingeführt und die Mathematik auf akademischem Niveau zur Mathematik auf schulischem Niveau abgegrenzt. Anschließend wird die fachliche Struktur auf akademischem Niveau anhand des Beispiels der Wahrscheinlichkeitsrechnung insbesondere im Themenbereich der Gesetze der großen Zahlen in Abschnitt 2.2 eingeführt. Im Anschluss daran werden ausgewählte fachdidaktische Strukturierungen, also fachdidaktische Konzepte zunächst einmal allgemein in Abschnitt 2.3 und dann bezogen auf den Themenbereich der Wahrscheinlichkeitsrechnung in Abschnitt 2.2 dargestellt. Die Auswahl der fachdidaktischen Konzepte erfolgt hinsichtlich ihrer Anwendbarkeit auf die Wahrscheinlichkeitrechnung. Es stellt sich heraus, dass die Didaktik der Stochastik, im Gegensatz zu didaktischen Aspekten in anderen mathematischen Teilbereichen, viele Anwendungsbezüge aufzeigt, aber wenige theoretische Überblicksarbeiten existieren.

© Der/die Autor(en) 2024
J. Huget, *Die Methode der didaktisch orientierten Rekonstruktion*, Bielefelder Schriften zur Didaktik der Mathematik 11,
https://doi.org/10.1007/978-3-658-42642-2_2

Es stellt sich weiterhin heraus, dass durch die Auseinandersetzung mit den Fach-
inhalten auf akademischem Niveau sowie den fachdidaktischen Aspekten nur vage
Aussagen hinsichtlich des Fachwissens von Lehrkräften getroffen werden können.
Eine systematisiertere Auseinandersetzung scheint von Nöten.

2.1   Fachliche Strukturierung mathematischer Inhalte

Die Studierenden [lernen] die Mathematik an der Hochschule (insbesondere in den
Grundlagenveranstaltungen im ersten Semester) primär als Geisteswissenschaft kennen, die durch einen systematischen und abgesicherten Theorieaufbau gekennzeichnet
wird. (Rach, Heinze & Ufer, 2014, S. 152)

Dieser von Rach et al. (2014) erwähnte systematische und abgesicherte Theorieaufbau lässt sich im Studium für angehende Gymnasiallehrkräfte verorten und dieser Aufbau, nachfolgend die fachliche Strukturierung mathematischer Inhalte für
akademische Mathematik genannt, wird in diesem Abschnitt näher betrachtet. Sie
wird zunächst einmal in Abgrenzung an die schulische Mathematik charakterisiert.
Anschließend wird diese Struktur exemplarisch anhand des Beispiels der Wahrscheinlichkeitsrechnung dargestellt.

Angehende Gymnasiallehrkräfte besuchen zu Beginn ihres Studiums die Veranstaltungen gemeinsam mit fachwissenschaftlichen Studierenden. Die Veranstaltungen im universitären Bereich unterscheiden sich zum Mathematikunterricht in
der Schule auf mehrere Weisen. Diese Unterschiede werden im Folgenden näher
erläutert. Reichersdorfer, Ufer, Lindmeier und Reiss (2014) führen an, dass es „im
Grunde nur *eine* Mathematik" (S. 38) gibt, sich die akademische Mathematik, wie
sie an der Universität gelehrt wird, aber deutlich von schulischer Mathematik unterscheiden. Deshalb wird die akademische Mathematik der schulischen Mathematik
vergleichend gegenübergestellt, um die Struktur verständlich zu machen. In der
akademischen Mathematik ist auch die Anwendungsmathem (wie beispielsweise
Mathematik für Ingenieure) anzusiedeln. Diese wird in der Betrachtung nicht weiter
berücksichtigt, weil der Fokus auf den Inhalten und der Struktur der fachwissenschaftlichen Mathematik liegen soll.

In Tabelle 2.1 werden strukturelle und inhaltliche Unterschiede zwischen schulischer und akademischer Mathematik dargestellt. Die schulische Mathematik orientiert sich an einer inhaltlichen Axiomatik (Reichersdorfer et al., 2014, S. 38).
Hier werden Axiome als Eigenschaften von schon bekannten Begriffen verwendet.
Ihre Korrektheit ist immer gegeben. Die akademische Mathematik unterliegt eher
einer formalen Axiomatik und ordnet diese einer formal-axiomatisch, deduktiven

Struktur zu (Reichersdorfer et al., 2014, S. 38). Diese formal-axiomatisch, deduktive Struktur, wie sie durch David Hilbert begründet wurde, behandelt Begriffe in der Form, dass sie vollständig durch in Axiomen festgelegten Eigenschaften bestimmt sind (Reichersdorfer et al., 2014, S. 38 f.). Diese Axiome haben die Anforderung vollständig, unabhängig und widerspruchsfrei zu sein (Heintz, 2000, S. 48). In der akademischen Mathematik muss mathematisches Wissen über „eine deduktive Prozedur – den Beweis gewonnen" (Heintz, 2000, S. 53) werden. Auch die Art des Begriffserwerbs unterscheidet sich in der schulischen und akademischen Mathematik. In der schulischen Mathematik werden Begriffe induktiv erworben. Der Theorieaufbau und die formale und systematische Darstellung stehen eher im Hintergrund und es gibt einen bedeutsamen Anteil an Realitäts- und Anwendungsbezügen (Hoth, Jeschke, Dreher, Lindmeier & Heinze, 2020, S. 334). Dem gegenüber steht die akademische Mathematik mit einem definitorischen Begriffserwerb, der sich durch ein striktes Vorgehen mit Definition-Satz-Beweis als formal herausstellt. Hier spielen Realitäts- und Anwendungsbezüge keine essentielle Rolle (Hoth et al., 2020, S. 334).

Tabelle 2.1 Vergleich von schulischer und akademischer Mathemtik

	Schulische Mathematik	Akademische Mathematik
Struktur	inhaltliche Axiomatik	formal-axiomatisch, deduktive Struktur
Art des Begriffserwerbs	induktiver Begriffserwerb	definitorischer Begriffserwerb
Anteil von Realitäts- und Anwendungsbezügen	bedeutsamer Anteil an Realitäts- und Anwendungsbezügen	keine essentielle Rolle von Realitätsbezügen

Wu (2015) fasst diese fundamentalen Prinzipien der akademischen Mathematik, welche die Struktur akademischer mathematischer Inhalte charakterisieren, zusammen:

(1) Every concept is precisely defined, and **definitions** furnish the basis for logical deductions.[...]
(2) Mathematical statements are **precise**. At any moment, it is clear what is known and what is not known. [...]
(3) Every assertion can be backed by logical **reasoning**.[...]
(4) Mathematics is coherent; it is a tapestry in which all the concepts and skills are logically interwoven to form a single piece.[...]

(5) Mathematics is goal-oriented, and every concept or skill in the standard curriculum is there for a purpose.
    (S. 379 ff.)

Der erste Punkt beschreibt die formal-axiomatisch, deduktive Struktur der akademischen Mathematik und betont die Logik in der Mathematik, in der Definitionen die logische Grundlage liefern. Wu (2015) hebt die Genauigkeit und Transparenz der Mathematik in Punkt (2) hervor, indem mathematische Aussagen präzise definiert werden. Die Transparenz ist klar, weil festgehalten wird, was gewusst und nicht gewusst wird. Er betont die logische Argumentation in der akademischen Mathematik (Punkt 3), weil jede Behauptung durch logische Begründungen gestützt wird. Punkt (4) beschreibt die Kohärenz, weil mathematische Konzepte und Fähigkeiten durch Logik miteinander verbunden sind und sie als ein großes Konzept präsentiert werden können. Wu (2015) bezieht sich in Punkt (5) auf die Zielorientiertheit der akademischen Mathematik, weil jedes Konzept oder jede Fähigkeit einen bestimmten Zweck hat.

Im Folgenden wird die fachliche Strukturierung mathematischer Inhalte anhand des Beispiels der Wahrscheinlichkeitstheorie in groben Zügen dargestellt.

2.2   Exemplarische Darstellung der fachlichen Strukturierung mathematischer Inhalte anhand des Beispiels Wahrscheinlichkeitsrechnung

Dieser Teilabschnitt befasst sich mit der exemplarischen Darstellung der fachlichen Strukturierung mathematischer Inhalte anhand des Beispiels in der Wahrscheinlichkeitsrechnung mit dem Fokus auf die Gesetze der großen Zahlen. Die Gesetze der großen Zahlen wurden als Beispiel ausgewählt, weil das empirische Gesetz der großen Zahlen in der Schule thematisiert wird, das schwache und starke Gesetz der großen Zahlen wiederum nicht. Das schwache und starke Gesetz der großen Zahlen werden wiederum in Stochastikveranstaltungen in der Universität behandelt. Damit wird eine Bandbreite verwandter, mathematischer Inhalte aufgezeigt.

Das mathematische Teilgebiet „Wahrscheinlichkeitsrechnung" bzw. „Wahrscheinlichkeitstheorie" gehört gemeinsam mit der Statistik zur Stochastik. Löwe und Knöpfel (2011, S. 1) bezeichnen die Stochastik als die Mathematik des Zufalls, welcher vielerorts Modellbaustein für reale Phänomene ist. Das Gründungsjahr der Stochastik wird auf 1654 datiert, in dem ein Briefwechsel zwischen Pierre de Fermat und Blaise Pascal stattfand. Sie befassten sich mit der Praxis der Würfelspiele. Ende des 17. Jahrhundert wurde durch Jakob Bernoulli ein Werk geschrieben, welches Stochastik als wissenschaftliche Theorie darstellte. Dieses Werk *Ars conjectandi* wurde nach dem Tode von Bernoulli im Jahr 1713 veröffentlicht. Hier wird der Beweis eines Gesetzes der großen Zahlen abgebildet. Eine Axiomatik gab es zu der Zeit noch nicht. Axiomatische Grundlagen als solche schuf Andrei Nikolaevich Kolmogorov im Jahr 1933, in dem er sich auf die Maßtheorie stützte (Löwe & Knöpfel, 2011, S. 21 f.).

Im Folgenden werden die hier relevanten Begriffe für das Verständnis der Gesetze der großen Zahlen eingeführt. Dafür werden folgende Begriffe definiert: Zufallsexperiment, Ergebnis und Ergebnismenge, Ereignis und Ereignismenge, absolute und relative Häufigkeiten, das Axiomensystem von Kolmogorov sowie Bernoulli-Ketten. Anschließend werden die Gesetze der großen Zahlen und die genutzten Konvergenzsätze der Wahrscheinlichkeitsrechnung genannt, weil diese im Zentrum dieser Arbeit stehen.

> Unter einem *Zufallsexperiment* in der Stochastik versteht man reale Vorgänge (Versuche) unter exakt festgelegten Bedingungen, wobei die *möglichen* Ausgänge (Ergebnisse) des Versuches feststehen, nicht jedoch, welchen Ausgang der Versuch nimmt. (Kütting & Sauer, 2014, S. 89)

Das oben stehende Zitat zeigt die Zusammenhänge der Begriffe Zufallsexperiment, Versuche und Ergebnisse. Die möglichen Ergebnisse eines diskreten Zufallsexperiments werden mit ω abgekürzt und sind Teil der Ereignismenge (der Zusammenfassung aller Ereignisse), welche als

$$\Omega = \{\omega_1, \omega_2, ..., \omega_n\} \tag{2.1}$$

definiert werden (Büchter & Henn, 2007, S. 162).

Ein Elementarereignis ist dann wiederum eine Teilmenge von Ω und Ereignismenge $\mathcal{P}(\Omega)$. Oben genannte Begrifflichkeiten werden im Umgang mit Zufallsexperimenten genutzt. Der Begriff „Zufallsexperiment" findet schon Verwendung im Mathematikunterricht in der Schule. Die formale Einführung der Ereignismengen wird wiederum in vereinfachter Form thematisiert (Büchter & Henn, 2007, S. 162 ff.).

Büchter und Henn (2007) definieren die absolute und relative Häufigkeit wie folgt:

Definition 2.1 (Absolute Häufigkeit und Relative Häufigkeit). *Die Begriffe sind auf jedes Zufallsexperiment übertragbar: Ist E ein Ereignis bei einem Zufallsexperiment und ist E bei m Versuchen k-mal eingetreten, so sind*

$$H_m(E) = k \ \textit{die absolute Häufigkeit von E bei m Versuchen} \qquad (2.2)$$

$$h_m(E) = \frac{k}{m} \ \textit{die relative Häufigkeit von E bei m Versuchen} \qquad (2.3)$$

Diese mathematischen Voraussetzungen werden benötigt, um das empirische Gesetz der großen Zahlen einführen zu können. Dieses kann nach Büchter und Henn (2007) folgendermaßen formuliert werden:

> Mit wachsender Versuchszahl stabilisiert sich die relative Häufigkeit eines beobachteten Ereignisses. (S. 174)

Diese Beobachtung beruht auf Erfahrungen und lässt sich mathematisch nicht nachweisen. Sie kann auch Naturgesetz genannt werden und ist fundamental für die Modellannahme (Büchter & Henn, 2007, S.174).

Für eine mathematisierbare Aussage eines Gesetzes der großen Zahlen werden das Axiomensystem von Kolmogorov sowie Bernoulli-Ketten eingeführt.

Das Axiomensystem von Kolmogorov wird für einen endlichen Fall im Folgenden definiert:

Definition 2.2 *Ein Wahrscheinlichkeitsraum* (Ω, P) *ist ein Paar bestehend aus einer nichtleeren endlichen Menge*

$$\Omega = \{\omega_1, \dots, \omega_n\} \qquad (2.4)$$

und einer Funktion

$$P : \mathcal{P}(\Omega) \rightarrow \mathbb{R} \qquad (2.5)$$

mit den Eigenschaften

(1) $P(E) \geq 0$ *für alle Teilmengen E von Ω (Nichtnegativität),*
(2) $P(\Omega) = 1$ *(Normiertheit),*
(3) $P(E_1 \cup E_2) = P(E_1) + P(E_2)$ *für alle Teilmengen E_1, E_2 mit $E_1 \cap E_2 = \emptyset$*
   (Additivität).

Dabei heißen Ω Ergebnismenge, $P(\Omega)$ Ereignismenge, P Wahrscheinlichkeitsverteilung (oder Wahrscheinlichkeitsfunktion) und $\mathcal{P}(E)$ Wahrscheinlichkeit des Ereignisses E.

Es gibt verschiedene Versionen des schwachen Gesetzes der großen Zahlen oder auch Bernoullli-Gesetz der großen Zahlen. Dieser Satz kann, wie in dieser Arbeit geschieht, im diskreten Wahrscheinlichkeitsraum formuliert werden. Es ist auch möglich, diesen für beliebige reellwertige Zufallsvariablen mit endlicher Varianz in einem reellwertigen Wahrscheinlichkeitsraum zu definieren. Aus Gründen der besseren Stringenz wird in dieser Arbeit darauf verzichtet. Für das schwache Gesetz der großen Zahlen wird eine Binomialverteilung benötigt, welche die Wahrscheinlichkeitsverteilung einer Bernoulli-Kette der Länge n ist. Zunächst wird die Zufallsvariable, die Bernoulli-Kette der Länge n definiert und anschließend ihre Binomialverteilung eingeführt.

Eine Zufallsvariable, also eine Funktion auf Ω definiert Krengel (2005, S. 42) wie folgt:

Definition 2.3 *Ist (Ω, P) ein diskreter Wahrscheinlichkeitsraum und $\mathcal{X}$ eine beliebige Menge, so nennen wir eine Abbildung $X : \Omega \to \mathcal{X}$ eine $\mathcal{X}$-wertige Zufallsvariable.*

Satz (Wahrscheinlichkeiten bei Bernoulli-Ketten der Länge n). *Bei einer Bernoulli-Kette der Länge n mit Parameter p ist die Wahrscheinlichkeit für das Ereignis „genau k mal Treffer" die Zahl*

$$B_{n,p}(k) := B(n, p, k) := \binom{n}{k} \cdot p^k \cdot (1 - p)^{n-k}. \tag{2.6}$$

(Büchter & Henn, 2007, S. 305f.)

Ihre Wahrscheinlichkeitsverteilung wird Binomialverteilung genannt.

Definition 2.4 (Binomialverteilung). *Eine Zufallsvariable X mit angenommenen Werten $0, 1, 2, 3, \ldots, n$, heißt **binomialverteilt** mit den Parametern $n \in \mathbb{N}$ und p, $0 < p < 1$ genau dann, wenn gilt*

$$P(X = k) = \binom{n}{k} \cdot p^k \cdot (1 - p)^{n-k}, k = 0, 1, \ldots, n.$$

Ist X eine binomialverteilte Zufallsvariable mit den Parametern n und p, so wird diese so notiert: X ist $B(n, p)$-verteilt.

Nun ist ein weiterer Baustein für das schwache Gesetz der großen Zahlen und primär für den Beweis relevant, die Tschebyscheff-Ungleichung:

Satz (Ungleichung von Tschebyscheff). *Sei X eine diskrete Zufallsvariable mit dem Erwartungswert $E(X) = \mu$ und der Varianz $V(X) = \sigma^2$. Dann gilt für jede Zahl $a > 0$:*

$$P(|X - E(X)| \geq a) \leq \frac{V(X)}{a^2} \qquad (2.7)$$

Es folgt das schwache Gesetz der großen Zahlen mit Bernoulli-Ketten der Länge n, welches aus Kütting und Sauer (2014, S. 280) entnommen wurde.

Satz (Das schwache Gesetz der großen Zahlen). *Es sei A ein Ereignis, das bei einem Zufallsexperiment mit der Wahrscheinlichkeit $P(A) = p$ eintrete. Die relative Häufigkeit des Ereignisses A bei n unabhängigen Kopien (bzw. Wiederholungen) des Zufallsexperiments bezeichnen wir mit h_n (Bernoulli-Kette der Länge n). Dann gilt für jede positive Zahl ϵ:*

$$lim_{n \to \infty} P(|h_n - p| < \epsilon) = 1, \qquad (2.8)$$

bzw. gleichwertig

$$lim_{n \to \infty} P(|h_n - p| \geq \epsilon) = 0.$$

(Kütting & Sauer, 2014, S. 280)

Das schwache Gesetz der großen Zahlen gilt für (reellwertige) Zufallsvariablen. Die oben behandelten Zufallsvariablen und die Kernaussage des schwachen Gesetzes der großen Zahlen beinhaltet eine p-stochastische Konvergenz. Der Beweis ist in Kütting und Sauer (2014) zu finden.

Definition 2.5 ((P-)Stochastische Konvergenz). *Eine Folge Y_n von reellwertigen Zufallsvariablen konvergiert P-stochastisch gegen eine Zufallsvariable Y, wenn für alle $\epsilon > 0$ gilt:*

$$P(|Y_n - Y|) \geq \epsilon) \to 0 \text{ für } n \to \infty$$

Das starke Gesetz der großen Zahlen ist wie folgt definiert:

Satz (Das starke Gesetz der großen Zahlen). *Sei $X_1, X_2, X_3, \ldots$ eine Folge reellwertiger, unkorrelierter Zufallsvariablen und $Var(X_i) \leq M < \infty$. Dann konvergiert diese durch*

$$Z_n = \frac{1}{n} \sum_{i=1}^{n}(X_i - E(X_i))$$

definierte Folge fast sicher gegen 0.
So folgt $\lim_{n \to \infty}(\frac{1}{n} \sum_{i=1}^{n}(X_i - E(X_i))) = 0$ *P-fast sicher.*

Der Beweis ist zum Beispiel in Krengel (2005) aufgeführt. Für das starke Gesetz der großen Zahlen wird eine fast sichere Konvergenz benötigt. Fast-sichere Konvergenz wird wie folgt definiert:
Eine Folge (Y_n) konvergiert fast sicher gegen Y, wenn

$$P(\{\omega \in \Omega : lim_{n \to \infty}Y_n(\omega) = Y(\omega)\}) = 1. \qquad (2.9)$$

In diesem Teilabschnitt wurden fachliche Strukturierungen mathematischer Inhalte am Beispiel der Gesetze der großen Zahlen exemplarisch dargestellt. Die Beweise für die jeweiligen Sätze wurden an dieser Stelle nicht geführt (nachzulesen u. a. in Krengel, 2005; Büchter & Henn, 2007; Georgii, 2009; Kütting & Sauer, 2014).

Das schwache Gesetz der großen Zahlen gilt auch für abstrakte Zufallsvariablen. Der Einfachheit halber wird der Satz mit diskreten Zufallsvariablen angegeben. Kütting und Sauer (2014) führen an, dass „die Bedeutung der Ungleichung von Tschebyscheff in ihrer allgemeinen Gültigkeit und dem weiteren Theorieaufbau" (S. 280) liegt. Dieser weitere Theorieaufbau ist im schwachen und starken Gesetz zu sehen. Auch das starke Gesetz der großen Zahlen nutzt eine Form von stochastischer Konvergenz, da fast sichere Konvergenz auch stochastische Konvergenz impliziert (Krengel, 2005, S. 152).

Die Gesetze der großen Zahlen, mit Ausnahme des empirischen Gesetzes der großen Zahlen innerhalb des Teilbereichs der Stochastik, folgen einer formal-axiomatisch deduktiven Struktur. Das empirische Gesetz der großen Zahlen ist aufgrund der fehlendenden Mathematisierbarkeit als Beobachtung eines Naturphänomens zu deuten und nicht Teil einer mathematisierten Wahrscheinlichkeitsrechnung. Für mathematisch präzisere Betrachtungen werden das schwache und starke Gesetz der großen Zahlen genutzt. Durch das Axiomensystem von Kolmogorov erfüllt die Stochastik die Anforderung, formal-axiomatisch zu arbeiten. Es erfolgt ein definitorischer Begriffserwerb durch die Definition-Satz-Beweis-Struktur.

Ein wesentlicher Unterschied ist hinsichtlich der Relevanz von Realitäts- und Anwendungsbezügen sichtbar. Bei der Lektüre von Fachliteratur ist auffallend, dass viele Beispiele zur Veranschaulichung vor Definitionen und Sätzen gegeben werden. In der Wahrscheinlichkeitsrechnung spielt der definitorische Begriffserwerb eine große Rolle, Realitätsbezüge scheinen aber auch mit in den Begriffserwerb hineinzuspielen.

Im nächsten Abschnitt wird die fachdidaktische Strukturierung mathematischer Inhalte im Fokus stehen. Dafür werden zunächst ausgewählte fachdidaktische Grundlagenkonzepte eingeführt und auf das Beispiel der Wahrscheinlichkeitsrechnung angewendet.

2.3   Fachdidaktische Strukturierung mathematischer Inhalte

Die mathematikdidaktische Forschung bzw. die fachdidaktische Forschung im Allgemeinen nimmt im Rahmen der Bildungsforschung eine besondere Position ein. Wie auch andere Richtungen der Bildungsforschung beschäftigt sie sich mit Prozessen des Lehrens und Lernens, doch geschieht dies insbesondere unter der Berücksichtigung der Fachwissenschaft Mathematik. [..] [E]s wird eine spezifische Perspektive auf mathematische Inhalte bzw. mathematikspezifische Lernprozesse eingenommen. (Vollstedt, Ufer, Heinze & Reiss, 2015, S. 567 f.)

Mathematikdidaktische Forschung ist also nicht nur Forschung über das Lehren und Lernen, sondern wird unter mathematischen Aspekten der Fachwissenschaften betrieben. Diese mathematikdidaktische Forschung hat verschiedene Konzepte und Prinzipien entwickelt, die in diesem Abschnitt zunächst einmal allgemein dargestellt werden. Dafür werden die mathematische Grundbildung als Ziel vom Mathematikunterricht und die Bildungsstandards für den Mathematikunterricht erörtert. Anschließend werden Grundvorstellungen als ein zentrales didaktisches Konzept dargelegt. Im Anschluss wird das Konzept der fundamentalen Ideen ausgeführt. Diese zentralen didaktischen Konzepte wurden ausgewählt, weil sie in der Didaktik der Stochastik eine große Rolle spielen und widerspiegeln, welche Kenntnisse und Herausforderungen Lehrkräfte benötigen für eine „erfolgreiche" Praxis im Stochastikunterricht. Natürlich scheint es erst einmal fraglich, warum für die Ausdifferenzierung von Fachwissenselementen für Lehrkräfte didaktischen Konzepten der Stochastik nachgegangen wird. Einerseits geben fachdidaktische Aspekte Aufschluss darüber, welches hinterliegende Fachwissen von Lehrkräften für die „erfolgreiche" Vermittlung des mathematischen Inhalts nötig sind. Andererseits werden diese fachdidaktischen Aspekte im späteren Verlauf (s. Kapitel 5) berücksichtigt. Die Auswahl dieser fachdidaktischen Aspekte erfolgte also einerseits in Hinblick auf die Methodik und andererseits wurde auf die „üblichen" Aspekte innerhalb der Stochastikdidaktik fokussiert. Der Fokus auf die Wahrscheinlichkeitsrechnung bedeutet auch, dass Aspekte zur Didaktik der Statistik explizit ausgeschlossen sind. Andererseits gibt die Forschungslage zur Didaktik der Stochastik nur eine geringe Auswahl von didaktischen Konzepten her. Um später didaktische Konzepte betrachten zu können,

werden diese hier zunächst im Allgemeinen und dann exemplarisch an der Wahrscheinlichkeitsrechnung mit Blick auf die Gesetze der großen Zahlen dargestellt.

Mathematische Grundbildung als Ziel vom Mathematikunterricht

Mathematik ist ein wichtiger Lerngegenstand, der jeden Menschen von Kindesbeinen
an bis in den Beruf hinein begleitet. In hochtechnisierten Ländern, wie es die deutschsprachigen Länder sind, ist das Verständnis von mathematischen Zusammenhängen
eine wesentliche Voraussetzung für die Teilnahme am gesellschaftlichen, insbesondere am beruflichen Leben. (Kleine, 2012, S. 12)

Relevant wurde die mathematische Grundbildung durch internationale Vergleichs-
studien wie TIMSS und PISA, bei denen Deutschland unerwartet schlecht abge-
schnitten hat (Leuders, 2020, S. 48). Aus diesen Ergebnissen und der daraus resultierenden Diskussion hat es in Deutschland „wertvolle Impulse für den Mathematikunterricht gegeben" (Leuders, 2020, S. 48). Die OECD hat im Rahmen der
PISA-Studie („Programme for International Student Assessment") die mathematische Grundbildung, im Englischen *mathematical literacy* genannt, als Ziel formuliert:

Mathematical literacy is an individual's capacity to reason mathematically and to
formulate, employ, and interpret mathematics to solve problems in a variety of real-
world contexts. It includes concepts, procedures, facts and tools to describe, explain and
predict phenomena. It assists individuals to know the role that mathematics play in the
world and to make the well-founded judgements and decisions needed by constructive,
engaged and reflective 21st century citizens. (OECD, 2019, S. 75)

Kleine (2021) stellt fest, dass mathematische Grundbildung ein „sichtbares Zei-
chen von Dispositionen" (S. 114) ist, welche in der Diskussion als Kompetenzen
bezeichnet werden. Dieser Notation folgend können Kompetenzen im Sinne eines
Rahmenkonzepts an dieser Stelle kurz definiert werden.

Kompetenzen können als „die bei Individuen verfügbaren oder durch sie erlernbaren kognitiven Fähigkeiten und Fertigkeiten [verstanden werden], um bestimmte
Probleme zu lösen, sowie die damit verbundenen motivationalen, volitionalen
und sozialen Bereitschaften und Fähigkeiten, um die Problemlösungen in variablen Situationen erfolgreich und verantwortungsvoll nutzen zu können" (Weinert,
Rychen & Salganik, 2001, S. 27 f. zit. n. Klieme et al., 2003, S. 21). Kleine (2012,
S. 25) zieht daraus drei Verständnisse:

(1) ein funktionales Verständnis des Kompetenzbegriffs: ein Indikator von Kom-
    petenz ist die Bewältigung bestimmter Aufgaben;

(2) ein berufsspezifisches Verständnis: „Kompetenzen werden auf einen begrenzten Bereich von Kontexten und Situationen bezogen" (Kleine, 2012, S. 25);

(3) ein allgemeines Verständnis: Kompetenzen sind miteinander verbunden und sollten nicht isoliert betrachtet werden.

Für mathematische Kompetenzen existieren unterschiedliche Konzeptionen. Dabei wird im allgemeinen zwischen inhaltsbezogenen und handlungsbezogenen Kategorien unterschieden. Erstere werden vor dem Hintergrund von PISA in change and relationships, space and shape, quantity, sowie uncertainty and data ausdifferenziert (OECD, 2019, S. 83). Sie werden als *big ideas* im Sinne fachlicher Teilgebiete bezeichnet.

Im Gegensatz zu vorherigen Konzeptionen in der PISA-Studie wurden nur noch drei mathematische Prozesse, also handlungsbezogene Kategorien betrachtet:

- formulating situations mathematically
- employing mathematical concepts, facts, procedures and reasoning
- interpreting, applying and evaluating mathematical outcomes (OECD, 2019, S. 77)

Der erste Punkt zeigt an, wie gut die Schüler*innen in der Lage sind, Gelegenheiten zur Anwendung von Mathematik in Problemsituationen zu erkennen bzw. zu identifizieren und dann die entsprechende mathematische Struktur bereitstellen zu können, die erforderlich ist, um das kontextbezogene Problem in eine mathematische Form zu bringen. Der zweite Punkt gibt an, wie gut Schüler*innen in der Lage sind, Berechnungen durchzuführen und die Konzepte und Fakten, die sie kennen, anzuwenden, um zu einer mathematischen Lösung für ein mathematisch formuliertes Problem zu finden. Der letzte Punkt akzentuiert die Kompetenz, wie gut Schüler*innen in der Lage sind, über mathematische Lösungen oder Schlussfolgerungen zu reflektieren, sie im Kontext eines realen Problems zu interpretieren und zu entscheiden, ob die Ergebnisse oder Schlussfolgerungen angemessen sind. Für jede der drei handlungsbezogenen Kategorien wurden Aktivitäten formuliert, auf die an dieser Stelle nicht weiter eingegangen wird (OECD, 2019, S. 77 ff.).

Bildungsstandards in Deutschland

Ausgehend von den Ideen einer mathematical literacy wurden in Deutschland Bildungsstandards durch die Kultusministerkonferenz eingeführt. Bildungsstandards beschreiben „die fachbezogenen *Kompetenzen*, die Schüler bis zum jeweiligen Abschluss erwerben sollen" (Blum, 2012, S. 14 f.). Sie wurden erstmals im Jahre 2003 von der deutschen Kultusministerkonferenz als Reaktion auf die Ergebnisse der PISA-Studie beschlossen. Auch hier wird der Kompetenzbegriff nach Weinert et al. (2001) zugrunde gelegt, sodass Kompetenz als „die bei Individuen verfügbaren oder durch sie erlernbaren kognitiven Fähigkeiten und Fertigkeiten beschrieben werden kann, um bestimmte Probleme zu lösen sowie die damit verbundenen [...] Bereitschaften und Fähigkeiten, um die Problemlösungen in variablen Situationen erfolgreich und verantwortungsvoll nutzen zu können". Die Konzeption der Mathematik-Standards sieht drei Dimensionen vor, welche sich „in anderen Zusammenhängen bereits bewährt haben" (Blum, 2012, S. 19). Blum (2012, S. 19) zieht insbesondere Parallelen zur PISA-Studie, bei der zwischen „Competencies" als Prozessdimension, „Overarchiving Ideas" als Inhaltsdimension und „Competency Clusters" als Anspruchsdimension unterschieden wird. Diese drei Dimensionen werden in den Bildungsstandards als

1. die „allgemeinen mathematischen Kompetenzen",
2. die „inhaltsbezogenen mathematischen Kompetenzen", geordnet nach „Leitideen",
3. die „Anforderungsbereiche"
   (Blum, 2012, S. 19)

fomuliert. Diese beschriebenen Kompetenzen in Kombination mit den Anforderungsbereichen „werden immer im Verbund erworben bzw. angewendet" (KMK, 2022, S. 7 f.).

Unter den allgemeinen mathematischen Kompetenzen werden „zentrale Aspekte des mathematischen Arbeitens in hinreichender Breite erfasst" (Blum, 2012, S. 20). Diese wurden 2022 aktualisiert und werden wie folgt unterschieden (s. Tabelle 2.2):

Tabelle 2.2 Bildungsstandards in der Mathematik im Vergleich zwischen den Jahren 2003 und 2022

Allgemeine mathematische Kompetenzen	
(KMK, 2003)	(KMK, 2022)
Mathematisch argumentieren	Mathematisch argumentieren
Probleme mathematisch lösen	Mathematisch kommunizieren
Mathematisch modellieren	Probleme mathematisch lösen
Mathematische Darstellungen verwenden	Mathematisch modellieren
Mit Mathematik symbolisch/ formal/ technisch umgehen	Mit mathematischen Objekten umgehen
Mathematisch kommunizieren	Mit Medien mathematisch arbeiten

Wie in Tabelle 2.2 sichtbar, wurden die mathematischen Darstellungen unter die allgemeinen Kompetenz „Mit mathematischen Objekten umgehen" gefasst und die mathematischen Medien hinzugefügt. Diese allgemeinen Kompetenzen sind Grundkompetenzen.

Insbesondere die Leitideen sind für das Fachwissen von Lehrkräften von Interesse. Diese werden in Zahl, Messen, Raum und Form, funktionaler Zusammenhang sowie Daten und Zufall unterschieden und sollen Phänomene erfassen, die bei der Betrachtung der Welt mit „mathematischen Augen" (Blum, 2012, S. 20) gesehen werden können. Anforderungsbereiche sollen „den kognitiven Anspruch, den solche kompetenzbezogenen Tätigkeiten erfordern, auf theoretischer Ebene erfassen" (Blum, 2012, S. 21) und umfassen die Bereiche „Reproduzieren", „Zusammenhänge darstellen" und „Verallgemeinern und Reflektieren" (KMK, 2022, S. 7 f.).

Dieser Abschnitt und der zur mathematischen Grundbildung 2.3 liefern eine generelle Idee zu inhaltlichen Rahmenbedingungen im Mathematikunterricht, aber keine spezifischen Einblicke in Lehr-Lern-Prozesse. Eine andere Form didaktischer Aspekte auf inhaltlicher Ebene, die als eine der basierenden Elemente für Leitideen dienten, sind fundamentale Ideen, auf welche im nächsten Abschnitt eingegangen wird.

Fundamentale Ideen

[I]n order for a person to be able to recognize the applicability or inapplicability of an idea to a new situation and to broaden his learning thereby, he must have clearly in mind the general nature of the phenomen with which he is dealing. The more fundamental or basic the idea he has learned, almost by definition, the greater will be its breadth of applicability to new problems. Indeed, this is almost a tautology, for what is meant by „fundamental" in this sense is precisely that an idea has wide as well as powerful applicability. (Bruner, 1960, S. 18)

Das Konzept der fundamentalen Ideen wurde von Bruner (1960, S. 18) eingeführt und ist abzugrenzen von den *big ideas* der OECD (2019), welche mathematische Teilgebiete beschreibt. Bruners (1960) Ansinnen war es, ein Curriculum nach fundamentalen Ideen im Spiralprinzip zu entwickeln. Vohns (2005) elaboriert, dass Bruner die These aufstelle, „die Tätigkeit von Wissenschaftler und Kind seien primär vom Niveau, nicht aber von der Art unterschiedlich" (S. 54). Bruner expliziert die im Zitat genannten fundamentalen Ideen, definiert diese aber nicht näher für das jeweilige Fach. Deshalb bezeichnet Vohns (2005, S. 54) deren Aussagen als Hypothesen, deren Gültigkeit Bruner schuldig blieb.

Nach Schreiber (1983, S. 69) sollen sich fundamentale Ideen durch Weite (logische Allgemeinheit), Fülle (vielfältige Anwendbarkeit) und Sinn (Verankerung im Alltagsleben) auszeichnen. Zunächst unabhängig von Schreiber hat sich auch Schweiger (1982) mit fundamentalen Ideen beschäftigt. Er charakterisiert fundamentale Ideen wie folgt:

> Eine fundamentale Idee ist ein Bündel von Handlungen, Strategien oder Techniken, die
>
> 1. in der historischen Entwicklung der Mathematik aufzeigbar sind,
> 2. tragfähig erscheinen, curriculare Entwürfe vertikal zu gliedern,
> 3. als Ideen zur Frage, was Mathematik überhaupt ist, zum Sprechen über Mathematik geeignet erscheinen,
> 4. den mathematischen Unterricht beweglicher und zugleich durchsichtiger machen zu können,
> 5. in Sprache und Denken des Alltags einen korrespondierenden sprachlichen oder handlungmäßigen Archetyp besitzen.
>
> (Schweiger, 1992, S. 207)

Vohns (2005, S. 59) stellt folgende Komponenten eines Begriffsverständnisses der fundamentalen Ideen vor. Er spezifiziert zu einer fundamentalen Idee, dass ein „Bündel spezifischer Handlungen, Strategien, Techniken und Zielvorstellung" (Vohns, 2005, S. 59) dazugehört. Er konkretisiert damit die fundamentalen Ideen auf Basis von Beiträgen von Schreiber (z. B. 1979), Schweiger (z. B. 1992) und Tietze (z. B. 1979) noch weiter. Bei fundamentalen Ideen „geht es wesentlich um die Frage, welche zentralen Konzepte der Mathematik helfen können, ,den Unterricht transparent zu strukturieren', oder anders gesagt, um ,wenige beziehungsreiche Grundgedanken', um die der gesamte Mathematikunterricht konzentriert werden kann" (Vohns, 2005, S. 59). Diese Ideen sollen einen Alltagsbezug haben, aber auch Bedeutung im fachwissenschaftlichen Denken. Sie sollen im Bereich der akademischen Mathematik nachweisbar sein (Vohns, 2005, S. 59).

Vohns (2005) unterscheidet in zwei verschiedene Abstraktionsebenen von fundamentalen Ideen, den universellen und zentralen Ideen:

- *Universell* schließt die Vorstellung einer Reichhaltigkeit ein, die sowohl aktuell innermathematisch, wissenschaftshistorisch als auch außermathematisch anwendungsbezogen verstanden werden kann.
- *Zentrale Ideen* bezeichnen bereichsspezifische Konkretionen und Überlagerungen universeller Ideen. Entscheidend für ihre Bedeutung für das Lernen von Mathematik ist, inwiefern Anlass zu der Vermutung besteht, dass sie für den Lernenden hilfreich für den Erwerb (die Konstruktion) neuen Wissens sein können. (S. 59)

Fundamentale Ideen sind also ein didaktisches Prinzip für die Organisation von Curricula und wurden für verschiedene Teildisziplinen entwickelt. Dies zeigt sich auch in den obigen *big ideas* der mathematischen Grundbildung, welche als unterschiedliche Bereiche von Phänomenen, in denen Mathematik unterstützend für das Verständnis von komplexen Sachverhalten, beschrieben werden (Vohns, 2016, S. 210). Die von der KMK veröffentlichten Leitideen weisen viele Ähnlichkeiten zu den *big ideas* der PISA-Studie auf. Vohns (2016, S. 212) mahnt an, dass Leitideen vor allem als Bezeichnungen für Kontext- und Inhaltsbereiche fungieren. Sie bündeln Zusammenhänge und Inhalte, die in enger Beziehung zu bereits etablierten Themen des Mathematikunterrichts stehen und die in ähnlicher Weise schon gebündelt und getrennt wurden (Vohns, 2016, S. 212).

Der mathematikdidaktische Aspekt der fundamentalen Ideen steht nicht im Widerspruch zu den Grundvorstellungen, welche im nächsten Abschnitt dargestellt werden. Vohns (2016, S. 217) bezeichnet Grundvorstellungen als lokale mathematische Ideen, die sich auf ein spezifisches Konzept fokussieren und dieses zugänglich machen sollen. Grundvorstellungen als solche spielen also eine Rolle innerhalb einer fundamentalen Idee, sodass sich beide fachdidaktische Aspekte ergänzen.

Grundvorstellungen

Grundvorstellungen stellen Richtlinien für die Gestaltung von Lernprozessen sowie für eine strukturierte Erforschung mentaler Repräsentation bereit. (Salle & Clüver, 2021, S. 553)

Mit diesen mentalen Repräsentationen wurde einer Unterrichtspraxis entgegengewirkt, die die Mathematik zwar fachlich richtig darstellte, dem Lebensbezug der Schüler*innen aber wenig Beachtung schenkte. Griesel, vom Hofe und Blum (2019) beschreiben Grundvorstellungen als „mentale Repräsentationen mathematischer Objekte und Sachverhalte" (S. 128). Die Stoffdidaktik war bis zu den 1980er Jahren die wichtigste Disziplin innerhalb der deutschsprachigen Mathematikdidaktik. Zu dieser Zeit wurde axiomatische Mathematik in nahezu akademischer Form schon in der Grundschule mit Mengenlehre beginnend gelehrt. Es stellte sich heraus, dass diese Form des Unterrichtens nicht in einem höheren Verständnis bei Schüler*innen resultierte. Ausgehend davon entstanden Arbeiten, wie beispielsweise die von Griesel (1968), Kirsch (1969) oder Blum (1979), mit dem Ziel Konzepte zu entwickeln, die den kognitiven Fähigkeiten und dem Vorwissen der Schüler*innen entsprachen und Mathematik insofern zu elementarisieren, sodass die Mathematik ohne Kompromisse in der mathematischen Korrektheit einzugehen zugänglich wird (vom Hofe & Blum, 2016, S. 226 f.). Das Konzept der Grundvorstellungen, systematisiert durch die Arbeit von vom Hofe (1995), entspricht dieser Bewegung zum Zugänglichmachen und hat seitdem eine „enorme Popularität und Ausgestaltung erfahren" (Salle & Clüver, 2021, S. 554). Griesel et al. (2019) unterscheiden „zwischen normativen Grundvorstellungen und deskriptiv ermittelten Schülervorstellungen" (S. 129). In dieser Arbeit wird der normative Aspekt von Grundvorstellungen betont, weil deren „didaktische Hauptaufgabe darin [besteht], geeignete reale Sachkonstellationen bzw. Sachzusammenhänge zu beschreiben, die den jeweiligen mathematischen Begriff auf einer für den Lernenden verständliche Art konkretisieren bzw. repräsentieren" (vom Hofe, 1995, S. 98). Grundvorstellungen dienen also als Vermittler zwischen „der Welt der Mathematik und der individuellen Begriffswelt der Lernenden" (vom Hofe, 1995, S. 98).

Dazu hat vom Hofe (1995) unterschiedliche Aspekte dieser Grundvorstellungsidee formuliert:

- Sinnkonstituierung eines Begriffs durch Anknüpfung an bekannte Sach- oder Handlungszusammenhänge bzw. Handlungsvorstellungen,
- Aufbau entsprechender (visueller) Repräsentationen bzw. „Verinnerlichungen", die operatives Handeln auf der Vorstellungsebene ermöglichen,
- Fähigkeit zur Anwendung eines Begriffs auf die Wirklichkeit durch Erkennen der entsprechenden Struktur in Sachzusammenhängen oder durch Modellieren des Sachproblems mit Hilfe der mathematischen Struktur. (S. 97f.)

Vom Hofe (2003) fasst wichtige Kernpunkte des Grundvorstellungskonzepts zusammen:

- Ein mathematischer Begriff lässt sich in der Regel nicht mit *einer* Grundvorstellung, sondern eher mit *mehreren* Grundvorstellungen erfassen. Die Ausbildung dieser Grundvorstellungen und ihre gegenseitige Vernetzung wird auch *Grundverständnis* des Begriffes genannt (Oehl, 1970).
- Im Laufe der Schulzeit werden *primäre Grundvorstellungen* – das sind solche, die ihre Wurzeln in gegenständlichen Handlungserfahrungen aus der Vorschulzeit haben – immer mehr durch *sekundäre Grundvorstellungen* ergänzt, die aus der Zeit mathematischer Unterweisung stammen. Während erstere den Charakter von *konkreten Handlungsvorstellungen* haben, handelt es sich bei letzteren um Vorstellungen, die zunehmend mit Hilfe *mathematischer Darstellungsmittel* wie Zahlenstrahl, Koordinatensystemen oder Graphen repräsentiert werden.
- Bei Grundvorstellungen ist nicht an eine Kollektion von stabilen und ein für allemal gültigen gedanklichen Werkzeugen zu denken, sondern an die Ausbildung eines Netzwerks, das sich durch Erweiterung von alten und Zugewinn von neuen Vorstellungen zu einem immer leistungsfähigeren *System mentaler mathematischer Modelle entwickelt.* (S. 6)

Es gibt zwei Arten von Grundvorstellungen. Primäre Grundvorstellungen sind diejenigen, die einen mathematischen Begriff mit Handlungserfahrungen an realen Gegenständen verbinden können, während sekundäre Grundvorstellungen an primäre Grundvorstellungen anknüpfen und keine konkreten Handlungserfahrungen haben (Greefrath, Oldenburg, Siller, Ulm & Weigand, 2016, S. 19). Bei Grundvorstellungen werden verschiedene Aspekte unterschieden: der normative, deskriptive und konstruktive Aspekt. Ersterer Aspekt wird aus stoffdidaktischen und stoffanalytischen Arbeiten abgeleitet. Formulierungen basieren hier auf mathematischen Inhalten. Durch eine Rekonstruktion der individuellen Vorstellungen von Lernenden zu mathematischen Inhalten werden beim deskriptiven Aspekt Grundvorstellungen validiert oder verändert (Greefrath et al., 2016, S. 20).

Salle und Clüver (2021, S. 555) weisen auf unterschiedliche Darstellungen zur Herleitung von Grundvorstellungen hin. Einerseits können Grundvorstellungen anhand ihrer mathematischen Objekte und ihren Definitionen sowie möglicher Anwendungstexte bestimmt werden (s. dazu die Arbeiten von Greefrath et al., 2016; Weber, 2016). Andererseits können Grundvorstellungen auf Basis fach- und stoffdidaktischer Beiträge formuliert werden oder aber auch „ohne weitere Explikation der vorgenommen Herleitung angegeben" (Salle & Clüver, 2021, S. 555) werden. Beispiele für letzteres werden von ihnen mit Arbeiten von Malle (2003) sowie Salle und Frohn (2017) angegeben. Ein Versuch eines systematisierten Verfahrensrahmens unternahmen Salle und Frohn (2021) in ihrem Beitrag. Deren vorgeschlagenes Vorgehen sieht fünf Schritte vor:

1. Bestimmung von Richtlinien für den Herleitungsprozess,
2. Sachanalyse des mathematischen Begriffs und seiner Phänomene sowie Einbezug empirischer Ergebnisse,
3. Präzisierung des Bezugsrahmens,
4. Feststellung und Bewertung der didaktischen Relevanz.
(Salle & Clüver, 2021, S. 564)

Dieser Verfahrensrahmen hat das Ziel, die Grundvorstellungsidee systematisiert weiterzuentwickeln. Er soll als flexibles Gerüst genutzt werden, um Grundvorstellungen herleiten zu können (Salle & Clüver, 2021, S. 576 f.). Empirische Ergebnisse und Lernendenvorstellungen werden in diesem Vorgehen berücksichtigt.

In diesem Abschnitt wurden ausgewählte fachdidaktische Strukturierungen mathematischer Inhalte allgemein eingeführt. Im Folgenden werden diese Elemente fachdidaktischer Strukturierung mathematischer Inhalte auf das Beispiel der Wahrscheinlichkeitsrechnung angewendet und die Wahrscheinlichkeitsbegriffe eingeführt.

2.4   Exemplarische Darstellung der fachdidaktischen Struktur anhand des Beispiels Wahrscheinlichkeitsrechnung

What do we want students to learn about probability, and *why* do we want them to learn that?[...]
The learning of probability is essential to help prepare students for life, since random events and chance phenomena permeate our lives and environments. (Gal, 2005, S. 43)

Die Gründe für die Behandlung von Stochastik in der Schule sind vielfältig. Stochastik ist nützlich für den Alltag, spielt eine wichtige Rolle in anderen Disziplinen und es wird ein Basiswissen der Stochastik in vielen Berufen benötigt (Gal, 2005, Franklin, 2007, Jones, 2005b). Schüler*innen begegnen dem Zufall auch außerhalb des Mathematikunterrichts, zum Beispiel in Biologie, Wirtschaft, Meteorologie, bei politischen und sozialen Aktivitäten und auch in Spiel und Sport (Batanero & Diaz, 2012, S. 3).

Schupp (1982, S. 207) bezeichnet die Wahrscheinlichkeitstheorie (bzw. die Wahrscheinlichkeitsrechnung) und die Statistik als „Teilgebiete der wissenschaftlichen Disziplin ‚Stochastik'". In der vorliegenden Arbeit wird dieser Trennung von Teilgebieten gefolgt und auf die Wahrscheinlichkeitsrechnung fokussiert, obwohl diese beiden Teilgebiete durch mathematische Leitideen für den Stochastikunterricht oft gemeinsam betrachtet werden.

In diesem Kapitel werden die oben aufgeführten mathematikdidaktischen Aspekte der Wahrscheinlichkeitsrechnung beschrieben. Diese Beschreibung beginnt mit dem Konzept der stochastischen Grundbildung und wird mit den Bildungsstandards fortgesetzt. Anschließend werden die fundamentalen Ideen und die Grundvorstellungen zur Wahrscheinlichkeit erläutert. Im Anschluss werden unterschiedliche Wahrscheinlichkeitsbegriffe eingeführt.

Dieses Kapitel verfolgt auch das Ziel, die vielfältigen *inhaltlichen* Herausforderungen für Lehrkräfte beim Unterrichten der Leitidee „Daten und Zufall" zu beschreiben. Welche Inhalte in der Wahrscheinlichkeitsrechnung müssen vermittelt werden und was gibt es dabei zu beachten? Obgleich mathematikdidaktische Aspekte eher einem fachdidaktischen Wissen zugeordnet werden können, beschreiben sie doch auch implizit die fachlichen Anforderungen an Lehrkräfte. Des Weiteren werden die hier aufgeführten Elemente für die exemplarische Darstellung der didaktisch orientierten Rekonstruktion benötigt.

Mathematische Grundbildung für den mathematischen Teilbereich der Stochastik

> Overall, people need ‚probability literacy' to cope with a wide range of real-world situations that involve interpretation or generation of probabilistic messages as well as decision-making. However, details of the probability-related knowledge and dispositions that may comprise probability literacy have received relatively little explicit attention in discussions of adults' literacy, numeracy, and statistical literacy. (Gal, 2005, S. 45)

Eine probabilistische Grundbildung kann der *big idea* von chance and data des OECD-Modells OECD (2019) zugeordnet werden. Diese *big idea* wird innerhalb des theoretischen Rahmenmodells für Mathematik von PISA wie folgt beschrieben:

> In Science, technology and everyday life, uncertainty is a given. Uncertainty is therefore a phenomenon at the heart of the mathematical analysis of many problem situations, and the theory of probability and statistics as well as techniques of data representation and description have been established to deal with it. The uncertainty and data content category includes recognising the place of variation in processes, having a sense of the quantification of that variation, acknowledging uncertainty and error in measurement, and knowing about chance. It also includes forming, interpreting and evaluating conclusions drawn in situations where uncertainty is central. (OECD, 2019, S. 85)

Die Unsicherheit als zentrales Phänomen umfasst also nicht nur die mathematische Analyse von Problemen und die Stochastik, sondern auch das Erkennen des Stellenwerts von Variationen in Prozessen, ein Gefühl für die Quantifizierung dieser, die Anerkennung von Unsicherheit und Messfehlern und Wissen über Zufall. Die Beschreibung der *big idea* in diesem Rahmenmodell lässt sich mit einem Modell zur probabilistischen Grundbildung vereinbaren. Es existieren mehrere Modelle zur statistischen Grundbildung (u.a. Franklin, 2007; Gal, 2002; Wallman, 1993 und Watson, 1997), zur probabilistischen Grundbildung wird fast ausschließlich auf das Modell von Gal (2005) verwiesen.

Basierend auf seinem Modell der statistischen Grundbildung (Gal, 2002) erweitert Gal (2005) dieses um die Grundbildung für die Wahrscheinlichkeitsrechnung. Diese Erweiterung umfasst die Fähigkeit zur Interpretation und kritischen Bewertung probabilistischer Informationen und Zufallsphänomene in verschiedenen Kontexten. Wesentlich für eine solche Kompetenz sind die Fähigkeiten, die Bedeutung und die Sprache der grundlegenden Wahrscheinlichkeitskonzepte zu verstehen und Wahrscheinlichkeitsargumente in privaten oder öffentlichen Diskussionen richtig einzusetzen (Batanero & Borovcnik, 2016, S. 14). Gal (2005, S. 45 ff.) bezieht

Dispositionen in seine Beschreibung der Wahrscheinlichkeitskompetenz ein, z. B.
auch angemessene Überzeugungen und Einstellungen sowie die Kontrolle persön-
licher Gefühle wie Risikoaversion ohne vertretbare Gründe. In diesem Abschnitt
wird das Modell von Gal näher erläutert.

Gal (2005) beschreibt mögliche Schlüsselelemente von Wissen und Disposi-
tionen, die Erwachsene für eine *probability literacy*, also für eine probabilistische
Grundbildung brauchen. Die probabilistische Grundbildung ist mit der statistischen
Grundbildung eng verbunden (Gal, 2005, S. 49). In Tabelle 2.3 zeigt Gal zwei
Unterscheidungen der probabilistischen Grundbildung auf. Diese sind Wissen und
Dispositionen, also einem Kompetenzbegriff folgend. Auch wenn einzelne Wissenselemente untereinander gelistet sind, so interagieren sie doch miteinander, so dass
ein Fokus beim Lehren auf nur ein oder zwei der Elemente für die Entwicklung des
„probability literate" (Gal, 2005, S. 50) ein Handeln nicht genügt. Im unteren Teil
der Tabelle 2.3 beschreibt Gal (2005, S. 51) Elemente von Dispositionen, die eine
große Rolle spielen, wie Menschen über zufallsbezogene Informationen denken und
wie sie in Situationen, in denen Zufall und Unsicherheit eine Rolle spielen, agieren.
Diese Dispositionen können den Lernwillen von Schüler*innen beeinflussen und
somit die Entwicklung ihrer probabilistischen Grundbildung prägen.

Im Folgenden sollen die Wissenselemente aus dem Modell von Gal (2005) kurz
erläutert werden, weil sie das Bild von probabilistischer Grundbildung rahmen.

Tabelle 2.3 Probability literacy Quelle: (Gal, 2005, S. 51)

Knowledge elements
1. *Big ideas:* Variation, Randomness, Independence, Predictability/Uncertainty.
2. *Figuring probabilities*: Ways to find or estimate the probability of events.
3. *Language:* The terms and methods used to communicate about chance.
4. *Context:* Understanding the role and implications of probabilistic issues and messages in various contexts and in personal and public discourse.
5. *Critical questions:* Issues to reflect upon when dealing with probabilities.

Dispositional elements
Critical stance
Beliefs and attitudes
Personal sentiments regarding uncertainty and risk (e.g., risk aversion)

Big Ideas
Diese *big ideas* haben im Gegensatz zu den bisher eingeführten *big ideas* von OECD (2019) eine andere Auffassung als die Beschreibung eines mathematischen Teilgebiets. Lernende sollten mit den Konzepten des Zufalls, der Unabhängigkeit „but also others" (Gal, 2005, S. 51) vertraut sein. Dies vorausgesetzt sind sie auch in der Lage, andere Konzepte abzuleiten, Repräsentationen zu erkennen, zu interpretieren und Implikationen von Wahrscheinlichkeitsaussagen zu verstehen. Manche dieser Aspekte der *big ideas* können in mathematischen oder statistischen Symbolen ausgedrückt werden, aber „the essence cannot be fully captured by technical notations" (Gal, 2005, S. 52). Lernende können den allgemeinen abstrakten Charakter dieser *big ideas* nur intuitiv erfassen. Als *Big Ideas* gibt Gal (2005, S. 52) die Konzepte „Variation", „Zufall", „(Stochastische) Unabhängigkeit" und „Vorhersehbarkeit/Unsicherheit" an.

Die Konzepte „Zufall, Unabhängigkeit und Variation" haben jeweils „complementary alter-egos" (Gal, 2005, S. 47), die Gleichmäßigkeit, die Abhängigkeit und die Stabilität. Zwischen den jeweiligen *big ideas* und ihren komplementären Ideen besteht ein Kontinuum, sodass dies die beiden Eckpunkte auf einer Skala sind, auf der sich ein Element bewegen kann. Sie sind alle miteinander verbunden und bilden Bausteine für die vierte *big idea*, die der Vorhersagbarkeit und Unsicherheit. Diese *big ideas* sind also komplexer als sich zunächst vermuten lässt. Insbesondere die vierte *big idea* bezüglich Unsicherheit und Vorhersagbarkeit weist große Parallelen zu den *big ideas* im theoretischen Rahmen der PISA-Studie auf.

Die weiteren Wissenselemente werden im Folgenden kurz aufgeführt, um an anderen Stellen darauf verweisen zu können. Sie werden für die spätere exemplarische Darstellung der didaktisch orientierten Rekonstruktion nur implizit benötigt.

Figuring probabilities
Lernende sollen für eine probabilistische Grundbildung mit Methoden zur Ermittlung der Wahrscheinlichkeit von Ergebnissen vertraut sein, um probabilistische Aussagen anderer verstehen zu können oder auch Schätzungen über die Wahrscheinlichkeit von Ereignissen zu tätigen und mit anderen darüber zu kommunizieren. Hier erscheinen der klassische, der frequentistische und der subjektivistische Wahrscheinlichkeitsbegriff sinnvoll (Gal, 2005, S. 54). Diese Wahrscheinlichkeitsbegriffe und weitere werden im Abschnitt 2.4 ausgeführt.

Language
Ein weiteres Schlüsselelement für die probabilistische Grundbildung ist die „Sprache des Zufalls". Schüler*innen sollen verschiedene Möglichkeiten haben, um über Zufall und Wahrscheinlichkeiten kommunizieren zu können (Gal, 2005, S. 55).

Dieser Bereich wird von Gal (2005) in zwei Aspekte unterteilt: Einerseits die Vertrautheit mit Begriffen und Aussagen in Verbindung zu *abstrakten* Konstrukten, andererseits verschiedene Möglichkeiten, die Wahrscheinlichkeit *tatsächlicher* Ereignisse darzustellen und über sie zu sprechen.

Context

Zur Kompetenz im Bereich Wahrscheinlichkeitsrechnung gehört laut Gal (2005, S. 58) auch dazu, dass Lernende um die Rolle von probabilistischen Prozessen und deren Kommunikation in der Welt wissen. Das Wissen über den Kontext überschneidet sich teilweise mit den vorher genannten Bereichen (Gal, 2005, S. 58). Gal (2005) definiert „Kontextwissen" wie folgt:

People know both

(a) what is the role or impact of chance and randomness on different events and processes,
(b) what are common areas or situations where notions of chance and probability may come up in a person's life.

(S. 58)

Critical questions

Das letzte Wissenselement beinhaltet das Wissen, welche kritischen Fragen gestellt werden müssen oder können, wenn man einer Aussage zur Wahrscheinlichkeit oder Gewissheit begegnet, oder wenn eine probabilistische Schätzung getätigt werden muss (Gal, 2005, S. 59).

Für diese Arbeit ist die Betrachtung der *big ideas* von Relevanz, weil sich diese auch im nächsten Abschnitt zu den Bildungsstandards und im Abschnitt der fundamentalen Ideen für einen Vergleich eignen. Dabei werden hier zwei unterschiedliche Auffassungen von *big ideas* aufgeführt. Einerseits existiert eine Auffassung als mathematische Teilgebiete nach OECD (2019) und andererseits eine konzeptuelle Auffassung nach Gal (2005). Beide werden für die exemplarische Darstellung der didaktisch orientierten Rekonstruktion benötigt und geben Aufschluss darüber, in welchem Teilgebiet sich der mathematische Inhalt befindet und welche konzeptuellen Auffassungen für das Verständnis benötigt werden.

Für die Vermittlung einer probabilistischen Grundbildung benötigen Lehrkräfte ein fundiertes inhaltliches Verständnis der Wahrscheinlichkeitsrechnung.

Bildungsstandards in der Stochastik

Im vorherigen Abschnitt wurden das Rahmenmodell von PISA sowie das theoretische Modell von Gal (2005) diskutiert, welche die englische Notation von *big ideas* nutzen. Im deutschsprachigen Raum, insbesondere bei der Diskussion der Bildungsstandards sowie länderspezifischer Curricula werden zumeist Leitideen oder inhaltsbezogene mathematische Kompetenzen genutzt (s. Abschnitt 2.3). Zu beachten ist, dass Bildungsstandards normative Leitlinien sind, die im Diskurs verschiedener Gremien entstehen und somit nur begrenzt eine wissenschaftliche Aussagekraft haben. Sie sind Basis für Lehrpläne, auf die sich Unterricht und Unterrichtsmaterial ausrichten und haben politisch, gesellschaftlich und ökonomisch Bedeutung. Somit haben sie Bewandtnis für die Ausbildung eines Fachwissens von Lehrkräften, weil sie vorgeben, was schulische Mathematik im aktuellen Bildungsdiskurs ist.

Der Begriff der Leitidee wird für die Stochastik in Daten und Zufall aufgeschlüsselt. Es befinden sich also auch statistische Inhalte in den Begriffsdefinitionen. Die erste Definition der Leitidee wurde für den mittleren Schulabschluss spezifiziert und umfasst zwei Säulen, welche „die beschreibende Statistik und die Wahrscheinlichkeitsrechnung zur Modellierung von zufallsabhängigen Vorgängen und Risiken" (KMK, 2022, S. 21 f.) umfasst. Weiterhin heißt es:

> Wahrscheinlichkeiten können als Prognosen von relativen Häufigkeiten bei zufallsabhängigen Vorgängen gedeutet werden, wodurch die beiden Säulen verknüpft werden. Die darauf bezogenen mathematischen Sachgebiete der Sekundarstufe I sind die Stochastik und Funktionen. Es werden Begriffe und Methoden zur Erhebung, Aufbereitung und Interpretation von statistischen Daten vernetzt mit solchen zur Beschreibung und Modellierung zufallsabhängiger Situationen. Die stochastische Simulation spielt bei der Verknüpfung eine wichtige Rolle. Der Umgang mit Daten und Zufallserscheinungen im Alltag und Zufallsexperimenten geschieht auch unter Verwendung einschlägiger digitaler Mathematikwerkzeuge, hier vor allem Tabellenkalkulation und Stochastiktools. (KMK, 2022, S. 21 f.)

Diese Begriffsdefinition als solche bezieht die Definition der mathematischen Grundbildung mit ein, weil sie auf die Modellierung zufallsabhängiger Situationen eingeht und diese der realen Welt als Kontext entstammen können. Der Anwendungsbezug in dieser Leitidee ist hoch. Für die allgemeine Hochschulreife wurde darauf aufbauend die Leitidee weiter geschärft:

> Diese Leitidee vernetzt Begriffe und Methoden zur Aufbereitung und Interpretation von statistischen Daten mit solchen zur Beschreibung und Modellierung von zufallsabhängigen Situationen. In Ausweitung und Vertiefung stochastischer Vorstellungen der Sekundarstufe I umfasst diese Leitidee insbesondere den Umgang mit mehrstufigen Zufallsexperimenten, die Untersuchung und Nutzung von Verteilungen sowie einen

Einblick in Methoden der beurteilenden Statistik, auch mithilfe von Simulationen und unter Verwendung einschlägiger Software. Das darauf bezogene mathematische Sachgebiet der Sekundarstufe II ist die **Stochastik**. (KMK, 2012, S. 22)

Auch hier ist eine Anschlussfähigkeit zur mathematischen Grundbildung nach der OECD zu erkennen, weil es um Beschreibungen und Modellierungen von Situationen geht, die zufallsabhängig sind. Dies kann durch „formulate, employ, and interpret mathematics to solve problems in a variety of real-world contexts" (OECD, 2019, S. 75) hergestellt werden. Bezogen auf die von Gal (2005) eingeführten *big ideas* (Variation, Zufall, Unabhängigkeit und Vorhersagbarkeit bzw. Unsicherheit) werden diese nur implizit angegeben. Im Umgang mit mehrstufigen Zufallsexperimenten werden von Lernenden Kenntnisse zu den *big ideas* verlangt. Die Leitidee wirkt in der Hinsicht eher wie ein mathematisches Oberthema, welche zwei Sachgebiete (Wahrscheinlichkeitsrechnung und beurteilende/beschreibende Statistik) zusammenfügt.

Fundamentale Ideen in der Wahrscheinlichkeitsrechnung

Wie im Abschnitt 2.3 eingeführt, haben fundamentale Ideen das Ziel, mathematische Konzepte mit „wenige[n] beziehungsreiche[n] Grundgedanken" (Vohns, 2005, S. 59) erklären zu können. Auch für das mathematische Teilgebiet der Wahrscheinlichkeitsrechnung wurden mehrere fundamentale Ideen aufgestellt, die in diesem Abschnitt näher beleuchtet werden. Zunächst werden die fundamentalen Ideen nach Heitele (1975) dargestellt. Anschließend werden die darauf aufbauenden fundamentalen Ideen nach Borovcnik (1997) und die von Eichler (2013) erläutert.

Die häufig zitierten fundamentalen Ideen für diesen mathematischen Teilbereich sind von Heitele (1975). Er versteht unter fundamentalen Ideen „die Ideen, die dem Individuum auf jeder Stufe der Entwicklung […] Erklärungsmodelle liefern, die so effizient wie möglich sind und die sich auf den verschiedenen kognitiven Ebenen unterscheiden, nicht strukturell, sondern durch ihre sprachliche Form und ihre Ausarbeitungsweisen" (S. 188). Seine fundamentalen Ideen werden im Folgenden kurz eingeführt.

Fundamentale Idee 1: Zufälligkeit „Norming the expressions of our belief"

Die erste fundamentale Idee besteht aus intuitiven Überzeugungen wie „das glaube ich" oder „ziemlich sicher". Sie sind normiert in der Form, dass sie durch eine Zahl von 0 bis 1 ausgedrückt werden können, also in reelle Zahlen übersetzt werden. Heitele (1975) deutet dies als „Vergröberung der komplexen Welt und die Abbildung ihrer Mehrdimensionalität auf das eindimensionale Einheitsintervall" (S. 194) und bezeichnet „die Skalierung des Grades des individuellen Glaubens in einer

Weise, wie wir es mit solchen nicht quantifizierten Begriffen wie Temperatur tun"
als fundamentale Idee.

Fundamentale Idee 2: Ereignisse und Ereignisraum
Bei der zweiten fundamentalen Idee bezieht Heitele (1975, S. 194 f.) sich auf Kolmogorovs Idee, den Zufallsexperimenten einen Ereignisraum beobachtbarer Ergebnisse zuzuordnen und ein solches σ-Feld von Mengen dem Feld der beobachtbaren
Ereignisse zuzuordnen. Diese Idee Kolmogorovs macht ein Zufallsexperiment über-
schaubar und wird fundamental angesehen, weil in Untersuchungen zur Entwicklung des Zufallsbegriffs in der Entwicklungspsychologie oft festgestellt worden ist,
das Kinder „auf einen eng verstandenen Determinismus beschränkt sind; sie glau-
ben an einen Zwang durch verborgene Ursachen oder Parameter oder durch einen
‚deus ex machina'" (Heitele, 1975, S. 195). Batanero et al. (2016, S. 15) betonen
die Wichtigkeit, Lernenden zu verstehen zu geben, alle unterschiedlichen Ereignisse mit einzubeziehen, wenn Wahrscheinlichkeiten in einem Zufallsexperiment
ausgerechnet werden.

Fundamentale Idee 3: Wahrscheinlichkeiten kombinieren
Die dritte fundamentale Idee ist die Additionsregel, die es erlaubt, neue Wahrscheinlichkeiten aus ursprünglichen Wahrscheinlichkeiten abzuleiten, da subjektive
Einschätzungen bei mehrstufigen Zufallsexperimenten aufgrund ihrer Komplexität
versagten. Hier hilft die Additionsregel (Heitele, 1975, S. 195). Batanero et al.
(2016, S. 15) ordnen dieser fundamentalen Idee auch die Kombinatorik zu, die u. a.
bei der Auflistung aller Ereignisse in einem Stichprobenraum oder bei der Zählung
aller seiner Elemente verwendet wird. Da kombinatorisches Denken schwierig ist,
können Hilfsmittel, wie etwa das Baumdiagramm, Lernende in ihrer Argumentation
stützen (Batanero et al., 2016, S. 15).

Fundamentale Idee 4: Unabhängigkeit und bedingte Wahrscheinlichkeit
Eine weitere fundamentale Idee ist es, Zufallsexperimente ohne physikalischen Kau-
salzusammenhang als stochastisch unabhängig zu betrachten. Diese Annahme ist
noch einmal weitgehender als die Idee bedingter Wahrscheinlichkeiten, weil sie die
Voraussetzung für bedingte Wahrscheinlichkeiten ist.

In fact the idea of independent repeatibility of chance experiments shows better than
anything else the discrepancy between tile mathematical dealing with a theoretical
model and its application to reality. On the one hand the mathematical model of independence, as expressed by the product rule, is easy to be mastered; on the other hand
it appears in everyday life that many people, even those with a scientific background
who are well acquainted with even more complex mathematical models, are not able

to apply the idea of independence in a consequential manner in practical situations.
(Heitele, 1975, S. 196)

Dieses Zitat weist auf die Praktikabilität der Produktregel hin, aber auch auf die Schwierigkeit, sie in praktischen Situationen konsequent anzuwenden. Diese Unabhängigkeit ist daher wichtig, um Simulationen zu verstehen und empirische Schätzungen durch Häufigkeiten zu tätigen, da für Wiederholungen stochastische Unabhängigkeit benötigt wird. Stochastische Unabhängigkeit wird für die Analyse von Experimenten und für viele Konzepte in der Stochastik wie Konfidenzintervalle und Hypothesentests benötigt (Batanero et al., 2016, S. 15).

Fundamentale Idee 5: Gleichverteilung und Symmetrie
Diese fundamentale Idee fokussiert auf das Entdecken und Benutzen von Symmetrien in einer Problemsituation. Bei einem Würfelwurf kann Symmetrie angenommen werden und dadurch ebenso Gleichverteilung. Als Konsequenz können dann die Laplace-Regeln angewendet werden. Wenn die Gleichverteilung nicht direkt sichtbar ist, können durch Verfeinerung des Ereignisraums Symmetrien entdeckt werden (Heitele, 1975, S. 196 f.). Diese fundamentale Idee ist die erste, die die Bestimmung einer Wahrscheinlichkeit erleichtert.

Fundamentale Idee 6: Kombinatorik
Die Kombinatorik wird von Heitele (1975, S. 197) als weitere fundamentale Idee genannt, da sie nicht nur Nebenprodukt der Wahrscheinlichkeitsrechnung ist, sondern auch zentral für die Betrachtung von Baumdiagrammen als ikonische Repräsentation. Grundlegende kombinatorische Operationen sind nicht einfach nur Standardalgorithmen zur Berechnung von Wahrscheinlichkeiten komplexer Zufallsexperimente. Weiterhin erläutert Heitele, dass sie insbesondere in einer ikonischen oder enaktiven Repräsentation einen unmittelbaren Einblick in die innere Struktur von Zufallsexperimenten und die Verkettung aufeinanderfolgender Experimente innerhalb eines größeren Komplexes ermöglichen.
    Eng damit zusammen hängt die nächste fundamentale Idee mit einem Modellierungsgedanken.

Fundamentale Idee 7: Urnenmodell (bzw. Modellierung) und Simulation
Viele Zufallsexperimente lassen sich in ein Urnenmodell übertragen und dadurch greifbarer machen. Deshalb sieht Heitele (1975, S. 199) das Urnenmodell als fundamentale Idee an. Batanero et al. (2016, S. 15) gehen sogar noch weiter und inkludieren das Modellieren und die Simulation in diese fundamentale Idee. Das Modellieren ermöglicht den Lernenden ein entdeckendes Lernen der Konzepte und der

Eigenschaften des Zufalls. Simulationen können zwischen Realität und mathematischem Modell vermitteln und somit die Lernenden in ihrem Prozess unterstützen.

Fundamentale Idee 8: Zufallsvariable
Die Zufallsvariable hat laut Heitele (1975, S. 199) die Wahrscheinlichkeitsrechnung über das Level der Mathematisierung von Glücksspielen gehoben, in dem die Zufallsvariable vielfältige Anwendungsmöglichkeiten in der Statistik ermöglicht. Für eine Zufallsvariable sind der Erwartungswert und die Standardabweichung zwei der wichtigsten Eigenschaften, weil diese fundamental sind bei der Betrachtung von statistischen Daten.

Durch die Zufallsvariable konnte Bernoulli sein schwaches Gesetz der großen Zahlen entdecken und beweisen. Dieses ist eine weitere fundamentale Idee.

Fundamentale Idee 9: (Stochastische) Konvergenz und Gesetze der großen Zahlen
Die progressive Stabilisierung der relativen Häufigkeit zu einer Wahrscheinlichkeit ist eine weitere fundamentale Idee. Heitele (1975, S. 201) schließt dabei keines der Gesetze der großen Zahlen aus, benennt aber die Beobachtung und das Wissen darüber als fundamentale Idee. Für das empirische Gesetz der großen Zahlen gibt er ein Beispiel an:

> [The principle of large numbers] is straightforwardly observable in reality, for instance, in the well-known example of raindrops on paving tiles. Rain is a typical random mass phenomen where individual events are unpredictable in principle. (Heitele, 1975, S. 201)

Diese Herangehensweise, die aus den Gesetzen der großen Zahlen resultiert, findet inzwischen vermehrt Anwendung im Mathematikunterricht. Es erscheint wichtig, dass Lernende verstehen, dass kein Ergebnis vorhersehbar ist und die Stabilisierung erst bei hoher Versuchszahl eintritt (Batanero et al., 2016, S. 15).

Fundamentale Idee 10: Stichprobe und ihre Verteilung
Diese fundamentale Idee beinhaltet die Stichprobenwahl. Anhand eines Beispiels *kann* die gesamte vom Regen betroffene Fläche nicht betrachtet werden, um die Verteilung des Regens zu beurteilen. Um die Wahrscheinlichkeit greifbar zu machen, wird die Fläche auf einen Quadratmeter (oder weniger) begrenzt. Lernenden muss dann bewusst werden, dass die berechnete Wahrscheinlichkeit nur für diesen Quadratmeter gilt und somit auch nur eine empirische Schätzung darstellt (Heitele, 1975, S. 202).

Im Jahre 1997 schrieb Borovcnik, dass es gerade in der Didaktik der Stochastik „trotz der Lippenbekenntnisse zur Bedeutsamkeit von stochastischem Denken nicht wirklich über den Ansatz zu fundamentalen Ideen von Heitele (1975) hinausgekommen" (S. 23) sei. Wie hier in der Arbeit ersichtlich wird, gibt es neue zentrale Erkenntnisse in der Didaktik der Stochastik, doch die fundamentalen Ideen werden auch in aktueller Literatur zitiert (z. B. Batanero et al., 2016; Begué, Álvarez-Arroyo & Valenzuela-Ruiz, 2021; Eichler, 2013).

Borovcnik (1997) schlägt eigene fundamentale Ideen vor, welche „den Kern der Sache umreißen" (S. 28) und ordnet sie den fundamentalen Ideen nach Heitele (1975) zu (Tabelle 2.4).

Auch Eichler (2013, S. 101) formuliert auf Grundlage von Borovcnik (1997) und Heitele (1975) sowie den zusammenfassenden Ideen zum statistischen Denken von Wild und Pfannkuch (1999) fundamentale Ideen für die Stochastik:

1. Erkennen der Notwendigkeit statistischer Daten,
2. Flexible Repräsentation der relevanten Daten (Transnumeration),
3. Einsicht in die Variabilität statistischer Daten,
4. Erkennen von Mustern und Beschreiben von Mustern mit statistischen Modellen,
5. Verbinden von Kontext und Statistik.

(Eichler, 2013, S. 101)

Borovcnik (1997) kritisiert, dass sich die Auflistung fundamentaler Ideen nach Heitele (1975) mit Ausnahme der Zufälligkeit (fundamentale Idee 1) und Urnenmodell und Simulation (fundamentale Idee 7) wie „Kapitelüberschriften eines mathematisch gehaltenen Stochastiklehrbuches" (S. 23) liest. Diese Ansicht wird auch innerhalb dieser Arbeit geteilt, weil sie einer moderneren Ansicht fundamentaler Ideen wie in 2.3 nicht entspricht. Die fundamentalen Ideen 1-10 scheinen keine universellen fundamentalen Ideen zu sein, weil sie zwar innermathematisch, aber nur geringfügig außermathematisch anwendungsbezogen verstanden werden können. Sie scheinen auch nur geringfügig eine zentrale Idee zu sein, weil sie keine explizite Motivation, also keinen Anlass zur Vermutung, dass sie für den Lernenden hilfreich für den Erwerb neuen Wissens sind, aufzeigen aufgrund ihres wenig anwendungsbezogenen Charakters. Die Kriterien von Schweiger (1992) werden nur teilweise vom Ideenkatalog erfüllt. Die historische Entwicklung wird implizit dargestellt, indem beispielsweise die fundamentale Idee 8 (Zufallsvariable) vor der fundamentalen Idee der Gesetze der großen Zahlen kommt und diese auch historisch aufeinander folgen. Für eine vertikale Gliederung curricularer Entwürfe scheint eine Tragfähigkeit der fundamentalen Ideen zu existieren, weil Heitele (1975) spiralcurriculare Überlegungen mit Darstellungwechsel nach Bruner miteinbezieht. Es bestehen jedoch Zweifel,

Tabelle 2.4 Fundamentale Ideen von Borovcnik (1997, S. 28 f.), welche eine Zuordnung der fundamentalen Ideen von Heitele (1975) beinhalten

Fundamentale Idee	Begriffsdefinition	Zuordnung von Heiteles (1975) Ideen
Ausdruck von Informationen über eine unsichere Sache	Klarstellung, um welche *Art* von Information es in der Stochastik geht, nämlich eine „Vorausschau" in die Zukunft (oder eine Abwägung über die Vergangenheit), ohne die genaue und sichere Vorhersage eines konkreten Versuchs; Wahrscheinlichkeit subsumiert eine andere Art von Information als kausale oder logische Erklärungsmuster und hilft letztlich, Entscheidungen unter Unsicherheit transparent zu gestalten. Die Gewichtung von Möglichkeiten mit Wahrscheinlichkeiten fällt hier genauso darunter wie der Ausdruck von Unsicherheiten durch diskrete oder stetige Verteilungen (Borovcnik, 1997, S. 28 f.).	1, 2, 5, 8
Revidieren von Informationen unter neuen (unterstellten) Fakten	Die Begriffe „bedingte Wahrscheinlichkeiten" und die „Unabhängigkeit", sowie die „Laplacesche Gleichverteilung" als Ausdruck einer Indifferenz liefern eine spezielle Art von Informationen über eine Situation (Borovcnik, 1997, S. 29) .	4, 5
Offenlegen verwendeter Information	„Der Witz einer Simulation liegt insbesondere darin, daß durch die materielle Fassung der Situation die impliziten Vorwegnahmen über die Situation offen gelegt werden; es wird klar, in welcher Form und ob in geeigneter Weise die Situation durch das Modell erfaßt wird" (Borovcnik, 1997, S. 29).	7
Verdichten von Information	Die Idee des Verdichtens wird in einer Kennziffer (z. B. der Erwartungswert) als Repräsentant dieser Information forciert; der Zufall, im speziellen die Variabilität, wird im mathematischen Modell eingebettet (Borovcnik, 1997, S. 29).	8
Präzision von Information – Variabilität	Die Standardabweichung als Kennziffer für die Verteilung von Zufallsvariablen fällt als Nebenprodukt, die Präzision einer Information zu bewerten, heraus (Borovcnik, 1997, S. 29).	8
Repräsentativität partieller Information	Diese fundamentale Idee ist Schlüssel für die Generalisierung dieser Information auf eine größere Gesamtheit. Zufällige Auswahl ist nur die technische Realisierung der Idee (Borovcnik, 1997, S. 29).	10

(Fortsetzung)

Tabelle 2.4 (Fortsetzung)

Fundamentale Idee	Begriffsdefinition	Zuordnung von Heiteles (1975) Ideen
Verbesserung der Präzision	Bei kleineren zufälligen Stichproben verfügt man über weniger (präzise) Informationen als bei größeren. Man kann sogar über die abnehmende Rate des Informationsgewinns bei größeren Stichproben spekulieren. Das Gesetz der großen Zahlen ist nur eine nachträgliche, mathematische Rechtfertigung dessen, was passiert, wenn der Stichprobenumfang über alle Maßen anwächst (Borovcnik, 1997, S. 29).	9

ob diese Ideen zu der Frage, was Mathematik überhaupt ist, geeignet sind, weil sie eher mathematische Sätze und Definitionen betiteln. Auch hinsichtlich des vierten Kriteriums ist nicht geklärt, inwieweit die fundamentalen Ideen den mathematischen Unterricht „beweglicher und zugleich durchsichtiger machen" (Schweiger, 1992, S. 207) können. Bezüglich des letzten Kriteriums bleibt offen, ob diese fundamentalen Ideen einen „sprachlichen oder handlungsmäßigen Archetypen" (Schweiger, 1992, S. 207) besitzen. Trotz alledem sind diese fundamentalen Ideen auf mathematische Konzepte gut anwendbar und Basis für die darauf aufbauenden fundamentalen Ideen, sodass diese im weiteren Verlauf primär betrachtet werden. Damit können dann auch Rückschlüsse auf die aktualisierten fundamentalen Ideen gezogen werden.

Die von Borovcnik (1997) vorgeschlagenen fundamentalen Ideen haben eine höhere Passgenauigkeit für die heutige Sicht auf fundamentale Ideen. Sie gehen über das Innermathematische hinaus und zeigen auch außermathematische Anwendungsmöglichkeiten. Sie entsprechen keiner *big idea* im Sinne der OECD, weil sie keinen größeren Teilbereich abdecken sollen, sondern innerhalb der *big idea* „data and chance" Hinweise für inhaltsbezogene Kompetenzen liefern, aber keine Kompetenzen sind. Sie entsprechen den Kriterien von Schweiger (1992), weil sie einerseits in der historischen Entwicklung aufzeigbar, aber auch tragfähiger für die Gliederung curricularer Entwürfe sind. Diese fundamentalen Ideen sind wiederum schwieriger in mathematischen Konzepten zu identifizieren, weil sie durch das Benennen ihres Zwecks nicht so zugänglich zu sein scheinen.

Die fundamentalen Ideen von Eichler (2013) sind auf eine „datenorientierte Stochastik" (S. 101) zu verwenden und entsprechen der Position Eichlers hinsichtlich des Stochastikunterrichts, weil dieser „ohne den Bezug zu Daten und ihren

Kontexten sinnentlehrt bleibt" (S. 102). Gleiches gilt für die von Biehler und Engel (2015) eingeführten fundamentalen Ideen der Stochastik. Sie legen einen Schwerpunkt auf die Statistik und werden deshalb in dieser Arbeit nicht näher betrachtet. Für die Identifizierung elementarisierten akademischen Fachwissens werden zunächst die fundamentalen Ideen nach Heitele (1975) genutzt, weil sie trotz der Betrachtung von Anwendungsbezügen durch die Benennung nach mathematischen Konzepten besser geeignet für eine Zuordnung zu sein scheinen.

In diesem Abschnitt wurde gezeigt, dass fundamentale Ideen zur Wahrscheinlichkeitsrechnung existieren und auch in der neuen Literatur angegeben werden. Trotzdem ist die Forschungslage hierzu eher dünn. Die fundamentalen Ideen werden trotzdem in der durchgeführten didaktisch orientierten Rekonstruktion mit aufgenommen. Das hat den Grund, dass Lehrkräfte mathematische Kenntnisse hinter den fundamentalen Ideen aufweisen müssen, um fachlich korrekten Unterricht halten zu können. Außerdem geben die fundamentalen Ideen ein gewisses Metawissen preis, in dem die mathematischen Sätze und Definitionen ihrem Zweck zugeordnet werden.

Unterschiedliche Deutungen von Wahrscheinlichkeiten
Für Wahrscheinlichkeiten gibt es bestimmte Deutungen, die Wahrscheinlichkeitsbegriffe genannt werden. Sie sind Teil fachlich-epistemologischer Überlegungen, welche vor der Erforschung notwendig sind (Batanero et al., 2016, S. 2).

Laut Biehler und Engel (2015, S. 223) sind die wichtigsten Wahrscheinlichkeitsbegriffe der klassische, der frequentistische und der subjektivistische Wahrscheinlichkeitsbegriff sowie das *Propensity-Konzept*. In dieser Arbeit werden zudem noch der logische Wahrscheinlichkeitsbegriff und der axiomatische Wahrscheinlichkeitsbegriff verwendet. Die Grundprämisse für alle Wahrscheinlichkeitszugänge ist, dass Wahrscheinlichkeiten immer unsicher sind und vom Informationsstand abhängen (Biehler & Engel, 2015, S. 223). Jede dieser Sichtweisen bringt einige philosophische Fragen mit sich und ist für bestimmte reale Phänomene besser geeignet als andere. Diese Sichtweisen können auch bei der Lehrplanung unterstützen, um verschiedene Lernende zu berücksichtigen (Batanero et al., 2016, S. 2).

Auch wenn diese unterschiedlichen Deutungen im deutschsprachigen Raum häufig Wahrscheinlichkeitsbegriffe genannt werden, so sind sie nur im weiteren Sinn mit Begriffsbildung und -lernen (z. B. Vollrath, 1984, Vollrath & Roth, 2012 und Weigand, 2015) verbunden. Mit Wahrscheinlichkeitsbegriffen sind Deutungen von Wahrscheinlichkeiten gemeint, Eichler und Vogel (2014, S. 169) nennen sie beispielsweise auch Wahrscheinlichkeitsansätze. In diesem Abschnitt geht es um die Herangehensweise an den Zufall, es wird aber der deutschsprachigen Begrifflichkeit als solcher gefolgt.

Klassischer Wahrscheinlichkeitsbegriff

Beim klassischen Wahrscheinlichkeitsbegriff geht es um die Wahrscheinlichkeit als relativer Anteil in Gleichverteilungssituationen.

> Als Wahrscheinlichkeit eines Ereignisses wird der relative Anteil der zu einem Ereignis gehörenden Ergebnisse an allen möglichen Versuchsausfällen genommen, die als gleichmöglich oder gleichwahrscheinlich angesehen werden. (Biehler & Engel, 2015, S. 223)

Unter diesen Wahrscheinlichkeitsbegriff fallen der Laplacesche Wahrscheinlichsbegriff, aber auch geometrische Zugänge, bei denen Ereignisse Wahrscheinlichkeiten über Flächeninhaltsverhältnisse zuweisen (Biehler & Engel, 2015, S. 223). Der Laplacesche Wahrscheinlichkeitsbegriff ist ein „theoretischer Ansatz a priori, d. h. vor der Durchführung des fraglichen Zufallsexperiments, rein aus der Vernunft gewonnen"(Büchter & Henn, 2007, S. 182). Wahrscheinlichkeiten haben also einen hypothetischen Charakter (Riemer, 1991b, S. 16). Dies entspricht auch dem Prinzip des unzureichenden Grundes:

> Dieses Prinzip besagt, dass man an dem *Modell* der Gleichwahrscheinlichkeit von Elementarereignissen festhält, wenn man keinen ausreichenden Grund hat, an diesem Modell zu zweifeln. (Eichler & Vogel, 2014, S. 101)

Diese Annahme gilt laut Eichler und Vogel (2014, S. 101) als vereinfachende Modellannahme. Trotzdem hat diese Wahrscheinlichkeit eine hohe Relevanz für den Mathematikunterricht. Sie wird berechnet, in dem durch die Anzahl möglicher Ereignisse durch die Anzahl aller Ereignisse dividiert wird. Diese Berechnung der Wahrscheinlichkeit steht sinnbildlich für den klassischen Wahrscheinlichkeitsbegriff.

Benötigte Instrumente sind Kombinatorik, Proportionen und die oben genannte a priori Analyse. Repräsentationen können das Pascalsche Dreieck, Aufzählungen und kombinatorische Formeln sein. Verwandte Konzepte hier sind Erwartung und Fairness (Batanero & Díaz, 2007, S. 117).

Eine Erweiterung des klassischen Wahrscheinlichkeitsbegriffs ist der logische Wahrscheinlichkeitsbegriff, in dem der a priori-Ansatz um deduktiv-logische Annahmen von Möglichkeiten erweitert wird (Batanero et al. 2016, S. 5). Basierend auf Keynes (1921) und Carnap (1950) werden Ereignisse (auch ungleich) gewichtet. Die Wahrscheinlichkeit ist somit ein Grad der Implikation, der die Unterstützung einer gegebenen Hypothese H durch einen Beweis E misst (zit. nach Batanero 2016, S.5).

Batanero et al. (2016, S. 5) sehen in diesem Wahrscheinlichkeitsbegriff ein Problem, da es viele mögliche Wahrscheinlichkeitsfunktionen abhängig von möglichen Ausgangsmaßen und auch von der Weise, wie die Hypothese formuliert ist, gibt. Außerdem kann es schwerfallen, auf objektive Weise adäquate Beweise zu finden, da diese von Person zu Person variieren können (Batanero & Díaz, 2007, S. 114f).

Frequentistischer Wahrscheinlichkeitsbegriff
Der frequentistische Wahrscheinlichkeitsbegriff beschreibt den Ansatz, die relative Häufigkeit als Wahrscheinlichkeit aufzufassen.

Als Annäherung an die Wahrscheinlichkeit wird die relative Häufigkeit des Eintretens des Ereignisses in einer langen Versuchsserie genommen. (Biehler & Engel, 2015, S. 223)

Bei dieser Bedeutung des Wahrscheinlichkeitsbegriffs wird eine Konvergenz relativer Häufigkeiten angenommen. Dies entspricht einem empirischer Ansatz. Die Wahrscheinlichkeit wird nach Durchführung des Zufallsexperiments bestimmt, also a posteriori (Büchter & Henn, 2007, S. 182). Durch die Durchführung werden Daten erhoben, welche anschließend analysiert werden können. Im Sinne von empirischen Fakten ist dieser Wahrscheinlichkeitsbegriff objektiv für das eine Zufallsexperiment. Die gewonnenen Wahrscheinlichkeiten können also variieren, was Batanero et al. (2016, S. 4) als Nachteil beschreiben. Vor allem die Bestimmung der Wahrscheinlichkeit im Nachhinein ist schwierig, wenn ein Experiment nicht unter den gleichen Umständen wiederholt werden kann (Batanero 2016, S. 4). Borovcnik (1992, S. 88) betont deshalb: „Ein Ereignis aus einem individuellen Versuch muss dabei in ein Kollektiv von ‚ähnlichen' Versuchen eingebettet werden, die eine ganz bestimmte ‚Regellosigkeit' aufweisen müssen; dann ist Wahrscheinlichkeit der Grenzwert der relativen Häufigkeiten". Diese Aussage ist als Annahme anzusehen, weil diese Deutung auch nicht eintreten muss.

Nützliche Instrumente sind gewisse mathematische Kurven und mathematische Analysen. Repräsentationen sind statistische Tabellen/Graphen, Simulationen, Dichtefunktionen und -kurven sowie Verteilungstabellen. Bei den Eigenschaften kann der Grenzwertbegriff für relative Häufigkeiten mit hoher Wiederholung sowie der objektive Charakter basierend auf empirischen Fakten erwähnt werden. Verwandte Themen sind die relative Häufigkeit, das Universum, Zufallsvariablen und Wahrscheinlichkeitsverteilungen (Batanero & Díaz, 2007, S. 117).

Das Propensity-Konzept ist eine Erweiterung des frequentistischen Wahrscheinlichkeitsbegriffs, bei der es um die Wahrscheinlichkeit als Tendenz bzw. Prognose geht. Dieser Wahrscheinlichkeitsbegriff wird oft auch als objektivistischer Wahrscheinlichkeitsbegriff bezeichnet.

Wahrscheinlichkeiten sind theoretische Eigenschaften von Zufallsexperimenten (chance set-ups), die nicht direkt beobachtbar sind und die sich experimentell in Strukturen in relativen Häufigkeiten zeigen. (Biehler & Engel, 2015, S. 223)

Die Annahme ist also, dass sich durch relative Häufigkeiten Wahrscheinlichkeiten „indirekt messen" (Biehler & Engel, 2015, S. 223) lassen. Dieser Ansatz wird kontrovers diskutiert, da Tendenzen nicht in anderen empirisch verifizierenden Interpretationen ausgedrückt werden können, also methodisch nicht begründbar sind (Batanero et al., 2016, S. 4). Riemer (1991b) betont die Unverzichtbarkeit, die Möglichkeit „verschiedener (manchmal gleichberechtigter, mitunter aber auch verschieden glaubwürdiger) Wahrscheinlichkeiten" (S. 19) und deren hypothetischen Charakter in den Vorstellungen von Lernenden zu verankern.

Wenn die Lernendenperspektive betrachtet wird, so ist der folgende Wahrscheinlichkeitsbegriff relevant. Er zeigt die Perspektive von Lernenden mit ihren Erfahrungen von Zufallserscheinungen auf.

Subjektivistischer Wahrscheinlichkeitsbegriff
Unter dem subjektivistischen Wahrscheinlichkeitsbegriff wird die Wahrscheinlichkeit als Maß für subjektives Vertrauen verstanden.

Als Wahrscheinlichkeit eines Ereignisses wird der Grad des subjektiven Vertrauens in das Eintreten des Ereignisses genommen. Als Paradigma kann man die als fair angenommene Wette ansehen. (Biehler & Engel, 2015, S. 223)

Im Kern befasst sich dieser Wahrscheinlichkeitsbegriff mit der fortschreitenden Verbesserung einer Entscheidungsfindung durch gesammelte weitere Informationen (Eichler & Vogel, 2014, S. 116). Durch diese Erfahrung wird bei diesem Ansatz die Wiederholung eines Experiments als nicht notwendig betrachtet und somit die *erfahrene* Wahrscheinlichkeit akzeptiert (Batanero et al., 2016, S. 5 f.). Dieser Ansatz ist ein theoretischer, basierend auf eigenen Erfahrungen, bei dem auch „eigene Wünsche eingehen können" (Büchter & Henn, 2007, S. 182). Dieser Begriff weist also Unterschiede zu den anderen Wahrscheinlichkeitsbegriffen auf, weil es hier um die Entscheidungen in einzelnen Situationen geht und diese subjektiv entschieden werden. Dieser Wahrscheinlichkeitbegriff entspricht laut Eichler und Vogel (2014) dem „mathematischen Lernen aus Erfahrung" (S. 128) und durch den sich aufbauenden Erfahrungsschatz können bessere Entscheidungen getroffen werden.

Axiomatischer Wahrscheinlichkeitsbegriff
Der axiomatische Wahrscheinlichkeitsbegriff basiert auf Kolmogorovs Axiomen, welche in Abschnitt 2.2 dargestellt wurden.

Dabei widerspricht dieser Wahrscheinlichkeitsbegriff nicht dem klassischen, frequentistischen und subjektivistischen Wahrscheinlichkeitsbegriff, obgleich „in allen praktischen Anwendungen, bei der stochastischen Modellierung, [...] die Zuordnung von Wahrscheinlichkeiten [...] immer gerechtfertig werden und [...] offengelegt werden [muss], inwieweit empirische Daten, theoretische Annahmen über Zufallsmechanismen oder subjektive Einschätzungen darin eingegangen sind" (Biehler & Engel, 2015, S. 224). Im Gegensatz zu den anderen Wahrscheinlichkeitsbegriffen wird innerhalb dieser Deutung definiert, „was mathematisch als Wahrscheinlichkeit verstanden wird" (Eichler & Vogel, 2011, S. 106), indem die oben genannten Axiome eingeführt werden. Die Wahrscheinlichkeit ist also ein mathematischer Gegenstand und probabilistische Modelle werden zur Beschreibung und Interpretation der zufälligen Realität verwendet. Die Wahrscheinlichkeitstheorie hat ihre Effizienz in vielen verschiedenen Bereichen unter Beweis gestellt, aber die verwendeten Modelle unterliegen immer noch heuristischen und theoretischen Hypothesen, die empirisch bewertet werden müssen. Diese Modelle ermöglichen es auch, neuen Ereignissen Wahrscheinlichkeiten zuzuordnen, die in früheren Interpretationen keinen Sinn ergaben (Batanero & Díaz, 2007, S. 116).

Im Folgenden werden die hier eingeführten Aspekte des Wahrscheinlichkeitsbegriffs in die *big ideas* und fundamentalen Ideen eingeordnet.

Die fundamentalen Ideen „Zufälligkeit", „Ereignisse und Ereignisraum", „Gleichverteilung und Symmetrie" können dem klassischen Wahrscheinlichkeitsbegriff zugeordnet werden, weil durch den a priori Ansatz eine Vorausschau gegeben wird, um welche Art von Information es sich handelt. Durch diese Deutung werden Entscheidungen unter Unsicherheiten transparent gemacht, weil ein Zufallsexperiment durch die Gleichverteilung begründet wird. Letzteres ist Teil der Begründung der Zuordnung zur Gleichverteilung und Symmetrie als fundamentale Idee, weil die Laplacesche Gleichverteilung „als Ausdruck einer Indifferenz [...] eine spezielle Art von Informationen über eine Situation" (Borovcnik, 1997, S. 28) liefert, indem das Eintreten aller Elementarereignisse als gleichwahrscheinlich angenommen wird. Diese Deutung von Wahrscheinlichkeiten finden durch den Begriff der „Prognosen" auch in den Bildungsstandards Verwendung.

Die frequentistische Deutung einer Wahrscheinlichkeit kann den fundamentalen Ideen nach Heitele (1975) zugeordnet werden und somit auch Tendenzen für den erst genannten Katalog aufgezeigt werden. Die fundamentalen Ideen 1 und insbesondere 9 sind für diesen Wahrscheinlichkeitsbegriff relevant, weil die Normierung (Fundamentale Idee 1) den Aspekt widerspiegelt. Die neunte fundamentale Idee hinsichtlich der Gesetze der großen Zahlen ist von Bedeutung für den frequentistischen Wahrscheinlichkeitsbegriff, weil die Herangehensweise einer progressiven Stabilisierung der relativen Häufigkeit der Kerngedanke des hier beschriebenen Wahrscheinlichkeitsbegriffs ist.

Die fundamentale Idee 1 mit dem Aspekt von intuitiven Überzeugungen nach Heitele (1975) ist eine zuordbare Idee zum subjektivistischen Wahrscheinlichkeitsbegriff. Viel mehr kommen die personal sentiments regarding uncertainty and risk, beliefs und attitudes als Dispositionen nach Gal (2005) zum Tragen, weil diese durch Erfahrungen beeinflusst werden.

Der axiomatische Zugang zu Wahrscheinlichkeiten vereint die fundamentalen Ideen, ist von Realitätsbezügen aber ab einem gewissen Grad weiter entfernt. Dieser Wahrscheinlichkeitsbegriff kann hilfreich sein für den Ausdruck von Informationen über eine unsichere Sache, Informationen unter neuen Fakten zu revidieren, verwendete Informationen offenzulegen und zu verdichten, Informationen zu präzisieren und partielle Informationen zu repräsentieren und teilweise die Präzision zu verbessern. Letztere fundamentale Idee spielt keine größere Rolle bei der axiomatischen Deutung von Wahrscheinlichkeiten.

In diesem Abschnitt wurden verschiedene Deutungen von Wahrscheinlichkeiten präsentiert. Im nächsten Abschnitt werden mögliche Grundvorstellungen zur Wahrscheinlichkeit dargestellt und diese mit den bisherigen fachdidaktischen Strukturierungen in Verbindung gebracht.

Grundvorstellungen in der Wahrscheinlichkeitsrechnung
In diesem Abschnitt werden Grundvorstellungen innerhalb der Wahrscheinlichkeitsrechnung erörtert. Zunächst werden Grundvorstellungen zum Wahrscheinlichkeitskonzept erörtert und anschließend weitere Grundvorstellungen eingeführt. Diese Grundvorstellungen werden in diesem Abschnitt eingeordnet und anschließend mit den anderen fachdidaktischen Strukturierungen verglichen.

Wie in Abschnitt 2.3 beschrieben sind Grundvorstellungen „mentale Repräsentationen mathematischer Objekte und Sachverhalte" (Griesel et al., 2019, S.128). Malle und Malle (2003) führen vier Grundvorstellungen zur Wahrscheinlichkeit an, welche im Folgenden erläutert werden. Die im vorherigen Abschnitt eingeführten Wahrscheinlichkeitsbegriffe bilden ebenfalls eine Grundlage für Grundvorstellungen in der Stochastik. Sie erläutern, dass Grundlage aller intuitiven Vorstellungen zu Wahrscheinlichkeiten zunächst einmal Vorstellungen zu Zufallsversuchen sowie zufälligem Auswählen sind. Ergänzt werden diese durch die Grundvorstellungen zur Stochastik nach Bender (1997). Alle im Folgenden eingeführten Grundvorstellungen gehören zur Leitidee „Daten und Zufall".

Grundvorstellung zur Wahrscheinlichkeit als Maß für eine Erwartung
Diese Grundvorstellung ist „praktisch immer passend" (Malle & Malle, 2003, S. 52). Sie schreiben weiterhin: „Wenn jemand meint, dass es morgen regnen wird, drückt er damit eine Erwartung aus" (Malle & Malle, 2003, S. 52). Weiterhin kann diese Erwartung spezifiziert werden, indem Begriffe wie „sehr wahrscheinlich", „wahrscheinlich" oder „unwahrscheinlich" genutzt werden. Mathematisiert werden Erwartungen, in dem sie durch eine Zahl zwischen 0 und 1 ausgedrückt werden (Malle & Malle, 2003, S. 52).

Deshalb wird diese Grundvorstellung von Malle & Malle (2003) wie folgt beschrieben:

> Eine Wahrscheinlichkeit ist ein Maß für eine Erwartung. Der Grad der Erwartung wird durch eine Zahl von 0 bis 1 ausgedrückt. (S. 53)

Grundvorstellung zur Wahrscheinlichkeit als relativer Anteil
Bei dieser Grundvorstellung geht es um die Vorstellung, dass als „Wahrscheinlichkeit eines Ereignisses [...] der relative Anteil der zum Ereignis gehörenden Versuchsausfälle an allen möglichen Versuchsausfällen genommen werden" (Malle & Malle, 2003, S. 52) kann. Malle und Malle (2003) umschreiben dieses Vorgehen wie folgt:

> Es sei G eine endliche Menge und A eine Teilmenge von G. Als Wahrscheinlichkeit dafür, dass ein aus G zufällig ausgewähltes Element zu A gehört, kann man den relativen Anteil von A in G (Anzahl der Elemente von A durch Anzahl der Elemente von B) nehmen. (S. 52)

Grundvorstellung zur Wahrscheinlichkeit als relative Häufigkeit
Malle und Malle (2003, S. 53) bezeichnen hier die relative Häufigkeit des Eintretens eines Ereignisses in einer Versuchsreihe als Wahrscheinlichkeit. Dabei führen sie Folgendes aus:

> Ein Zufallsversuch werde n-mal unter den gleichen Bedingungen durchgeführt (n groß). Als Wahrscheinlichkeit für das Eintreten eines Ereignisses kann man die relative Häufigkeit des Eintretens dieses Ereignisses unter den n Versuchen nehmen. (S. 52)

Grundvorstellung zur Wahrscheinlichkeit als subjektives Vertrauen
Diese Grundvorstellung umfasst die Vorstellung, dass eine Wahrscheinlichkeit eines Ereignisses als Grad des subjektiven Vertrauens in das Eintreten des Ereignisses betrachtet werden kann. Diese Wahrscheinlichkeit wird durch eine Zahl von 0 bis

1 ausgedrückt. Das subjektive Vertrauen wird maßgeblich beeinflusst durch Sachüberlegungen (Malle & Malle, 2003, S. 52). Auch hier spielen erfahrene Wahrscheinlichkeiten eine Rolle, so dass diese Grundvorstellung dem subjektivistischen
Wahrscheinlichkeitsbegriff zugeordnet werden kann.

Bender beschreibt unabhängig von Malle und Malle Grundvorstellungen und
Grundverständnisse für den Stochastikunterricht. Er diskutiert in seinem Beitrag
für zentrale Inhalte der elementaren Stochastik mögliche Grundvorstellungen und
Grundverständnisse und geht vom Begriff der Funktion in einer in der Lebenswelt
verankernden Form aus. Als zentrales Thema der Stochastik sieht er die *„Bändigung
der Variabilität, des Zufalls"* (Bender, 1997, S. 9). Die von ihm herausgearbeiteten
Grundvorstellungen sind angelehnt an die zu der Zeit üblichen Stochastiklehrgänge.
Inwieweit diese Stochastiklehrgänge noch in dieser, von ihm nicht näher erläuterten
Form praktiziert werden, bleibt unklar. Diese Grundvorstellungsideen, die er äußert,
sollen „quer zum curricularen Aufbau" (Bender, 1997, S. 10) stehen.

Kombinatorik als Grundvorstellung
Die erste Grundvorstellungsidee, die Bender äußert, ist die der Kombinatorik als
„Prototyp für die Ausbildung von [Grundvorstellungen und Grundverständnissen]"
(Bender, 1997, S. 10), weil sie hilfreich für das Verstehen von Verteilungen im dis-
kreten Wahrscheinlichkeitsraum sind und Grundprinzipien der beurteilenden Sta-
tistik darstellen. Weiter schreibt er:

> Das Ziehen von Stichproben läßt sich nun einmal gut als Aufbau komplexer Experi-
> mente und deren Wahrscheinlichkeitsverteilungen mit kombinatorischen Mitteln aus
> einfachen Experimenten und einfachen Verteilungen verstehen. (Bender, 1997, S. 10)

Wenn Lernende diese Rückführung vom Komplizierten zum Einfachen als Wissen
ausbilden können, können sie, „unbelastet von all den formalen, philosophischen
und inhaltlichen Problemen des Wahrscheinlichkeitsbegriffs", die Wahrscheinlichkeit verstehen.

Eine weitere Grundvorstellung ist laut Bender der Wahrscheinlichkeitsraum.
Dieser wird im nächsten Abschnitt erläutert.

Wahrscheinlichkeitsraum als Grundvorstellung
Der Gedanke des Aufstellens eines Wahrscheinlichkeitsraums fasst Bender (1997)
zunächst einmal intuitiv zusammen:

> Man verschafft sich einen Überblick über alle möglichen Ausfälle eines Zufallsexpe-
> riments und faßt diese zu einer Menge zusammen, die dann einen abgeschlossenen

(erneut: das Motiv des Abschlusses) Raum für die weiteren Betrachtungen bildet. Im Zusammenspiel von sachlicher und mentaler Struktur hat das explizite ‚Aufstellen' des Wahrscheinlichkeitsraums, das ich auch von fortgeschrittenen Stochastik-Lernenden zu deren (kurzsichtigem) Unmut immer wieder fordere, eine mehrfache Funktion. (Bender, 1997, S. 11)

Der Prozess des tatsächlichen Aufstellens (in der Vorstellung) scheint für Bender eine Grundvorstellung zu sein. Dies begründet er mit der Verbindung zwischen realem Kontext und mathematischer Begrifflichkeit (Bender, 1997, S. 11).

Die nächste Grundvorstellung geht von einem Individuum als handelndem Akteur innerhalb der Wahrscheinlichkeitsrechnung aus.

Die Rolle des erkennenden Subjekts bei der Generierung einer Wahrschein-lichkeitsverteilung

Bender (1997) erläutert seine Haltung, dass die „Beteiligung des erkennenden Subjekts bei der Generierung einer Wahrscheinlichkeitsverteilung" (S. 15) in Stochastiklehrgängen gering ist. Wenn ein Individuum also ein Zufallsexperiment durchführt, so steht dieses mit dessen Annahmen im Mittelpunkt der Handlung. Er konkretisiert dies weiter:

Ich habe eine Wahrscheinlichkeits‚maße' (die ich mir als elastischen, beliebig teilbaren und gut formbaren Stoff vorstelle) vom Umfang 1 in der Hand und verteile diese Masse auf die Menge der Ausfälle des Experiments, den Wahrscheinlichkeitsraum. Jeder Ausfall bekommt den Anteil zugewiesen, den ich aufgrund theoretischer Überlegungen oder empirischer Untersuchungen für angemessen halte. (Bender, 1997, S. 16)

Das erkennende Subjekt und eine Verteilung von Wahrscheinlichkeiten steht hier im Mittelpunkt. Darüber hinaus gibt er noch weitere mentale Vorstellungen für Wahrscheinlichkeitsverteilungen an.

Kontinuierliche Verteilungen

Diese Grundvorstellung betrifft Zugänge von verschiedenen Wahrscheinlichkeitsverteilungen. Bei stetigen Wahrscheinlichkeitsverteilungen muss „jeder der unendlich (ja, überabzählbar) vielen Ausfälle allein (formal als Elementarereignis aufgefaßt) die Wahrscheinlichkeit 0 [...] haben; denn sonst bräuchte man für jede, noch so kleine, Umgebung um einen Punkt mit Wahrscheinlichkeit > 0 eine unendlich große Wahrscheinlichkeitsmasse" (Bender, 1997, S. 18). Die Interpretation Wahrscheinlichkeitsverteilungen kann also zu einem mentalen Konflikt führen. Insbesondere im Übergang von diskreten zu stetigen Verteilungen treten Konflikte auf, weil stetige Verteilungen, „spätestens mit dem zentralen Grenzwertsatz, pauschal als ‚Grenzwertverteilungen' diskreter Verteilungen identifiziert werden" (Bender, 1997, S. 19). Bender rät also zu einem Zugang zur Normalverteilung über Binomialverteilungen über aufsummierte Wahrscheinlichkeiten. Die Vorteile in stetigen Verteilungen sieht er auch auf ikonischer Ebene:

> Kontinuierliche Verteilungen haben darüber hinaus den [...] Vorzug, daß kontinuierliche Wanderungen im Definitionsbereich ebensolche Änderungen der Werte nach sich ziehen. Man kann für gegebene Werte i.a. scharfe Intervallgrenzen angeben, und auch beim Zeichnen tut man sich leichter mit einem schwungvollen Graph als mit einer Treppenfunktion mit lauter gleichlangen waagerechten Strecken, bei denen benachbarte Enden und Anfänge genau lotrecht übereinander liegen müssen. (Bender, 1997, S. 24)

Bedingte Wahrscheinlichkeiten und Unabhängigkeit
Bezüglich des Umgangs mit bedingter Wahrscheinlichkeit und Unabhängigkeit sieht Bender primär Schwierigkeiten in den „kausalen Konnotationen der verwendeten Wörter" (Bender, 1997, S. 24). Eine irreführende Wortwahl im Umgang mit diesen Begriffen kann als Chance verstanden werden, Unterschiede zwischen stochastischer und kausaler Unabhängigkeit zu identifizieren und dadurch stochastisches Denken zu fördern (Bender, 1997, S. 18).

Zufallsgrößen als Funktionen
Die Idee, Zufallsgrößen bzw. -variablen als Funktion zu verstehen, ist für Bender eine weitere Grundvorstellung. Damit können Zufallsvariablen zum Funktionsbegriff vernetzt werden und diesen stärken sowie begriffliche Klärungen hinsichtlich der Zufallsvariablen durchgeführt werden. Letzteres führt er weiter aus:

> Eine Vorschrift, die jedem Element eines Definitionsbereichs einen Wert aus einem Wertebereich zuordnet, veranschaulicht durch Pfeile. Die Begriffe ‚Vorschrift', ‚zuordnen', ‚Definitions-' und ‚Wertebereich' werden nicht weiter präzisiert, und nach meinem Erfahrungen kann auf dieser Basis in der Sekundarstufe I [...] ein tragfähiger Begriff aufgebaut werden, zu dem auch Addition, Subtraktion usw. von Funktionen gehören, wenn diese denn denselben Definitionsbereich und außerdem einen gemeinsamen Wertebereich haben, in dem diese Verknüpfungen vorhanden sind. (Bender, 1997, S. 27)

Bender legt Wert auf eine formale Einführung von Zufallsvariablen mit dem Funktionsbegriff, weil dadurch der Wahrscheinlichkeitsraum der Definitionsbereich ist und an Bekanntem angeknüpft werden kann.

Darüber hinaus benennt Bender die Anfänge des Hypothesentestens als Grundvorstellungsidee, die aber in dem Kontext der Wahrscheinlichkeitsrechnung nicht relevant zu sein scheint.

Die Grundvorstellung zur Wahrscheinlichkeit als Maß für eine Erwartung ist anschlussfähig mit den *big ideas* probabilistischer Grundbildung nach Gal , weil dieses Maß der Erwartung ein Teil der Vorhersagbarkeit und der Unsicherheit ist sowie auch des Konzepts des Zufalls. Dieser Grad der Erwartung, ausdrückbar durch eine Kennziffer, lässt sich auch in den Konzepten *Figuring probabilities* und *Language* wiederfinden, weil Lernende durch diese Kennziffer einerseits Schätzungen über die Wahrscheinlichkeiten tätigen und über Zufall und Wahrscheinlichkeit kommunizieren. Vorherrschende fundamentale Idee nach Heitele ist die der Zufälligkeit, weil sie dieser Normierung eines Ausdrucks des Glaubens beschreibt. Daraus folgend spielt also auch die fundamentale Idee „Ausdruck von Informationen über eine unsichere Sache" eine Rolle. Diese Grundvorstellung beeinflusst alle Wahrscheinlichkeitsbegriffe, da sie für jegliche Deutungen eine Rolle spielt.

Die Grundvorstellung der Wahrscheinlichkeit als relativer Anteil unterliegt der *big idea* des Zufalls und beschreibt einen Weg, um Wahrscheinlichkeiten zu berechnen, ist also auch *figuring probabilities* zuzuordnen. Implizit spielt die fundamentale Idee 2 *Ereignisse und Ereignisraum* eine Rolle, weil Zufallsexperimente mit beobachtbaren Ergebnissen und Ereignisräumen betrachtet werden. Damit ist auch hier die fundamentale Idee *Ausdruck von Informationen über eine unsichere Sache* sichtbar. Diese Grundvorstellung kann dem klassischen Wahrscheinlichkeitsbegriff zugeordnet werden, da diese Definition einer Berechnung der Wahrscheinlichkeit einem Laplace-Experiment entspricht, obwohl eine Gleichwahrscheinlichkeit der Ergebnisse nicht explizit angenommen wird. Speziell bei dieser Grundvorstellung bleiben Malle und Malle vage.

Zur Grundvorstellung zur Wahrscheinlichkeit als relative Häufigkeit lässt sich eine *big idea* hier nur ansatzweise finden, weil diese Grundvorstellung in gewisser Weise über allen *big ideas* nach Gal als prinzipielles Konzept steht. Aufgrund der n-maligen Durchführung eines Zufallsversuchs und der damit resultierenden Wahrscheinlichkeit als relative Häufigkeit ist die fundamentale Idee 9 *(Stochastische) Konvergenz und Gesetze der großen Zahlen* sowie *Verbesserung der Präzision* bei dieser Grundvorstellung vordergründig. Somit kann diese Grundvorstellung mit dem frequentistischen Wahrscheinlichkeitsbegriff in Verbindung gesetzt werden. Die Wahrscheinlichkeit wird *nach* der Durchführung einer Versuchsserie bestimmt und die relative Häufigkeit eines Ereignisses wird als dessen Wahrscheinlichkeit aufgefasst.

Die Grundvorstellung zur Wahrscheinlichkeit als subjektives Vertrauen kann den Dispositionen nach Gal zugeordnet werden, weil diese Grundvorstellung zum *critcal stance*, den *beliefs and attitudes* und *personal sentiments regarding uncertainty and risk* durch Erfahrungen geprägt und dadurch ein subjektives Vertrauen etabliert wird. Die fundamentale Idee 1 nach Heitele *Zufälligkeit "Norming the expressions of our belief"* ist in dieser Grundvorstellung vereint und somit bis zu einem gewissen Grad auch die fundamentale Idee *Ausdruck von Informationen über eine unsichere Sache*, weil die Vorausschau bzw. die Abwägung über die Vergangenheit einer gewissen Subjektivität unterliegt. Diese Grundvorstellung entspricht dem subjektivistischen Wahrscheinlichkeitsbegriff, weil sie die subjektiven Vorstellungen mit einbezieht, die aus Erfahrungen gesammelt werden.

Die Kombinatorik als Grundvorstellung ist weder explizit der *big idea* der Wahrscheinlichkeitsrechnung noch der Leitidee „Daten und Zufall" zugeordnet. Sie findet aber wiederum Verwendung in der fundamentalen Idee 6 (Kombinatorik). Borovcnik erwähnt die Kombinatorik als fundamentale Idee nicht. Wie Bender schon schreibt, steht die Kombinatorik als mathematischer Inhalt unabhängig von Wahrscheinlichkeitsbegriffen, erscheint aber sinnvoll als Hilfsmittel für das Rechnen mit Wahrscheinlichkeiten.

Für den Wahrscheinlichkeitsraum als Grundvorstellung ist die vorrangige *big idea* die des Zufalls. Diese Grundvorstellung kann der Leitidee „Daten und Zufall" zugeordnet werden. Die fundamentale Idee der Ereignisse und des Ergebnisraums scheint hier vordergründig relevant zu sein. Hinsichtlich der unterschiedlichen Wahrscheinlichkeitsbegriffe spielen einerseits der klassische, der frequentistische, aber auch der axiomatische eine Rolle.

Für die Rolle des erkennenden Subjekts bei der Generierung einer Wahrscheinlichkeitsverteilung ist eine Zuordnung hinsichtlich der *big ideas* nicht möglich. Diese Grundvorstellung kann der Leitidee „Daten und Zufall" zugeordnet werden. Folgende fundamentale Ideen lassen sich in dieser Grundvorstellung identifizieren: Fundamentale Idee 1 (Zufälligkeit), Fundamentale Idee 2 (Ereignisse und Ereignisraum) und Fundamentale Idee 3 (Wahrscheinlichkeiten kombinieren). Somit ist dies auch Ausdruck von Informationen über eine unsichere Sache. Weil Bender (1997) über mentale Vorstellungen spricht, kann dies dem subjektiven Wahrscheinlichkeitsbegriff zugeordnet werden, zeigt aber auch Ansätze des klassischen und frequentistischen Wahrscheinlichkeitsbegriffs. Hinsichtlich der Grundvorstellungen nach Malle ist vor allem die Wahrscheinlichkeit als Maß für eine Erwartung von Relevanz.

Die Grundvorstellungsidee „Kontinuierliche Verteilungen" findet primär im Wissenselement *figuring probabilities* Verwendung. Sie gehört zur *big idea* chance and data und zur Leitidee „Daten und Zufall". Sie beinhaltet schwerpunktmäßig die fundamentale Idee 8 (Zufallsvariable) und 10 (Stichprobe und ihre Verteilung) und somit auch der Präzision von Informationen und der Repräsentativität partieller

Informationen. Für stetige Verteilungen wird formal-mathematisch das Axiomensystem Kolmogoroffs benötigt, so dass ein axiomatischer Wahrscheinlichkeitsbegriff vonnöten ist.

Die Grundvorstellung zu bedingten Wahrscheinlichkeiten und zur Unabhängigkeit wird von Bender nur kurz behandelt und es wird auch nicht klar, inwieweit seine Ausführungen zu einer Grundvorstellungsidee führen. Deshalb wird diese hier nicht weiter betrachtet.

Die Grundvorstellungsidee „Zufallsgrößen als Funktionen" ist der Leitidee „Daten und Zufall" zugeordnet und die fundamentale Idee 8 (Zufallsvariable) erscheint stimmig. Damit wird ein Ausdruck von Informationen über eine unsichere Sache ausgedrückt und Informationen können verdichtet und präzisiert werden. Die Zufallsgröße, wie von Bender (1997) intendiert, wird mit dem axiomatischen Wahrscheinlichkeitsbegriff assoziiert.

Die Grundvorstellungen von Malle und Malle (2003) scheinen einem Grundvorstellungkonzept nach vom Hofe (1995) zu entsprechen. Sie scheinen auf Schüler*innen als Zielgruppe zu fokussieren, welche in dieser Arbeit nicht im Fokus stehen. Über die Explikation der vorgenommen Herleitung werden keine Angaben gemacht. Benders (1997) Grundvorstellungen scheinen doch eher einem Grundverständniskonzept ähnlich. Die Ausführungen sind trotzdem interessant, weil sie eine der wenigen Arbeiten zu Grundvorstellungen in der Stochastik sind. Bender spricht von Vorstellungen und scheint damit ein eher ‚naives' Verständnis von Grundvorstellungen anzunehmen, in dem einerseits mentale Bilder und Sinnkonstituierungen angesprochen werden, aber andererseits die nähere Auseinandersetzung mit den Kriterien von Grundvorstellungen nicht stattfindet. Dies kann unter Anderem auch an der damals recht aktuellen Systematisierung von vom Hofe liegen. Bender äußert sich, dass das Formen und Stabilisieren dieser Grundvorstellungen und Grundverständnisse noch empirisch überprüft werden muss, sie aber die Ausbildung des stochastischen Denkens wesentlich fördern könnten (Bender, 1997, S. 32). Auch die methodische Entwicklung dieser Grundvorstellungen wurde von Bender wie bei Malle und Malle nicht transparent gemacht.

2.5   Zusammenfassung und Folgerungen

Die Mathematik auf akademischem Niveau unterscheidet sich in Bezug auf Struktur, Art des Begriffserwerbs und Anteil von Realitäts- und Anwendungbezügen stark vom schulischen Niveau. Anhand der exemplarischen Betrachtung der fachlichen Aspekte lässt sich der mathematische Aufbau der Wahrscheinlichkeit erkennen. Die Gesetze der großen Zahlen benötigen unterschiedliche Vorkenntnisse und scheinen

einen unterschiedlichen Schwierigkeitsgrad zu haben. Das empirische Gesetz der großen Zahlen ist nicht beweisbar, kann aber bei Experimenten beobachtbar gemacht werden. Das schwache Gesetz der großen Zahlen ist eine beweisbare Präzisierung des empirischen Gesetzes der großen Zahlen. Das starke Gesetz der großen Zahlen kann eine p-fast sichere Aussage hinsichtlich einer Schwankung bei wachsenden Versuchszahlen tätigen. Anhand dieser exemplarischen Darstellung zeigt sich die formal-axiomatische, deduktive Struktur und der definitorische Begriffserwerb. Auch wenn Realitätsbezüge eine Rolle spielen können, kommt die Wahrscheinlichkeitsrechnung ohne Realitäts- und Anwendungsbezüge auf akademischem Niveau aus.

Die Mathematik auf akademischem Niveau und die zu beachtenden fachdidaktischen Aspekte scheinen losgelöst voneinander. Lehrkräfte, die die erste Lehrerausbildungsphase an den Universitäten abgeschlossen haben, müssen das Gelernte in einer Weise elementarisieren, um ihren Schüler*innen die Mathematik zugänglich zu gestalten. Die hier aufgeführten fachdidaktischen Aspekte geben Indizien, inwiefern diese Elementatisierung stattfand bzw. stattfinden sollte.

In diesem Kapitel wurden ausgewählte fachdidaktische Strukturierungen aufgezeigt und auf die Wahrscheinlichkeitsrechnung angewendet. Zufall und Unsicherheit haben eine hohe Relevanz im Alltag. Zufallserscheinungen spielen in vielen anderen Disziplinen eine Rolle und Schüler*innen begegnen dem Zufall nicht nur in anderen Schulfächern, sondern auch bei politischen Aktivitäten bzw. Berichterstattungen. In Spiel und Sport sind Kenntnisse über Wahrscheinlichkeit von Vorteil. Das Konzept der Wahrscheinlichkeit ist also fester Bestandteil für eine mathematische Grundbildung und somit auch verankert in den Bildungsstandards sowie curricularen Standards der Bundesländer. Auch wenn die primäre Zielgruppe dieser mathematikdidaktischen Aspekte Schüler*innen sind, so können allgemeine inhaltliche Anforderungen für das Fachwissen von Lehrkräften abgeleitet werden.

Fundamentale Ideen als fachdidaktische Aspekte wurden für die Wahrscheinlichkeitsrechnung aufgezeigt. Eine der genannten fundamentalen Ideen weist die Behandlung der Gesetze der großen Zahlen auf. Verschiedene Zugänge zur Wahrscheinlichkeit bzw. die Wahrscheinlichkeitsbegriffe wurden eingeführt. Sie zeigen die vielfältigen Möglichkeiten, wie mit dem Zufall umgegangen werden kann. Dabei werden sie oftmals zusammenhangslos eingeführt. Für die Behandlung in der Schule bietet sich vor allem der klassische, frequentistische und subjektivistische Wahrscheinlichkeitsbegriff an, weil Lernende dafür nur wenige fachliche Voraussetzungen benötigen. Der frequentistische Wahrscheinlichkeitsbegriff beruft sich auf das Gesetz der großen Zahlen als Grundannahme. Lehrkräfte müssen die mathematischen Strukturen hinter diesen Wahrscheinlichkeitsbegriffen verstehen, um sie vermitteln zu können. Weiterhin wurden Grundvorstellungen in der

Wahrscheinlichkeitsrechnung eingeführt, die für ein Verständnis des inhaltlichen Teilbereichs unvermeidlich sind. Insbesondere die zweite Grundvorstellung *Wahrscheinlichkeit als relativer Anteil* weist erstmals auf eine Auseinandersetzung mit den Gesetzen der großen Zahlen hin, da sie Grundlage für diese Grundvorstellung bilden.

Insgesamt lässt sich feststellen, dass die einzelnen mathematikdidaktischen Aspekte ähnliche Komponenten beinhalten. Sie widersprechen sich nicht, sondern beleuchten verschiedene Aspekte derselben Phänomene aus unterschiedlichen Perspektiven. Dies zeigt sich in der fortwährenden Unsicherheit einer Wahrscheinlichkeit, die Grundannahme aller Wahrscheinlichkeitsbegriffe darstellt. Auch Malle und Malle (2003) berufen sich auf die Unsicherheit als Grundwissen. Innerhalb der fundamentalen Ideen ist die Unsicherheit durch die erste fundamentale Idee gegeben. Ein weiteres wiederkehrendes Phänomen besteht in den Möglichkeiten, Wahrscheinlichkeiten zu bestimmen. Wahrscheinlichkeiten können vor einem Zufallsexperiment bestimmt werden oder aber nach einem Zufallsexperiment. Ersteres lässt sich dem klassischen Wahrscheinlichkeitsbegriff bzw. der ersten Grundvorstellung zuordnen und letzteres dem frequentistischen Wahrscheinlichkeitsbegriff und der zweiten Grundvorstellung.

Für die Betrachtung der Gesetze der großen Zahlen bedeutet dies: Die Gesetze der großen Zahlen, vor allem das empirische Gesetz der großen Zahlen, werden sowohl implizit als auch explizit aufgegriffen. Implizit finden sie Verwendung innerhalb der *big Ideas* und *Figuring probabilities* für die probabilistische Grundbildung, weil sie Voraussetzungen für die Vorhersage und Bestimmung von Wahrscheinlichkeiten sind. Sie sind Teil des frequentistischen Wahrscheinlichkeitsbegriffs sowie der Grundvorstellung *Wahrscheinlichkeit als relativer Anteil*, bei der die Konvergenz relativer Häufigkeiten angenommen wird. Explizit erwähnt werden die Gesetze der großen Zahlen von Heitele (1975, S.201), welcher diese als fundamentale Idee bezeichnet.

Aus der „reinen" Angabe der fachlichen Strukturierung ergeben sich keine Wissenselemente für Lehrkräfte. Auch eine Gewichtung hinsichtlich der Relevanz lässt sich nur intransparent durchführen. So wird aber in Vorlesungen vorgegangen, indem didaktische Entscheidungen in der Form von Elementarisierungen für die Zielgruppe scheinbar selten getätigt werden. Somit bleibt es bei einer nicht zielgruppenorientierten Vorlesung, in der Mathematik auf akademischem Niveau vermittelt wird. Es bedarf also stoffdidaktischer Analysen, um, vom Kern des Inhalts (also der Mathematik) ausgehend, Fachwissen zu identifizieren.

Im Abschnitt 2.4 wurde anhand eines Zitats die Frage aufgeworfen, was Schüler*innen über Wahrscheinlichkeitsrechnung lernen sollen und warum. Die Frage in dieser Arbeit kann analog für Lehrkräfte gestellt werden. Eine gute stochastische

Grundausbildung von Lehrkräften ist wichtig, um die oben aufgeführten mathematikdidaktischen Aspekte im Stochastikunterricht adressieren und ihnen gerecht
werden zu können. Diese Komponenten müssen Lehrkräfte zwar fachdidaktisch
beherrschen, aber auch gleichzeitig die fachliche Tiefe aufweisen, um Wahrscheinlichkeitsrechnung kompetent unterrichten zu können. Eine tiefgehende Auseinandersetzung mit der stochastischen Konvergenz, also verschiedener Gesetze der
großen Zahlen, kann in der Ausbildung von Lehrkräften erfolgen. Welche Elemente
des fachlichen Wissens zu den Gesetzen der großen Zahlen es gibt, soll innerhalb
dieser Arbeit in didaktisch orientierten Analysen herausgearbeitet werden.

Innerhalb der Methodik der didaktisch orientierten Analyse fließen insbesondere
die Konzepte des Wahrscheinlichkeitsbegriffs (als spezifischer Aspekt der Stochastikdidaktik), die Grundvorstellungen und die fundamentalen Ideen mit ein.

Im weiteren Verlauf wird das Fachwissen als Aspekt professioneller Kompetenz
im Allgemeinen betrachtet. Insbesondere wird der Begriff des Wissens eingeführt
und die Konzeptualisierung des Professionswissens in verschiedenen Forschungsprojekten beleuchtet. Ein besonderer Schwerpunkt wird dabei auf das „school-
related content knowledge" gelegt, nach dem die doppelte Diskontinuität in der
Lehrkraftausbildung ausgeführt wird. Anschließend werden Studien zum Professionswissen in der Stochastik, insbesondere der Wahrscheinlichkeitsrechnung, kate-
gorisiert und deren Ergebnisse kurz geschildert.

Fachwissen als Teil des Professionswissens von Lehrkräften 3

Ziel dieses Kapitels ist die Aufarbeitung des Fachwissens von Lehrkräften im mathematischen Teilbereich der Stochastik. Dafür wird im Abschnitt 3.1 der Begriff „Wissen"] in Abgrenzung zur Kompetenz definiert, weil viele Studien die Professionskompetenzen von Lehrkräften fokussieren und eine Unterscheidung für die Anschlussfähigkeit relevant ist. Weiterhin werden in Abschnitt 3.2 verschiedene Konzeptualisierungen des Professionswissens bzw. der -kompetenzen dargestellt, welche vielfach auf Shulman und Bromme beruhen. Weitere Konzeptualisierungen sind die MKT-Studie, die Coactiv-Studie und die TEDS-M-Studie, welche kurz aufgeführt werden. Dabei wird die Konzeptualisierung des Fachwissens und deren Entstehung in den Blick genommen. Im Anschluss wird im Abschnitt 3.3 das schulmathematische Wissen von Felix Klein aufgezeigt und sein Ziel der Überwindung der doppelten Diskontinuität in der Lehrerbildung näher erläutert. Darauf folgend wird eine neuere Wissenskonzeptualisierung des school-related content knowledge (s. Abschnitt 3.4) dargestellt. Diese beruht auf der bestehenden doppelten Diskontinuität und beschäftigt sich mit Wissen, welches auf Verbindungen zwischen akademischer und schulischer Mathematik beruht. Abschließend werden in Abschnitt 3.5 einzelne Arbeiten zum Professionswissen innerhalb der Wahrscheinlichkeitsrechnung aufgezeigt.

Es stellt sich heraus, dass

1. der Entstehungsprozess der Konzeptualisierung häufig nicht offengelegt ist;
2. die Gefahr besteht, wichtige Aspekte mathematischen Wissens nicht erfassen, wenn es ausgehend von den Tätigkeitsbereichen konzeptualisiert wird;
3. auf inhaltlicher Ebene innerhalb der größeren Studien wenige Items zur Wahrscheinlichkeitsrechnung operationalisiert wurden;

© Der/die Autor(en) 2024
J. Huget, *Die Methode der didaktisch orientierten Rekonstruktion*, Bielefelder Schriften zur Didaktik der Mathematik 11,
https://doi.org/10.1007/978-3-658-42642-2_3

4. es einen großen Forschungsbedarf zum Professionswissen bezüglich der Wahrscheinlichkeitsrechnung gibt.

Diese Folgerungen werden in Abschnitt 3.6 nach einer kurzen Zusammenfassung elaboriert.

3.1   Allgemeine Begriffsklärung: Wissen und Kompetenz

As researchers it behooves us to: be as explicit as possible about our conceptual models, so that others may better understand what we do and do not take into account; to be comparably explicit about our methods, so that others can understand, replicate, and apply them; and be cautious about drawing conclusions that are warranted by assumptions, models, and data. (Schoenfeld, 2011, S. 333)

Schoenfeld (2011) betont in dem oben genannten Zitat die Bedeutung, so explizit wie möglich mit unseren konzeptuellen Modellen zu sein. Sie sollen dadurch verständlicher werden und auch vergleichbar zu anderen Modellen. In diesem Teil der Arbeit werden, in Abgrenzung zum Kompetenzbegriff, der zugrunde liegende Wissensbegriff und das Kompetenzmodell definiert sowie von anderen Auslegungen dieser Begrifflichkeiten unterschieden.

Der Kompetenzbegriff, welcher insbesondere durch die von PISA angeregte Diskussion zur Bildungsqualität eine hohe Relevanz erfährt, wird im Folgenden erläutert. In vielen Arbeiten wird der Kompetenzbegriff nach Weinert et al. (2001) als Grundlage für Konzeptualisierungen (z. B. Baumert & Kunter, 2006, Blömeke et al., 2010) genutzt. In dieser Definition werden neben kognitiven Fähigkeiten und Fertigkeiten ebenso motivationale, volitionale und soziale Bereitschaften erfasst, welche auch Handlungskompetenzen genannt werden. Weinert (1999) hat in einem für die OECD erstellten Gutachten eine Übersicht verschiedener Definitionen von Kompetenz vorgenommen:

1. Kompetenzen als generelle kognitive Leistungsdispositionen, die Personen befähigen, sehr unterschiedliche Aufgaben zu bewältigen,
2. Kompetenzen als kontextspezifische kognitive Leistungsdispositionen, die sich funktional auf bestimmte Klassen von Situationen und Anforderungen beziehen. Diese spezifischen Leistungsdispositionen lassen sich auch als Kenntnisse, Fertigkeiten oder Routinen charakterisieren,
3. Kompetenzen im Sinne der für die Bewältigung von anspruchsvollen Aufgaben nötigen motivationalen Orientierungen,

4. Handlungskompetenz als eine Integration der drei erstgenannten Konzepte, bezogen auf die Anforderungen eines spezifischen Handlungsfeldes wie z. B. eines Berufes,

5. Metakompetenzen als das Wissen, die Strategien oder die Motivationen, welche sowohl den Erwerb als auch die Anwendung spezifischer Kompetenzen erleichtern,

6. Schlüsselkompetenzen als Kompetenzen im unter 2. genannten funktionalen Sinn, die aber für einen relativ breiten Bereich von Situationen und Anforderungen relevant sind. Hierzu gehören z. B. muttersprachliche oder mathematische Kenntnisse.

(Weinert, 1999 zit.n. Hartig & Klieme, 2006, S. 128 f.)

Die zweite Definition stimmt in wesentlichen Punkten „mit der Verwendung des Kompetenzbegriffs im Kontext internationaler Schulleistungsstudien (z. B. PISA, TIMSS, IGLU/PIRLS) sowie der KMK-Bildungsstandards" (Fleischer, Koeppen, Kenk, Klieme & Leutner, 2013, S. 7) überein. Klieme und Leutner (2006, S. 879) nutzen diese Definition des Kompetenzbegriffs. Sie beschränkt sich auf kognitive Leistungsdispositionen , ohne „die prinzipielle Bedeutung allgemeiner kognitiver Fähigkeiten wie zum Beispiel der Intelligenz oder motivationaler Einstellungen und Orientierungen sowie emotionaler Faktoren für erfolgreiches Handeln in spezifischen Anforderungssituationen in Abrede [zu] stellen" (Fleischer et al., 2013, S.7). Klieme und Leutner (2006, S. 879) führen aus, dass die Kontextabhängigkeit ein wesentliches Charakteristikum des Kompetenzbegriffes ist. Diese Kontexte können sich auf unterschiedliche Handlungsfelder, aber auch auf fachbezogene Leistungsbereiche beziehen, weshalb die Autoren dies auch „Domäne" nennen.

Zwei weitere Aspekte der oben genannten Kompetenzdefinition sind die personen- und die situationsspezifische Komponente. Kognitive Leistungsdispositionen sind personenbezogene Merkmale. Die Annahme ist, dass „Kompetenzen durch Erfahrung und Lernen in relevanten Anforderungssituationen erworben sowie durch äußere Interventionen beeinflusst werden können" (Klieme & Leutner, 2006, S. 880). Die situationsspezifische Komponente ist in dieser Annahme enthalten und beeinflusst maßgeblich die zu erlernenden Kompetenzen.

Mayer (2003, S. 265) fasst Ansätze für die Definition von Kompetenz wie folgt zusammen: „Competency can be defined as the specialised knowledge one has acquired that support cognitive performance, and expertise is a very high level of competency". Auch hier sind Kenntnisse, Fertigkeiten und Routinen kontextspezifisch und funktional, werden aber als Wissen bezeichnet. Eine genaue Abgrenzung zwischen Wissen und Kompetenzen erscheint schwierig. Es kann aber davon ausgegangen werden, „dass sich im situativen Vollzug, im ‚kompetenten' Handeln deklaratives Wissen, prozedurales Wissen und Fertigkeiten, Einstellungen (*beliefs*) sowie

Regulationskomponenten (z. B. metakognitive Strategien) verknüpfen" (Klieme & Hartig, 2008, S. 19). Im Rahmen von PISA wird eine literacy-orientierte Rahmenkonzeption (s. auch Abschnitt 2.3) verwendet, die sich auf die Untersuchung von drei Kompetenzbereichen, der Lesekompetenz, der mathematischen und der naturwissenschaftlichen Kompetenz fokussiert (Drechsel, Prenzel & Seidel, 2020, S. 356). Die mathematische Kompetenz steht „weniger für alltägliche Rechenfertigkeiten, sondern für die Nutzung von Mathematik als Werkzeug für die Modellierung von Zusammenhängen und für das Lösen von Problemen" (Drechsel et al., 2020, S. 356). Mathematisches Wissen ist also eine Komponente mathematischer Kompetenzen.

> Wissen stellt einen relativ dauerhaften Inhalt des Gedächtnisses dar, dessen Bedeutung durch soziale Übereinkunft festgelegt ist. Vom Wissen eines bestimmten Menschen ist in der Regel nur die Rede, wenn er Überzeugung von der Gültigkeit dieses Wissens hat. (Renkl, 2020, S. 32)

Dabei wird häufig zwischen deklarativem Wissen und prozeduralem Wissen unterschieden. Deklaratives Wissen (Merkregel „Wissen, dass") umfasst sowohl einzelne Fakten als auch komplexes Zusammenhangswissen. Oftmals wird auch konzeptuelles Wissen als ein Begriff für tieferes Verständnis deklarativen Wissens genutzt. Ein Beispiel für deklaratives Wissen ist Wissen über den Satz des Pythagoras (Renkl, 2020, S. 5). Deklaratives Wissen ist immer verbalisierbar, also bewusst formulierbar. Hingegen ist prozedurales Wissen oftmals nicht verbalisierbar, kann also unbewusstes Wissen sein. Prozedurales Wissen („Wissen, wie") ist das, welches als Können bezeichnet wird. Als Beispiel kann das Lösen von Gleichungssystemen in der Mathematik genannt werden. Die Auslegung von deklarativem und prozeduralem Wissen kann je nach (Modell-)Annahmen unterschiedlich sein (Renkl, 2020, S. 5).

Renkl (2020, S. 5) benennt eine weitere Art von Wissen, das metakognitive Wissen („Wissen über Wissen"), welches sich auf eng mit Wissen verbundene Phänomene bezieht. Auch hier kann eine Unterscheidung zwischen prozeduralem und deklarativem metakognitivem Wissen vorgenommen werden. Ein Beispiel für deklaratives metakognitives Wissen ist das Wissen von typischen Aufgabenmerkmalen oder auch (heuristischen) Strategien. Zum prozeduralen metakognitiven Wissen gehören u. a. auch das Planen des eigenen Vorgehens, also auch das Planen des eigenen Problemlöseprozesses.

Für das Fachwissen von Lehrkräften unterscheidet Neuweg (2011) zwischen Inhaltswissen, wissenschaftstheoretischem Wissen und der Philosophie des Fachs und bezieht sich hierbei auf Arbeiten von Shulman (1986b, 1987) und Bromme

(1992). Er bezeichnet das Inhaltswissen als Objektwissen, welches durch deklaratives und prozedurales Wissen unterschieden werden kann. Damit sind oben genannte Definitionen von deklarativem und prozeduralem Wissen konsensfähig und werden in dieser Arbeit weiter betrachtet. Das wissenschaftstheoretische Wissen ist Metawissen, wie zum Beispiel die Struktur der Disziplin, Paradigmen und Methodologie. Es ist also domänenspezifisch. Das Wissen über die Philosophie des Faches beinhaltet „oft inhaltliche Vorstellungen vom Wesentlichen am Fach" (Neuweg, 2011, S. 586). Letzteres Wissen wird für diese Arbeit nicht weiter betrachtet, weil es einerseits Handlungskompetenzen beinhaltet und andererseits zumindest teilweise dem fachdidaktischen Wissen zuzuordnen ist (Neuweg, 2011, S. 586 ff.).

Wissen kann als Teil des Konzepts der Kompetenz betrachtet werden. Zusätzlich zu der Wissenskomponente kommen laut Hartig und Klieme (2006, S. 128 f.) Fertigkeiten und Routinen hinzu, wenn Wissen mit Kenntnissen gleichgesetzt wird. Dementsprechend ist der Kompetenzbegriff nach Hartig und Klieme (2006, S. 128 f.), bei dem Kompetenzen als kontextspezifische Leistungsdispositionen gesehen werden können, auch hier anwendbar, obwohl hier weiterhin von Wissen gesprochen wird.

Das Fachwissen von Lehrkräften wird in dieser Arbeit hinsichtlich des Inhaltswissens und des wissenschaftstheoretischen Wissens nach Neuweg (2011) konzeptualisiert. Diese Wissensformen sind auf Arbeiten von Shulman und Bromme zurückzuführen, welche im nächsten Abschnitt in den Fokus genommen werden. Im Anschluss werden weitere Konzeptualisierungen von größeren internationalen Studien zur professionellen Kompetenz von Lehrkräften eingeführt.

3.2 Konzeptualisierungen professionellen Wissens von Lehrkräften

Das folgende Kapitel befasst sich mit den Anfängen des Professionswissens bei Lehrkräften sowie ausgewählten Konzeptualisierungen. Zunächst werden die von Shulmans entwickelte Triade des professionellen Wissens und Brommes Fortführungen erläutert. Anschließend werden Konzeptualisierungen von ausgewählten Studien dargestellt. Hier wurden die Konzeptualisierungen der Michigan-Group, COACTIV sowie TEDS-M ausgewählt. Diese drei Studien haben eine hohe Sichtbarkeit und deren Konzeptualisierungen wurden vielfach bei weiteren Forschungsprojekten übernommen bzw. adaptiert.

(1) Konzeptualisierung professionellen Wissens nach Shulman

The person who presumes to teach subject matter to children must demonstrate knowledge of that subject matter as a prerequisite to teaching. (L. S. Shulman, 1986b, S. 5)

L. S. Shulman (1986b) setzte sich mit der Frage auseinander, wie das Professionswissen als kognitive Komponente der professionellen Kompetenz von Lehrkräften dargestellt werden kann. Dabei etablierte er schulfachunspezifisch die Triade aus Fachwissen (Content Knowledge), fachdidaktischem Wissen (Pedagogical Content Knowledge) und pädagogischem Wissen (General Pedagogical Knowledge). Die Studie rund um Deborah Ball und Heather Hill zum „Learning Mathematics Teaching (LMT)", der COACTIV-Studie sowie die Studien MT21 und TEDS-M 2008, auf deren Konzeptualisierung sich die meisten aktuellen empirischen Untersuchungen berufen, greifen die Triade Shulmans auf, differenzieren die entsprechenden Wissenskategorien und erweitern das Modell um weitere Professionalisierungsmerkmale.

Fachwissen bezieht sich auf die Wissensmenge und -organisation des Wissens im Kopf der Lehrkraft. In den verschiedenen Fachbereichen gibt es unterschiedliche Arten, die inhaltliche Struktur des Wissens zu diskutieren. Um richtig über inhaltliches Wissen nachdenken zu können, muss Wissen über die Kenntnis von Fakten oder Konzepten eines Bereichs hinausgehen. Es erfordert ein Verständnis der Strukturen des Faches. Weiterhin schreibt L. S. Shulman (1986b, S. 9), dass Lehrkräfte nicht nur in der Lage sein müssen, für Lernende die akzeptierten Wahrheiten in einem Bereich zu definieren. Sie müssen auch in der Lage sein zu erklären, warum eine bestimmte Aussage gerechtfertigt ist, warum sie wissenswert ist und wie sie sich zu anderen Aussagen verhält, sowohl innerhalb des Fachs als auch außerhalb, sowohl in der Theorie als auch in der Praxis (L. S. Shulman, 1986b, S. 9). L. S. Shulman (1986b, S. 8 f.) definiert das Fachwissen als das Wissen, das Verstehen, die Fähigkeiten und das Anordnen von Wissen, wie Schüler*innen lernen. Das Fachwissen hat dabei zwei Grundlagen: Literatur sowie Studien in dem Fachbereich und „die historische sowie philosophische Gelehrsamkeit" (L. S. Shulman, 1986b, S. 9) in dem gewählten Studienfach. Shulmans Grundannahme ist, dass Lehren eine gelernte Profession ist (L. S. Shulman, 1986b, S. 8 f.). Folgende Elemente und Annahmen für das Fachwissen von Lehrkräften sieht er als relevant an:

1. Eine Lehrkraft muss die Struktur des Inhalts, die Prinzipien der konzeptuellen Ordnung, wichtige Fähigkeiten und Ideen in der von ihr unterrichteten Domäne und essentielle und periphäre Teile den Fachs (er-)kennen und verstehen.
2. Eine Lehrkraft braucht tiefgreifendes Wissen über die Prinzipien der „Untersuchung des Feldes" (L. S. Shulman, 1986b, S. 9), über die Generierung neuer Fragen innerhalb des Feldes sowie auch über die Beurteilung von mangelhaften Ideen, die Expert*innen verwerfen würden, über substantielle und syntaktische Strukturen.
3. Eine Lehrkraft hat nicht nur ein tiefes Verständnis des zu unterrichtenden Fachs, sondern auch eine „breite Bildung als Rahmen für altes Lernen und Fördern von neuem Verstehen" (L. S. Shulman, 1986b, S. 9).

Das **fachdidaktische Wissen** ist jenes Wissen, das über das Fachwissen an sich hinausgeht und die Dimension des Fachwissens für den Unterricht umfasst. Shulman bezeichnet dieses Wissen als speziellen Teil des Fachwissens. In die Kategorie des pädagogischen Inhaltswissens zählt er für die am häufigsten unterrichteten Themen in seinem Fachgebiet Darstellungsweisen, also nützliche Formen der Darstellung dieser Ideen, aussagekräftigen Analogien, Illustrationen, Beispiele, Erklärungen und Demonstrationen. Lehrkräfte müssen über eine Ansammlung alternativer Darstellungsformen verfügen, von denen einige aus der Forschung stammen, während andere der Weisheit der Praxis entspringen. Zum fachdidaktischen Wissen gehört seiner Meinung nach auch das Verständnis dessen, was das Lernen bestimmter Themen leicht oder schwer macht: die Vorstellungen und Vorurteile, die Schüler unterschiedlichen Alters und Hintergrunds mitbringen, wenn sie die am häufigsten unterrichteten Themen und Lektionen lernen (L. S. Shulman, 1986b, S. 9). Beim **pädagogischen Wissen** handelt es sich um das Wissen über allgemeine Grundsätze der Unterrichtsorganisation und des Unterrichtsmanagements

In weiteren Aufsätzen ergänzt Shulman (L. Shulman 1987) diese Triade um weitere Kategorien:

- Curriculum Knowledge, with particular grasp of the materials and programs that serves as „tools of the trade" for teachers; [...]
- knowledge of learners and their characteristics;
- knowledge of Educational Contexts, ranging from the workings of the group or classroom, the governance and financing of school districts, to the character of communities and cultures; and
- knowledge of educational ends, purposes and values, and their philosophical and historical grounds.
  (S. 8)

Schumacher (2017, S. 26) verweist in ihrer Arbeit auf Shulmans Fokus des fachdidaktischen Wissens, welches er als Schnittmenge von pädagogischem Wissen und Fachwissen ansieht. Trotzdem betont Shulman die Bedeutung des Fachwissens mit folgender Aussage:

Those who can, do. Those, who understand, teach. (L. S. Shulman, 1986b, S. 14)

(2) Konzeptualisierung professionellen Wissens nach Bromme

Bromme nutzt die Triade Shulmans und differenziert diese für das Professionswissen von Mathematiklehrkräften weiter aus. Auch Bromme geht davon aus, dass Wissen und Fertigkeiten durch eine Ausbildung erwerbbar sind (Bromme, Rheinberg, Minsel, Winteler & Weidenmann, 2006, S. 305).

Brommes (1992) Konzeptualisierung sieht fünf Wissensbereiche vor, um „qualitative Merkmale professionellen Wissens beschreiben zu können"(S. 96). Er ergänzt zu den drei Kategorien nach Shulman noch die Kategorie „Philosophie des Fachinhalts" und differenziert das Fachwissen in „Wissen der Fachdisziplin" und „Wissen des Schulfachs" (Bromme, 1992, S. 96 ff.).

Das fachliche Wissen über Mathematik als Disziplin wird von der Lehrkraft im Fachstudium gelernt und umfasst „u. a. mathematische Aussagen, Regeln und mathematische Denkweisen und Techniken" (Bromme, 1992, S. 96 f.), während das schulmathematische Wissen die eigene Logik der Schulmathematik betrachtet, so dass Zielvorstellungen über Schule in fachliche Bedeutungen einfließen. Dabei betont Bromme, dass durch die Bedeutungsaspekte des schulmathematischen Wissens auch implizites Wissen beinhaltet wird. Diese Bedeutung des schulmathematischen Wissens als mathematische Grundbildung wurde in Abschnitt 2.3 erläutert. Bromme (1992, S. 97) bezeichnet mit der Philosophie der Schulmathematik „die Auffassungen darüber, wofür der Fachinhalt nützlich ist und in welcher Beziehung die Mathematik zu anderen Bereichen menschlichen Lebens und Wissens steht". Damit wird auch die bewertende Perspektive der Lehrkraft auf das Fach miteinbezogen, also nicht nur die Auswahl aus dem Curriculum sondern auch, was die Lehrkraft als wesentlich im Fach bezeichnet und was für sie weniger wichtig ist (Bromme, 1992, S. 96 f.).

(3) „Mathematical Knowledge for Teaching" (MKT) der Michigan-Gruppe

Die Gruppe um Deborah Loewenberg Ball, folgend Michigan-Gruppe genannt, hat in den USA ein Modell entwickelt, um das Professionswissen von Lehrkräften zu erheben. Diese Konzeptualisierung sah zunächst nur Primarschullehrkräfte vor und wurde später auch für Sekundarschullehrkräfte erweitert. Ausgehend von Shulmans Kategorien des Lehrerwissens stellten Ball et al. (2005) die Frage, was Lehrkräfte wissen und können müssen, um ihre Arbeit, das Unterrichten von Mathematik, effektiv durchführen zu können. Dabei gingen sie zweischrittig vor. Im ersten Schritt untersuchten sie qualitativ Videos von unterrichtenden Lehrkräften. Im zweiten Schritt entwickelten sie basierend auf der qualitativen Analyse Maße mathematischen Wissens für das Unterrichten (Loewenberg Ball et al., 2008, S. 4 f.). Sie wählten dabei einen „bottom-up"-Ansatz, in dem sie den Arbeitsalltag von Lehrkräften untersuchten und davon ausgehend Wissen konzeptualisierten (s. Tabelle 3.1).

In der Tabelle 3.1 werden die Aufgaben von Lehrkräften im Mathematikunterricht dargestellt. Diese Aufgaben reichen von der Einführung mathematischer

Tabelle 3.1 Aufgaben von Lehrkräften im Mathematikunterricht Quelle: (Loewenberg Ball et al., 2008, S. 400)

Presenting mathematical ideas
Responding to students' „why" questions
Finding an example to make a specific mathematical point
Recognizing what is involved in using a particular representation
Linking representations to underlying ideas and to other representations
Connecting a topic being taught to topics from prior or future years
Explaining mathematical goals and purposes to parents
Appraising and adapting the mathematical content of textbooks
Modifying tasks to be either easier or harder
Evaluating the plausibility of students' claims (often quickly)
Giving or evaluating mathematical explanations
Choosing and developing useable definitions
Using mathematical notation and language and critiquing its use
Asking productive mathematical questions
Selecting representations for particular purposes
Inspecting equivalencies

Konzepte bis hin zur Prüfung von Äquivalenzen. Es sei angemerkt, dass diese Aufgaben primär für Lehrkräfte der Primar- und Sekundarstufe aufgestellt wurden. Im Gegensatz zu Shulman, der (den Umgang mit) Repräsentationen dem fachdidaktischen Wissen zugeordnet hat, werden sie in diesem Modell dem Fachwissen zugeordnet.

Das fachdidaktische Wissen und Fachwissen wurden in dem Modell in je drei Domänen unterteilt. Die Wissensdomänen des Fachwissens werden in Bezug auf die Ziele dieser Arbeit erläutert.

Das „common content knowledge" umfasst laut Loewenberg Ball et al. (2008) das Wissen und Können, welches außerhalb des Mathematikunterrichtens genutzt wird. Beispiele dafür sind das Lösen eines mathematischen Problems oder das Rechnen einer Additionsaufgabe. Loewenberg Ball et al. (2008, S. 399) begründen, dass Lehrkräfte den Inhalt kennen und können müssen, um inhaltliche Fehler erkennen zu können. Außerdem müssen Lehrkräfte die richtigen Begriffe und ihre Notation kennen, um die von ihnen gestellten Aufgaben selbst lösen zu können. Auch wenn das „common" indiziert, dass alle Menschen dieses Wissen haben sollten, betonen Loewenberg Ball et al. (2008), dass sie mit „common" die vielfältige Anwendbarkeit des Wissens meinen.

Die zweite Domäne „specialized content knowledge" ist das mathematische Wissen, welches speziell für das Lehren der Mathematik benötigt wird. Dieses Wissen ist für die Lehrkräfte in den Situationen relevant, in denen sie Fehlermuster von Schüler*innen erkennen oder unterschiedliche Lösungswege identifizieren müssen. Loewenberg Ball et al. (2008, S. 400) stellen auch die Bedeutung dieses Wissens bei der Aufschlüsselung komprimierten Wissens heraus. Den Prozess des Komprimierens und Dekomprinierens stellen sie wie folgt dar:

> Teaching involves the use of decompressed mathematical knowledge that might be taught directly to students as they develop understanding. However, with students the goal is to develop fluency with compressed mathematical knowledge. (Loewenberg Ball et al., 2008, S. 400)

Darüber hinaus müssen Schüler*innen aber auch lernen, anspruchsvollere mathematische Ideen und Prozesse zu nutzen. Lehrkräfte müssen also spezielle Sachverhalte immer wieder für ihre Schüler*innen vereinfachen können (Loewenberg Ball et al., 2008, S. 399).

Bei der dritten Domäne des mathematischen Fachwissens „Horizon content knowledge" handelt es sich um die Verbindung der mathematischen Teilbereiche zu anderen Inhalten der Mathematik innerhalb des Lehrplans. Gemäß des Spiralprinzips nach Bruner (1960, S. 52) sollten Lehrkräfte außerdem Inhalte, die in der fünften Klasse unterrichtet werden, auch mit den fortgeführten Inhalten der darauf folgenden Klassen verbinden können. Im nächsten Abschnitt wird das Forschungsprojekt COACTIV von Baumert et al. vorgestellt, welches u. a. auch das MKT-Modell berücksichtigt und hinsichtlich der Schwerpunktsetzung auf die kognitive Aktivierung von Lernenden relevant ist.

(4) COACTIV

Das Forschungsprojekt COACTIV untersuchte die professionelle Kompetenz von Lehrkräften, den kognitiv aktivierenden Unterricht und die mathematische Kompetenz von Schüler*innen. COACTIV schließt an den PISA-Zyklus 2003/04 an, sodass die Zusammenhänge der professionellen Kompetenz von Lehrkräften mit der mathematischen Kompetenz von Schüler*innen aufgezeigt werden konnte. Das auf theoretischen Annahmen beruhende Kompetenzmodell ist Grundlage für empirische Arbeiten innerhalb des Projekts. Dabei wurden sowohl Shulmans Arbeiten (1986b, 1986a, 1987) als auch Brommes Arbeiten (1992) das erweiterte Modell zur Professionalisierung von Lehrkräften sowie die Ergebnisse der Michigan-Gruppe und der Pilotstudie für die *Teacher Education and Development Study in Mathematics* (TEDS-M) berücksichtigt.

Das Modell zeigt Aspekte professioneller Kompetenz auf, zu denen das Professionswissen (das spezifische, erfahrungsgesättigte deklarative und das prozedurale Wissen, Überzeugungen/Werthaltungen/Ziele (die professionellen Werte, Überzeugungen, subjektive Theorien, normative Präferenzen und Ziele), die motivationalen Orientierungen und die Fähigkeiten der professionalen Selbstregulation gehören (Krauss et al., 2011, S. 32). Dabei wird sich an dem Kompetenzbegriff nach Weinert (2001, S. 51, s. auch 3.1) orientiert, der hier aber auf die Bewältigung beruflicher Anforderungen übertragen wird (Baumert & Kunter, 2011, S. 31).

Durch den Fokus auf das Fachwissen werden hier nur die Kompetenzfacetten und ihre Entwicklung im Kompetenzbereich des Fachwissens aufgeführt. Das Fachwissen nach Shulman (1986a) wurde laut COACTIV für das Fach Mathematik inhaltlich spezifiziert und mathematisches Fachwissen auf vier Ebenen beschrieben (Krauss et al., 2011):

Ebene 1 Mathematisches Alltagswissen, über das grundsätzlich alle Erwachsene verfügen sollten.

Ebene 2 Beherrschung des Schulstoffs (etwa auf dem Niveau eines durchschnittlichen bis guten Schülers der jeweiligen Klassenstufe).

Ebene 3 Tieferes Verständnis der Fachinhalte des Curriculums der Sekundarstufe (z. B. auch „Elementarmathematik vom höheren Standpunkt aus", wie sie an der Universität gelehrt wird).

Ebene 4 Reines Universitätswissen, das vom Curriculum der Schule losgelöst ist (z. B. Galoistheorie, Funktionalanalysis).

Bei COACTIV wurde die Kompetenzfacette im Fachwissen auf der Ebene 3 festgelegt und erhoben (Krauss et al., 2011, S. 143). Dies begründen die Autoren wie folgt: Lehrkräfte sollen ein fundiertes Fachwissen haben, um sicherstellen zu können, dass „Argumentationsweisen und das Herstellen von Zusammenhängen, mithin das Sichern von begrifflichem Wissen, derart erfolgen kann, dass es an die typischen Wissensbildungsprozesse des Fachs, hier der Mathematik anschließen kann" (Krauss et al., 2011, S. 143). Stofflich geht das mathematische Fachwissen nicht über die Inhalte des Schulcurriculums hinaus, trotzdem verlangen Items der Ebene 3 die Einordnung bestimmter Strukturen des Schulwissens in allgemeinere mathematische Begriffe sowie das Erkennen von Arbeitsweisen der Mathematik an elementaren Gegenständen. Ebene 4 hingegen würde dagegen Wissen aus einem Mathematikstudiums erfordern, welches bei COACTIV aber nicht untersucht wurde. Das Fachwissen wurde in keine weiteren Subfacetten unterschieden (Krauss et al., 2011, S. 143).

Bei diesem Forschungsprojekt wurden Daten von in Deutschland unterrichtenden Mathematiklehrkräften erhoben. In der Studie TEDS-M 2008 hingegen wurden Daten in 16 verschiedenen Ländern und Rahmenbedingungen von angehenden Lehrkräften erhoben, um Rückschlüsse auf die Ausbildung von Lehrkräften ziehen zu können. Diese Studie wird im nächsten Abschnitt beschrieben.

(5) TEDS-M 2008

Die Studie „Teacher Education and Development Study: Learning to Teach Mathematics" (TEDS-M), welche 2008 durchgeführt wurde, untersucht die Ausbildung von Mathematiklehrkräften der Sekundarstufe I in 16 Ländern und prüft, welche Kompetenzen sie am Ende ihrer Ausbildung aufweisen.

Ziel von TEDS-M war die Beschreibung der Ausprägungen zentraler nationaler und institutioneller Merkmale der Mathematiklehrerausbildung sowie charakteristischer individueller Merkmale angehender Mathematiklehrkräfte für die Sekundarstufe I *im internationalen Vergleich* (Blömeke et al., 2010, S. 13).

Eine Prämisse bei der Konzeptualisierung ist die Erwartung, dass Lehrkräfte „in erster Linie jene mathematischen Inhaltsgebiete auf einem höheren, reflektierten

Niveau beherrschen, die in den Jahrgangsstufen, in denen sie unterrichten werden, relevant sind" (Döhrmann, Kaiser & Blömeke, 2010, S. 170).

Das mathematische Fachwissen wurde bei TEDS-M sowohl inhaltlich als auch anknüpfend an die theoretischen Grundlagen der TIMS-Studien nach unterschiedlichen kognitiven Prozessen strukturiert. Eine weitere Möglichkeit der Klassifizierung von Items war der Schwierigkeitsgrad von Aufgaben.

Die inhaltliche Struktur weist vier unterschiedliche Inhaltsgebiete auf:

- *Arithmetik:* natürliche, ganze, rationale, irrationale, reelle und komplexe Zahlen mit ihren Eigenschaften und Rechenregeln, Bruch- und Prozentrechnung, arithmetische Folgen, Teilbarkeit, Kombinatorik;
- *Geometrie:* Messen geometrischer Größen, Abbildungen, Geometrie der Ebene und des Raumes;
- *Algebra:* Folgen, Terme, Gleichungen und Ungleichungen, proportionale Zuordnungen, lineare, quadratische und exponentielle Funktionen, Anfänge der Analysis eingeschränkt auf Grenzwerte und Stetigkeit, Lineare Algebra;
- *Stochastik:* Darstellung, Beschreibung und Interpretation von Daten, klassische Wahrscheinlichkeitsrechnung.

(Döhrmann et al., 2010, S. 172)

Dabei gab es beim Inhaltsgebiet *Stochastik* aufgrund des uneinheitlichen Diskussionsstandes eine Konsequenz. „Das Gebiet [wurde] zum einen definitorisch auf den Umgang mit Daten und Grundbegriffen der Wahrscheinlichkeitsrechnung" (Döhrmann et al., 2010, S. 171) eingeschränkt. Somit konnte die Stochastik „nur zu einem geringen Anteil in das übergreifende Konstrukt mathematischen Wissens" (Döhrmann et al., 2010, S. 171) miteinbezogen werden.

Wie auch bei den TIMS-Studien werden die kognitiven Prozesse *Kennen, Anwenden* und *Begründen* aufgegriffen:

- *Kennen* als kognitiver Prozess beschreibt „u. a. das Erinnern mathematischer Eigenschaften, das Erkennen und Klassifizieren von geometrischen Objekten oder Zahlenmengen, das Ausführen von Rechenprozeduren, das Entnehmen von Informationen aus Tabellen und Diagrammen sowie die Verwendung mathematischer Werkzeuge" (Döhrmann et al., 2010, S. 172).
- Döhrmann et al. (2010) betonen die hohe Relevanz von *Anwenden*, da ausschließlich deklaratives Wissen nur wenig hilfreich bei der Umsetzung von Wissen in die Unterrichtspraxis ist. *Anwenden* „bezieht sich auf das Lösen von Routineaufgaben, die Entwicklung und Anwendung von Problemlösestrategien, die Verwendung mathematischer Modelle und auf die Darstellung von Daten oder mathematischen Zusammenhängen" (S.172).

- Unter *Begründen* fassen Döhrmann et al. (2010) die „mathematische[n] Argumentations- und Beweisfähigkeiten als auch die Analysefähigkeiten wie das Erkennen und Beschreiben von mathematischen Beziehungen" (S. 173).

Der Schwierigkeitsgrad von möglichen Items wurde in drei Anforderungsbereiche konzeptualisiert. Das Ziel dabei war es, dass „das gewünschte mathematische Anforderungsspektrum von der Sekundarstufe I bis zur Universitätsmathematik angemessen durch Items im Leistungstest vertreten war" (Döhrmann et al., 2010, S. 173):

- *Elementares Niveau*: Aufgaben, die sich von einem höheren, fachlich reflektierten Standpunkt auf mathematische Themengebiete beziehen, die in der unteren Sekundarstufe I eine Rolle spielen.
- *Mittleres Niveau*: Aufgaben, die sich von einem höheren, fachlich reflektierten Standpunkt auf mathematische Themengebiete beziehen, die in der höheren Sekundarstufe I sowie der Sekundarstufe II eine Rolle spielen.
- *Fortgeschrittenes Niveau*: Aufgaben zur universitären Mathematik

Shulmans Triade des Professionswissen wird in diversen Studien aufgegriffen und für das Fach Mathematik konzeptualisiert. Die Auseinandersetzung, inwieweit Fach- und fachdidaktisches Wissen trennbar sind, bleibt offen. Für diese Arbeit wird das Fachwissen, den Annahmen von L. S. Shulman (1986b) folgend, genutzt. Brommes Definition von Wissen bezeichnet „die einmal bewusst gelernten Fakten, Theorien und Regeln, sowie die Erfahrungen und Einstellungen" (Bromme, 1992, S. 10) der Lehrkraft. Er bezieht sich nicht nur auf deklaratives und prozedurales Wissen, sondern auch auf Wertvorstellungen, welche er mit Einstellungen bezeichnet. Seine Wissensdefinition scheint anschlussfähig an den Kompetenzbegriff. Insbesondere der Wissensbereich zur Philosophie des Fachinhalts findet bei Neuwegs Neuweg (2011) explizite Erwähnung.

Das MKT-Modell weist mehrere relevante Facetten auf. Einerseits wird hier klar, dass der Triade Shulmans zwar gefolgt wird, die inhaltliche Auslegung aber unterschiedlich erfolgte. Die Wissensdimensionen sind durch die Analyse der Aufgaben für Mathematiklehrkräfte entstanden. Die Aufgaben für Mathematiklehrkräfte zeigen vielfältige Herausforderungen auf fachlicher Ebene, denen Lehrkräfte in ihrer Unterrichtspraxis begegnen und somit auch indirekt, wie viel Fachwissen Lehrkräfte benötigen. Die Michigan-Gruppe konzeptualisiert innerhalb des „mathematical knowledge for teaching" das Professionswissen primär von Grundschullehrkräften ausgehend von den Aufgaben der Lehrkräfte, welche anhand von Videostudien erhoben wurden. Heinze et al. (2016) kritisieren dabei, dass unklar bleibt,

„wie ein entsprechendes berufsspezfisches Fachwissenskonstrukt für das Sekundar-
stufenlehramt beschaffen sein muss - insbesondere im Hinblick auf Lehramtsstudierende, die im Studium weiterführendes akademisches Fachwissen erwerben" (S.
336). Weiterhin scheint die Trennbarkeit zwischen einiger Facetten des Fachwissens
und des fachdidaktischen Wissens nicht ersichtlich. Eine weitere Schwierigkeit ist,
dass die Michigan-Gruppe Wissen ausgehend vom Verhalten von Lehrkräften konzeptualisiert hat. Dadurch wurde das Wissen der Lehrkraft von außen rekonstruiert
und wird somit möglicherweise verfälscht. Dennoch liefert die Michigan-Gruppe
durch ihren Ansatz einen wichtigen Beitrag in der Professionsforschung von Lehrkräften. In dieser Arbeit wird die Idee einer Analyse der fachlichen Anforderungen
verfolgt, indem durch die didaktisch orientierte Rekonstruktion, ausgehend vom
mathematischen Kern des Inhalts unter Einbezug fachlicher und fachdidaktischer
Strukturierungen, die fachlichen Anforderungen für das Fachwissen von Lehrkräften analysiert werden.

Die Konzeptualisierung von Fachwissen auf Ebene 3 bei COACTIV steht im
Widerspruch zur Lehramtsausbildung insbesondere für Lehramtsstudierende der
Sekundarstufe II, welche in ihrem Studium ein Fachwissen vermittelt bekommen,
das deutlich über das Schulfachwissen hinausgeht. Insbesondere durch die prinzipielle Lösbarkeit des Fachwissenstests von Schüler*innen, die den Leistungskurs
besucht haben, verstärkt sich dieser Eindruck (Krauss et al., 2011, S. 153 f.; Heinze
et al., 2016, S. 331). Damit scheint der Fachwissenstest einerseits zu leicht, andererseits nicht die Elemente abzufragen, die angehende Lehrkräfte in ihrem Studium
erlernen. Die Annahme, dass Fachwissen hauptsächlich in der akademischen Ausbildung gelernt wird, steht dem hier entgegen. Eine weitere Dimension ist die Itementwicklung an sich, die „mithilfe zahlreicher Mathematiklehrerbefragungen und
Literaturrecherchen" (Krauss et al., 2011, S. 144) erfolgte. Einen genaueren Einblick hinsichtlich der Itementwicklung gewähren Krauss et al. dabei nicht, obwohl
dieser für die Entwicklung weiterer Testitems von großem Interesse wäre (vor allem
angesichts der geringen Fachwissensitemanzahl).

Heinze et al. (2016) werfen bei einer Konzeptualisierung hinsichtlich der Zielgruppe die Frage auf, „wie breit das Fachwissen zu konzeptualisieren ist, und vor
allem auch, welche Struktur es aufweist" (S. 331). Die Konzeptualisierung und Entwicklung der Items erfolgte bei TEDS-M durch das Zurückgreifen auf Items der
Vorläuferstudie MT21 und mit Beteiligung der nationalen Forschungsteams (Döhrmann et al., 2010, S. 178). Dies lässt vermuten, dass durch die Beteiligung mehrerer
Länder Kompromisse hinsichtlich der Konzeptualisierung und Operationalisierung
eingegangen wurden. Es bleibt festzuhalten, dass mit der TEDS-M-Studie das Ziel
verfolgt wurde, Fachwissen von Lehramtsstudierenden aus verschiedenen Ländern

vergleichbar zu machen, wobei scheinbar Kompromisse hinsichtlich der Tiefe des Fachwissens eingegangen wurden.

Was bei der Betrachtung von COACTIV und TEDS-M deutlich wird, ist die Prämisse, dass Lehrkräfte von einem höheren, fachlich reflektierten Standpunkt auf die Mathematik, die in der Schule unterrichtet wird, blicken können müssen. Auch in der Konzeptualisierung findet sich solch eine Voraussetzung wieder. Wie aber festgelegt wird, ob ein Item zum mathematischen Fachwissen auf Ebene 3 bei COACTIV tatsächlich dort und nicht etwa auf Ebene 2 gehört, oder aber einem der oben genannten Niveaus bei TEDS angehört, wird nur selten klar. Im nächsten Kapitel wird auf die doppelte Diskontinuität, die schon Felix Klein in seiner Vorlesung *Elementarmathematik vom höheren Standpunkt aus* beschreibt, und auf die Lehrerausbildung und die Anforderungen an Lehrkräfte eingegangen.

3.3   Schulmathematisches Wissen von Felix Klein

In den Konzeptualisierungen aus dem Abschnitt 3.2 wurde ein höherer Standpunkt auf die Mathematik für Lehrkräfte angenommen, welcher in den Hochschulen für die Lehrerausbildung in der Mathematik gelehrt wird. Ziel dieses Abschnitts ist es, die doppelte Diskontinuität nach Klein zu definieren und die Ziele seiner Vorlesung zur Überwindung dieser transparent zu machen. Dieser Abschnitt zielt auch darauf ab, um eine Sensibilisierung der *trickle-down*-Annahme zu betonen.

Kleinscher Ansatz

In den letzten Jahren hat sich unter den Universitätslehrern [sic.] der mathematischen und naturwissenschaftlichen Fächer ein weitgehendes Interesse an einer zweckmäßigen, allen Bedürfnissen gerecht werdenden Ausbildung der Kandidaten des höheren Lehramts entwickelt. Diese Erscheinung ist erst recht neuen Datums; in einer ganzen langen Zeitperiode vorher trieb man an den Universitäten ausschließlich hohe Wissenschaft ohne Rücksicht auf das, was der Schule not tat, und ohne sich überhaupt um die Herstellung einer Verbindung mit der Schulmathematik zu sorgen. Doch was ist die Folge einer solchen Praxis? Der junge Student sieht sich am Beginn seines Studiums vor Probleme gestellt, an denen ihn nichts mehr an das erinnert, womit er sich bisher beschäftigt hat, und natürlich vergisst er daher alle diese Dinge rasch und gründlich. Tritt er aber nach Absolvierung des Studiums ins Lehramt über, so muss er eben diese herkömmliche Elementarmathematik schulmäßig unterrichten, und da er diese Aufgabe kaum selbstständig mit der Hochschulmathematik in Zusammenhang bringen kann, so nimmt er bald die althergebrachte Unterrichtstradition auf, und das Hochschulstudium bleibt ihm nur eine mehr oder minder angenehme Erinnerung, die auf seinen Unterricht keinen Einfluss hat. Diese doppelte Diskontinuität, die gewiss weder der Schule noch der Universität jemals Vorteil brachte, bemüht man sich nun neuerdings endlich aus der Welt zu schaffen [...]. (Klein, 1908, S. 1 f.)

Die doppelte Diskontinuität tritt also vor allem an zwei Stellen auf. Zu Beginn sehen (Lehramts-)Studierende nur wenige Verbindungen zwischen der akademischen Mathematik und der schulischen Mathematik, die sie in der Schule gelernt haben. Des Weiteren tritt diese Losgelöstheit der beiden Arten von Mathematik auch auf, wenn die Studierenden in die Schule zurückgehen und das erlernte Wissen auf die Schulsituation nicht anwenden können.

Felix Klein versuchte das Phänomen dieser *doppelten Diskontinuität* durch seine Vorlesungsreihe zu überwinden. Ziel der Vorlesungsreihe war es „die mathematische Wissenschaft als ein zusammengehöriges Ganzes nach allen Seiten wieder zur Geltung zu bringen" (Klein, 1929, S. v).

Felix Klein lehrte zu einer Zeit, bei der Studierende ihr Studium üblicherweise mit einem Staatsexamen beendeten und eine Gymnasiallehrkraft „noch eher ein *Fachgelehrter* war" (Toepell, 2003, S. 178). Toepell (2003) hebt hervor, dass es „immer mehr zu einer weitgehenden Trennung von Schulmathematik und Universität" (S. 5) gekommen ist. In dieser Zeit „wurde die Kluft zwischen Schule und Hochschule in erster Linie inhaltlich verstanden, nämlich in der Trennung von *algebraischer Analysis* (Analysis des Endlichen) in der Schule und dem an den Universitäten gelehrten *höheren Analysis* (Analysis des Unendlichen)" (Allmendinger, 2016, S. 213). Hervorzuheben ist dabei die Unterscheidung nach Biermann (2010, S. 232 f.) in Tabelle 3.2, die die inhaltlichen Unterschiede zwischen schulischer Mathematik und der akademischen Mathematik herausgearbeitet hat:

Tabelle 3.2 Analysis des Endlichen und des Unendlichen (zitiert nach Biermann (2010, S. 232))

Analysis des Endlichen	Analysis des Unendlichen
• Algebra	• Differentialrechnung
• Funktionen	• Integralrechnung
• Produkte	• Unendlich kleine Größen ihre Anwendungen
• Summen und Differenzen (insbesondere Reihen)	
• Geometrie in Verbindung mit arithmetischer Analysis	

Allmendinger (2016, S. 214) vertritt die Position, dass Felix Klein der Diskontinuität eine methodische Dimension zuschreibt. Dabei verweist sie auf folgenden methodischen Unterschied, welchen Felix Klein im ersten Teil seiner Vorlesung der *Arithmetik* beschreibt:

> Die *Art des Unterrichtsbetriebes*, wie er auf diesem Gebiete heute überall bei uns gehandhabt wird, kann ich vielleicht am besten durch die Stichworte *anschaulich* und *genetisch* kennzeichnen, d. h. das ganze Lehrgebäude wird auf Grund bekannter anschaulicher Dinge ganz allmählich von unten aufgebaut, hierin liegt ein scharf ausgeprägter Gegensatz gegen den meist auf Hochschulen üblichen *logischen* und *systematischen* Unterrichtsbetrieb. (Klein, 1933, S. 6)

Die doppelte Diskontinuität, die es zu überwinden galt, hat also inhaltliche und andererseits methodische Komponenten. Allmendinger wendet sich in ihren Arbeiten einer Charakterisierung der eingenommenen Perspektiven und der von Klein verwendeten Prinzipien zu.

Zur Überwindung der doppelten Diskontinuität nimmt Klein verschiedene Perspektiven ein und verwendet vier Prinzipien, auf die im Folgenden näher eingegangen wird. Im heutigen Sinne würden seine Perspektiven als *fachmathematische*, *mathematikhistorische* sowie als *mathematikdidaktische* Perspektiven beschrieben werden, so Allmendinger (2016). Die vier Prinzipien sind *das Prinzip der (innermathematischen) Vernetzung*, *der Veranschaulichung*, *der Anwendungsorientierung* und *das genetische Prinzip*, welche **vorrangig innerhalb der *mathematikdidaktischen* Perspektive** bei den Vorlesungen zu finden sind. So beschreibt Allmendinger (2016) Kleins Ziel, welches einen Zusammenhang zwischen Schulmathematik und höherer Mathematik herstellt, indem „er eine ganz spezifische *fachmathematische Perspektive* auf die Themen der Schulmathematik einnimmt" (S. 216) und die Hochschulmathematik zum Instrument für eine „präzise Darstellung und Durchdringung der Schulmathematik" (S. 216) wird. Gleichzeitig soll die Schulmathematik zu weiterführenden Fragen führen, die wiederum nur mit der Hochschulmathematik beantwortet werden können (Allmendinger, 2016, S. 216). Dieses Zusammenspiel zwischen Schulmathematik und höherer Mathematik lässt sich als *fachmathematische* Perspektive bezeichnen.

Bei der *mathematikhistorischen* Perspektive werden die fachmathematischen Inhalte „durch historische Exkurse und Bemerkungen im größeren Zusammenhang" (Allmendinger, 2016, S. 216) eingeordnet. Weiter führt Allmendinger (2016) aus, dass diese historischen Exkurse und Bemerkungen im Sinne des historisch-genetischen Prinzips den Verlauf Kleins Vorlesung determinieren sowie auch Stoff und Hintergrundwissen für einen genetisch-orientierten Unterricht liefern. Dabei verweist Allmendinger (2016) darauf, dass Klein keinem systematischen historisch-genetischen Vorgehen folgt, kein Anspruch auf Vollständigkeit erhebt und meist auf weiterführende Literatur verweist.

Allmendinger (2016) vertritt die Auffassung, dass Klein auch aus heutiger Sicht eine *mathematikdidaktische* Perspektive einnimmt, in dem er folgende Prinzipien integriert: die innermathematische Vernetzung, das Prinzip der Anschauung, eine hohe Anwendungsorientierung sowie das genetische Prinzip. In Allmendinger (2014) konnte sie „diese anhand charakteristischer Textstellen und typischer Beispiele in ihrer jeweiligen Ausprägung verdeutlichen und ihre Funktion innerhalb der Vorlesungskonzeption und für den *höheren Standpunkt* herauszuarbeiten" (Allmendinger, 2016, S. 217). Dabei gibt Allmendinger zu Bedenken, dass die obigen Prinzipien erst nach Kleins Zeit benannt wurden, aber immerhin schon im Ansatz wiederzufinden sind.

Ein Ziel, welches Klein verfolgt, ist die Einbettung der Schulmathematik in die Hochschulmathematik, welches dem heutigen Sinne des *Prinzips der innermathematischen Vernetzung* entspricht. Allmendinger (2015) beschreibt dabei Kleins Vorgehen wie folgt:

> Dabei wird die Mathematik gewissermaßen aus einer Längsschnittperspektive heraus betrachtet; einzelne Themen werden zunächst im Kleinschen Sinne elementar und dann zunehmend anspruchsvoller behandelt und in wechselseitige Beziehung gesetzt. (Allmendinger, 2015, S. 35)

Klein deckt die Gemeinsamkeiten unterschiedlicher Fragestellungen auf, stellt den Zusammenhang zwischen scheinbar unabhängigen Begriffen her und verwendet beim Beweisen von Sachverhalten Werkzeuge. So stellt Klein Beziehungen zwischen dem Taylorschen Lehrsatz und den trigonometrischen Reihen und Potenzreihen her oder nutzt Kenntnisse der Trigonometrie und der Funktionentheorie zur Lösung von Gleichungen in Algebra. Klein beruft sich auch immer auf den Zusammenhang bzw. der Verbindung zwischen reiner und angewandter Mathematik (Allmendinger, 2016, S. 218).

Ein weiteres Prinzip ist das *Prinzip der Veranschaulichung*. Dabei versuchte Klein seine Vorlesungen so aufzubauen, dass eine Anschauung zu den einzelnen Themen vermittelt wurde, um einen Bezug zur logisch strengen Darstellung herzustellen. Dabei bezieht er geometrische Repräsentationen sowie prototypische Beispiele mit ein, in dem er konkrete Beispiele vorstellt, um den Taylorschen Lehrsatz zu verdeutlichen bzw. zu veranschaulichen. Allmendinger (2016) übersetzt dies in die heutige Sprechweise:

[Es] kann von einem Wechsel zwischen unterschiedlichen ikonischen und symboli-
schen Repräsentationsformen gesprochen werden. Dies spiegelt eine didaktische Ori-
entierung wider, die auch aus heutiger Sicht tragfähig ist oder sein kann. (Allmendinger,
2016, S. 219)

Das *Prinzip der Anwendung* hielt Felix Klein für relevant, in dem er immer auf
mögliche Anwendungen verweist (Allmendinger, 2015, S. 220):

[M]an sollte im ganzen Unterricht, auch auf der Hochschule, die Mathematik stets
verknüpft halten mit allem, was den Menschen gemäß seinem sonstigen Interesse auf
seiner jeweiligen Entwicklungsstufe bewegt und was nur irgend in Beziehung zur
Mathematik sich bringen läßt. (Klein, 1933, S. 4)

Mit dieser Verknüpfung war es ihm in seiner Zeit möglich, „vergleichsweise authen-
tische Anwendungen" (Allmendinger, 2016, S. 220) vorzustellen, beispielsweise
mit Pendelschwingungen. Allmendinger (2016, S. 220) stellt dabei heraus, dass
dieses *Prinzip der Anwendung* eng einhergeht mit dem Prinzip der mathematischen
Vernetzung und dem *Prinzip der Veranschaulichung*.

Auch das *genetische Prinzip*, welches im heutigen Unterricht noch vielfältig
eingesetzt wird, setzte Klein bewusst ein. Er „wählt an vielen Stellen bewusst ein
induktives Vorgehen, bezieht die Entstehungsgeschichte mit ein und legt stets einen
Fokus auf den Entstehungsprozess von Mathematik und die damit verbundenen
mathematischen Denk- und Arbeitsweisen" (Allmendinger, 2016, S. 220).

Zur Überwindung der Unterschiede versuchte Klein also „die Notwendigkeit
eingehender logischer Entwicklungen zu betonen" (Klein, 1921, S. 239) und bevor-
zugte einen Hochschulunterricht, der anschauungs- und anwendungsorientiert ist.
Klein wählt also auch eine „genetische Darstellung, stellt Bezüge zu möglichen
Anwendungen her und vertritt das Primat der Anschauung" (Allmendinger, 2016,
S. 214).

Trotz vieler Veränderungen in der Bildungslandschaft ist der Begriff der doppelten Diskontinuität doch aktueller denn je. Hefendehl-Hebeker (2013) führt an, dass
das Gymnasium sich zur Schulform mit dem größten Schüleranteil entwickelt hat
und somit die Schüler*innenschaft heterogener geworden ist. Gleichzeitig merkt sie
an, dass sich das berufliche Selbstverständnis der Lehrkräfte in der Weise verändert
hat, dass „das Lehramtsstudium andere Akzente setzt als ein Diplom- oder Master-
studium und seine Absolventen gezielt auf das Berufsbild des Fachlehrers bzw. der
Fachlehrerin vorbereitet" (S. 2).

Die Hochschulmathematik unterscheidet sich auch heute noch „in Bezug auf
Inhalt, Abstraktionsgrad, Struktur und Epistemologie" (Hoth et al., 2020, S. 334).
Diese Unterscheidungen sind im Abschnitt 2.1 expliziert. Wu (2015) bringt die

Unterschiede zwischen Schulmathematik und akademischer Mathematik mit folgender Analogie auf den Punkt:

> If we want to produce good French teachers in school, should we require them to learn Latin in college but not French? After all, Latin is the mother language of French and is linguistically more complex than French; by mastering a more complex language could enhance their understanding of the French they already know from their school days. (Wu, 2015, S. 372)

Wu (2015) beschreibt, dass die Hochschulmathematik präzise definiert ist und Definitionen wiederum Lieferant sind für logische Deduktionen (S. 379). Des Weiteren zeichnet sich die akademische Mathematik „durch ihre axiomatische und deduktive Struktur aus, ein Realitätsbezug spielt in den meisten Teilgebieten keine essenzielle Rolle" (Hoth et al., 2020, S. 334). In der Schule hingegen werden nur wenige Definitionen eingeführt und viele Lehrkräfte kennen nicht mehr den Unterschied zwischen Definition und Satz. Lehrkräfte denken häufig, dass eine Definition „eine weitere Sache [sei], die auswendig gelernt werden muss". Dabei verweist Wu (2015) auf typische „Kochrezepte" wie das Ordnen von Brüchen oder auch Längen- und Flächenberechnung (Wu, 2015, S. 379). Realitätsbezüge und Anwendungsbezüge spielen eine bedeutsame Rolle in der Schulmathematik, „wodurch der Theorieaufbau und seine formale und systematische Darstellung eher in den Hintergrund rückt" (Hoth et al., 2020, S. 334), also primär der induktive Begriffserwerb einen Schwerpunkt einnimmt.

Diese doppelte Diskontinuität lässt sich auch in der Stochastik vermuten. Im nächsten Abschnitt werden die Bildungsstandards (also Anforderungen an den Schulunterricht) mit den inhaltlichen Anforderungen für die Fachwissenschaften und Fachdidaktiken gegenübergestellt.

Übertragung der doppelten Diskontinuität in der Stochastik

Die doppelte Diskontinuität in der Ausbildung von Lehrkräften ist auch bezüglich des Themengebiets „Stochastik" wiederzufinden. In diesem Abschnitt werden einerseits die Bildungsstandards (nachzulesen in Abschnitt 2.3) mit den ländergemeinsamen inhaltlichen Anforderungen für die Fachwissenschaften und Fachdidakten in der Lehrkraftausbildung verglichen. Anzumerken ist, dass sowohl die Bildungsstandards als auch die ländergemeinsamen inhaltlichen Anforderungen normativ festgelegte, also aus einer Diskussion stammende, Standards sind.

In den ländergemeinsamen inhaltichen Anforderungen für die Fachwissenschaften und Fachdidaktiken in der Lehrkraftausbildung der KMK werden für Lehrkräfte in der Stochastik der Sekundarstufe I und II folgende Inhalte angegeben:

Studium für Lehrämter der Sek I

• Wahrscheinlichkeitsrechnung in endlichen Ereignisräumen
• Grundlagen der beschreibenden Statistik und der schließenden Statistik

Studium für Lehrämter an Gymnasien/Sek II *Größerer Vertiefungsgrad der für Sek. I genannten Inhaltsbereiche, dazu:*

• Wahrscheinlichkeitstheorie in abzählbaren Ereignisräumen
• Verteilungsfunktion
• Schließende Statistik

(KMK, 2008, S. 39)

Im Vergleich zu den Kernlehrplänen und den Bildungsstandards scheint es auch hier Diskrepanzen zu geben. Auch wenn die ländergemeinsamen inhaltlichen Anforderungen grundsätzlich vage bleiben, so zeigen sie doch einen hohen Abstraktionsgrad, beispielsweise der „Wahrscheinlichkeitstheorie in abzählbaren Ereignisräumen" (KMK, 2008, S. 39), welche für einen axiomatischen Wahrscheinlichkeitsbegriff steht. Dies steht im Gegensatz zu den in der Schule eher gängigen klassischen und frequentistischen Wahrscheinlichkeitsbegriffen. Auch eine Anwendungsorientiertheit lässt sich in den Anforderungen für die Lehramtsausbildung nicht erschließen, obwohl sie für den Mathematikunterricht in der Schule in den Lehrplänen verankert ist.

Vielen Studierenden im gymnasialen Lehramt Mathematik begegnet diese Verschiebung weg von der anwendungsorientierten Mathematik in der Schule hin zur axiomatisch-deduktiven Struktur in der Universität im Studium im ersten Semester und sie empfinden diese Veränderung als große Herausforderung.

Um der doppelten Diskontinuität entgegenzuwirken, werden Ansätze an verschiedenen Standorten in Deutschland verfolgt. Erwähnenswert sind „Mathematik neu denken" (Beutelspacher, Danckwerts & Nickel, 2010), „Mathematik besser verstehen" (Ableitinger, 2013), „Neue Wege in der fachlichen Lehramtsausbildung" (Bundesministerium für Bildung und Forschung, 2016) sowie das „Kompetenzzentrum Hochschuldidaktik Mathematik" (z. B. Biehler et al., o.J.).

Trotz all dieser neuen Initiativen scheint noch nicht geklärt, *wie viel* mathematisches Fachwissen Lehrkräfte benötigen. Lehrkräfte scheinen eine elementare Mathematik vom höheren Standpunkt zu benötigen. Verbindungen zwischen akademischer und schulischer Mathematik zu ziehen, kann eine Möglichkeit zur Überwindung der doppelten Diskontinuität sein. Heinze et al. entwickeln ein Konzept, dass diese zahlreichen Verbindungen zwischen akademischer und schulischer Mathematik darstellen soll. Dieses Konzept nennen sie „schulbezogenes Fachwissen", auf das im nächsten Abschnitt fokussiert wird.

3.4 Wissenskonzeptualisierung nach school-related content knowledge

In den vorherigen Kapiteln wurden Konzeptualisierungen basierend auf der klassischen Triade Shulmans dargestellt und die noch heute vorherrschende doppelte Diskontinuität in der Lehrerbildung beschrieben. Ein weiterer Ansatz, um längerfristig die doppelte Diskontinuität zu überwinden, ist ein Theoretischer um das *school related content knowledge* (SRCK), also das schulbezogene Fachwissen, welcher von Heinze et al. (2016) entwickelt wurde. In diesem Kapitel werden die theoretischen Grundlagen beschrieben, sowie das SRCK zur akademischen Mathematik und Schulmathematik sowie zum fachdidaktischen Wissen abgegrenzt. Dabei werden die Grundannahmen beschrieben und auch auf die in Abchnitt 2.1 erwähnten fachlichen Struktur mathematischer Inhalte eingegangen. Im Anschluss wird auf den *trickle-down*-Effekt eingegangen und Ergebnisse zu diesem Effekt werden aufgezeigt. Die Ausführungen zum trickle-down-Effekt und seinen Auswirkungen haben für die vorliegende Dissertation hohe Relevanz, da Dreher et al. (2018) die Frage stellen, welches mathematische Fachwissen für eine erfolgreiche Unterrichtspraxis benötigt wird. Dabei untersuchen sie die Entwicklung des Fachwissens im ersten Studienjahr und fokussieren auf die Rolle des akademischen Fachwissens für die Entwicklung des schulbezogenen Fachwissens (Hoth et al., 2020, S. 331).

Ausgehend vom typischen Verlauf der Ausbildung von Lehrkräften für die Gymnasien stellen Hoth et al. (2020, S. 330 f.) fest, dass im ersten Studienjahr vielfach eine akademische Mathematik gelehrt wird, die sich „in ihrer Darstellung, der Schwerpunktsetzung und den Zielen von der Mathematik, wie sie in der Schule behandelt wird" unterscheidet (s. auch Bass, 2005).

Eine Annahme, die vor allem im Studium angehender Lehrkräfte zu gelten scheint, ist die trickle-down-Annahme, welche Wu (2015) wie folgt beschreibt: „School mathematics is thought to be the most trivial and most elementary part of the mathematics that mathematicians do. So once pre-service teacher learn ‚good'

mathematics, they will come to know school mathematics as a matter of course"
(S. 41). Dabei steht dies im Gegensatz zur doppelten Diskontinuität, also der „Un-
verbundenheit des Wissens der Lehramtsstudierenden zwischen den Bereichen der
Schul- und Hochschulmathematik" (Hoth et al., 2020, S. 333).

Darauf aufbauend wurde das schulbezogene Wissen von Dreher et al. (2018) in
Ergänzung des mathematischen Fachwissens vorgeschlagen. Dieses berufsspezifi-
sche Fachwissen von Mathematiklehrkräften beschreibt Zusammenhänge zwischen
akademischer und schulischer Mathematik und weist drei Wissensfacetten auf, die
aber empirisch nicht getrennt wurden:

1. Curriculumsbezogenes Wissen im Sinne eines Wissens über die Struktur der Schulmathematik sowie über die zugehörigen mathematischen Begründungen des Aufbaus und der inhaltlichen Auswahl;
2. Wissen über Zusammenhänge zwischen akademischer und schulischer Mathematik in Top-Down-Richtung, im Sinne von Wissen darüber, welche Inhalte der akademischen Mathematik wie für den Mathematikunterricht transformierbar sind,
   sodass diese im aktuellen schulmathematischen Kontext anschlussfähig sind und
   im Sinne des Spiralprinzips unterrichtet werden können;
3. Wissen über Zusammenhänge zwischen akademischer und schulischer Mathematik in Bottom-Up-Richtung, im Sinne von Wissen darüber, wie Begriffe, Aussagen, Begründungen und Darstellungen der Schulmathematik (z. B. aus Schul-
   büchern, Lernmaterialien) in der akademischen Mathematik erklärt werden, um
   deren mathematische Integrität (vgl. Wu, 2018) beurteilen zu können.

(Hoth et al., 2020, S. 334 f.)

In Abbildung 3.1 werden diese Verbindungen, die definiert wurden, angezeigt. Die
Pfeile zeigen einerseits die top-down-Verbindungen, ausgehend von der akademischen Mathematik, und andererseits die bottom-up-Verbindungen, ausgehend von
der schulischen Mathematik. Am rechten Rand wird dann wiederum die erste Facette
des SRCK angezeigt. Hoth et al. (2020, S. 335) geben dabei an, dass auch im SRCK
Komponenten vom „klassischen" enthalten sind, verweisen aber dabei auf Brommes
Bezug zum Charakter der Schulmathematik.

Hoth et al. (2020) weisen auf eine gewisse Nähe zum fachdidaktischen Wissen
hin, da sowohl das SRCK als auch das fachdidaktische Wissen eine „didaktische
Prägung" (S. 335) aufweisen. SRCK wird aber von den Autor*innen als reines
Fachwissen verstanden, weil wichtige Aspekte wie Fehlvorstellungen von Schüler*innen oder „lernförderliche Eigenschaften bestimmter Repräsentationen" (Hoth
et al., 2020, S. 335) hier keinen Bestandteil haben.

Hoth et al. (2020) ordnen das SRCK in die vier Ebenen des Fachwissens der
COACTIV-Studie ein und stellen heraus, dass das SRCK ein Wissen „über die
Zusammenhänge des Wissens auf den Ebenen drei und vier" (S. 335) definiert.

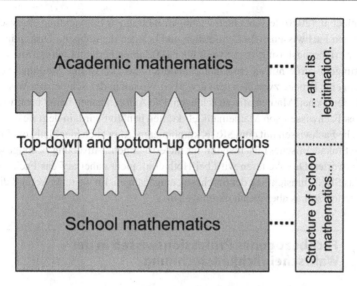

Abbildung 3.1 Konzeptualisierung des SRCK Quelle: (Dreher et al., 2018, S. 330)

Das Fachwissen sowie das SRCK von Studierenden wurden im Verlauf ihres ersten Studienjahres untersucht.

> Während sich beim CK erwartunskonform ein substanzieller Zuwachs im ersten Studienjahr zeigte, konnte jedoch im Mittel kein signifikanter Zuwachs des SRCK festgestellt werden. Cross-Lagged-Panel Analysen zu Effekten von CK auf SRCK im Verlauf des ersten Studienjahrs stützen die Trickle-down-Annahme nicht. (Hoth et al., 2020, S. 352)

Einen signifikanten Einfluss auf die Entwicklung des SRCK hatten die kognitiven Grundfähigkeiten und das Vorhandensein von schulbezogenen Praxiserfahrungen. Höhere kognitive Grundfähigkeiten scheinen Studierende beim eigenständigen Herstellen von Zusammenhängen zwischen der akademischen Mathematik und Schulmathematik zu unterstützen. Hoth et al. zeigt auch das Ergebnis auf, dass Praxiserfahrungen einen Einfluss auf die Entwicklung des SRCKs im ersten Studienjahr haben. Resümierend kann festgestellt werden, dass „der Erwerb von akademischem Fachwissen nicht hinreichend für den Erwerb schulbezogenen Fachwissens" (Hoth et al., 2020, S. 353) ist.

Hoth et al. (2020) leisten einen wichtigen Beitrag zur Entwicklung eines schulbezogenen Fachwissens von Lehrkräften und belegen die doppelte Diskontinuität, von der erfahrungsbasiert (s. 3.3) seit über 100 Jahren berichtet wird. Trotz dieser Erfahrungen wurde nur an einzelnen Standorten das „klassische Studium" verändert, um eine Brücke zwischen dem erworben Wissen in der Schule zum Wissen in der akademischen Mathematik zu schlagen. Die Autoren haben damit beantwortet, **welches** Fachwissen von Mathematiklehrkräften benötigt wird, in dem sie das akademische Fachwissen mit dem SRCK kombinieren. Aber auch hier bleibt die Frage, **wie viel** (akademisches) Fachwissen für die erfolgreiche Ausübung benötigt wird, unbeantwortet. Des Weiteren wird bei Hoth et al. nicht näher auf das Fachwissen oder das SRCK hinsichtlich der Stochastik eingegangen. Im weiteren Verlauf dieser Dissertation soll es aber genau darum gehen..

3.5   Fachbezogenes Professionswissen in der Wahrscheinlichkeitsrechnung

Wie im Abschnitt 2.4 ausgeführt, ist die Wahrscheinlichkeitsrechnung in Lehrplänen aufgeführt und wird im Unterricht behandelt. Ziel dieses Abschnitts ist die Erläuterung der Aspekte für ein fachbezogenes Professionswissen in der Wahrscheinlichkeitsrechnung. Dabei erfolgt ein näherer Blick auf bestehende Konzeptualisierungen und deren Ergebnisse zum Fachwissen von Lehrkräften in der Stochastik. Es gibt viele kleine Beiträge zur Professionswissensforschung in der Wahrscheinlichkeitsrechnung. In diesem Abschnitt werden einige exemplarische Ergebnisse zum Fachwissen von Lehrkräften erläutert.

Im internationalen, aber auch im deutschen Bereich hat sich eine Forschungslinie zur Stochastik entwickelt (für einen Überblick s. Ben-Zvi & Makar, 2016, Batanero, 2013). Dabei lassen sich die Trends zwischen Statistik und Wahrscheinlichkeitsrechnung unterscheiden, da Statistik und Wahrscheinlichkeitsrechnung unterschiedliche Themengebiete sind. Trotzdem werden sie auf verschiedensten Ebenen oft zusammen betrachtet, wie zum Beispiel bei TEDS-M mit ihrer inhaltlichen Ausdifferenzierung des Fachwissens (Blömeke et al., 2010). Auch in den Lehrplänen, wie oben beschrieben, werden Daten und Zufall zusammen betrachtet. Der Grund für die gemeinsame Betrachtung ist, dass beide Inhaltsbereiche einen hohen Anwendungswert im echten Leben haben, Verbindungen durch den frequentistischen Wahrscheinlichkeitsbegriff existieren und deshalb Anlass für Datenerhebungen sind (z. B. Batanero & Diaz, 2012; Jones, 2005a).

Beim Projekt „MKT" wurden nur die Inhaltsbereiche „Zahlen und Operationen" sowie „Algebra" erfasst (Heather C. Hill, 2007, S. 99). Bei COACTIV gab es

aufgrund der geringen Itemanzahl zum Fachwissen (14 Items) keine weitere inhaltliche Ausdifferenzierung durch Subfacetten (Krauss et al., 2011, S. 143) und bei
TEDS-M (s. 3.2) wurden zwar inhaltliche Facetten unterschieden, bei der inhaltlichen Facette „Data" konnten aber aufgrund der niedrigen Itemanzahl keine getrenn-
ten Ergebnisse berichtet werden. Einzelne Items sind aber trotzdem vertreten, „um
es in einem Gesamttestwert für Mathematik berücksichtigen zu können" (Blömeke
et al., 2009, S.190).

Auffallend ist, dass die Forschungslage zum Professionswissen in der Statistik (siehe zum Beispiel Garfield et al., 2008, Schumacher, 2017, Lee & Hollebrands, 2008) sowie in der Wahrscheinlichkeitsrechnung für Primarstufenlehrkräfte
(Jacobbe, 2010, Batanero, Arteaga, Serrano & Ruiz, 2014, José Carrillo-Yañez et al.,
2018) reichhaltiger zu sein scheint als für die Wahrscheinlichkeitsrechnung für
Sekundarstufenlehrkräfte. Die Problematik im Professionswissen in der Statistik ist
beispielsweise, dass viele Lehrkräfte aufgrund ihrer fehlenden Ausbildung in einer
hauptsächlich deskriptiven Statistik herausgefordert werden, welche wesentlich in
der Grundschule und Sekundarstufe I ist (Ben-Zvi & Makar, 2016, S. 4).

Forschungen zur professionellen Kompetenz von Lehrkräften der Primarstufe
zeigen, dass viele der aktuellen Programme Lehrkräfte nicht angemessen auf ihre
Aufgabe, Statistik und Wahrscheinlichkeit zu unterrichten, ausbilden. Jacobbe
(2010, S. 3) stellt als besondere Herausforderung für Lehrkräfte heraus, dass nur
wenige von ihnen eine angemessene Ausbildung im fachlichen sowie fachdidaktischen Bereich genossen haben. Stohl (2005, S. 346) stellt dar, dass Lehrkräfte
vielfach ihre eigenen Fehlvorstellungen über Wahrscheinlichkeitsrechnung an ihre
Schülerinnen und Schüler weitergeben. Sie zieht daraus die Konsequenz, dass Lehrkräfte allgemeine Wahrscheinlichkeitskonzepte und individuelle Wahrscheinlichkeitskonzepte von Schüler*innen verstehen und ein kritisches Denken über For-
schungsresultate entwickeln sollen, die zur Entwicklung von stochastischem Denken von Schülerinnen und Schülern beitragen. Letzteres soll auch direkt in den
Unterricht einfließen können. Diese Konsequenzen stehen aber gleichzeitig im
Widerspruch zu der Aussage, dass Lehrkräfte eigene Fehlvorstellungen zum Wahrscheinlichkeitskonzept haben (Stohl, 2005, S. 346).

Batanero et al. (2014) analysierten die Wahrnehmung vom Zufallskonzept angehender Lehrkräfte für die Primarstufe. Die Wahrnehmung von Binomialverteilungen
war bei den Lehrkräften vorhanden, es gab aber Fehlvorstellungen zur Variation und
zur stochastischen Unabhängigkeit. Lehrkräfte versuchten außerdem die Unsicherheit zu zähmen. Sie empfehlen mit Experimenten und Simulationen zu starten, um
dann in die Wahrscheinlichkeit formal mittels einer didaktischen Analyse einzufüh-
ren.

Anknüpfend an die Konzeptualisierung der Michigan-Gruppe wird im Rahmen des Forschungsprojekts rund um das „Mathematics teacher's specialised knowledge" (MTSK José Carrillo-Yañez et al., 2018) das Professionswissen von angehenden Lehrkräften in der Wahrscheinlichkeitsrechnung ausgehend von den fachlichen Aufgaben von Lehrkräften im Mathematikunterricht untersucht. Die vorgestellten Daten bezogen sich auf angehende Primarstufenlehrkräfte und Erzieher*innen. Diese Personengruppe hat „poor mathematical formal knowledge about probability, mainly stemming from their school experiences" (Di Bernado, Mellone, Minichini & Ribeiro, 2019, S. 180). Ein Ergebnis ist die Empfehlung, in der Lehrkraftausbildung den subjektivistischen Wahrscheinlichkeitsbegriff mit einzubeziehen. Außerdem betonen sie die Notwendigkeit einer Ausbildung in der Wahrscheinlichkeitsrechnung, die über den Schulstoff hinaus geht. Durch die Bottom-Up-Herangehensweise, also der Betrachtung, was Lehrkräfte wissen, kann aber auch für die Vermittlung wertvolles Fachwissen verloren gehen.

Die bisher in diesem Abschnitt vorgestellten Studien geben einen allgemeineren Überblick zum Professionswissen von (angehenden) Lehrkräften in der Wahrscheinlichkeitsrechnung. Eine theoretische Analyse der Problematik hinsichtlich des Professionswissens von Lehrkräften bezüglich der Gesetze der großen Zahlen nimmt Stohl (2005, S. 348 f.) vor. Sie bezeichnet das (empirische) Gesetz der großen Zahlen als Schlüsselsatz in der Wahrscheinlichkeitsrechnung und beschreibt es als Quelle von vielen Fehlvorstellungen bei Lehrkräften:

Unfortunately, one source of many misconceptions (e.g. gambler's fallacy, law of small numbers) may be due to an incorrect interpretation of this law as implying that experimental probabilities *limit* to the theoretical probability. (Stohl, 2005, S. 348 f.)

Dabei beschreibt das empirische Gesetz der großen Zahlen, dass die Wahrscheinlichkeit einer großen Differenz zwischen empirischer und theoretischer Wahrscheinlichkeit gegen Null konvergiert für eine große Stichprobe. Stohl (2005) weist aber auch darauf hin, dass die empirische Wahrscheinlichkeit substantiell von der theoretischen Wahrscheinlichkeit abweichen kann, auch wenn dies eher unwahrscheinlich sei. Sie erarbeitet mögliche Hindernisse, die den Lehrkräften begegnen können:

• Lehrkräfte und dadurch auch ihre Schülerinnen und Schüler könnten das empirische Gesetz der großen Zahlen missinterpretieren, indem sie eine notwendige Konvergenz von empirischen Wahrscheinlichkeiten bei einer hohen Versuchszahl vermitteln.

- Eine Verschärfung kann auch dadurch erfolgen, dass Lehrkräfte davon ausgehen, dass die Konvergenz schnell erfolgt.
- Manche Lehrkräfte könnten denken, dass nur durch eine hohe Versuchszahl eine Annäherung zwischen empirischer und theoretischer Wahrscheinlichkeit erfolgt.
- Sie könnten auch die Formulierung des empirischen Gesetzes der großen Zahlen verändern und Aussagen darüber treffen wollen, dass der Grenzwert der empirischen Wahrscheinlichkeit der theoretischen/tatsächlichen Wahrscheinlichkeit ist, wie in der Analysis.
(Stohl, 2005, S. 348 f.)

Ein weiteres Hindernis können Repäsentationen von Zufallsexperimenten sein. Ein Vergleich von zwei Versuchsreihen, in dem eine Münze 7000 mal geworfen und die relativen Häufigkeiten des Ereignisses „Kopf" graphisch dargestellt wird, kann gezogen werden. Lehrkräfte, die das Konzept vertreten, dass die empirische Wahrscheinlichkeit gegen die theoretische Wahrscheinlichkeit konvergiert, können mit anderen Darstellungen bzw. Sachverhalten herausgefordert werden. Folgender Sachverhalt könnte auftreten:

After about 500 trials, the proportion of heads is close to 0.5 but then gets closer to 0.52 by 600 trials. By 1000 trials, the proportion of heards is now about 0.48 and tends to stay near 0.48 until about 6000 trials when it becomes slightly closer to the expected 0.5. Even though the likelihood of the experimental probability being significantly different from the theoretical probability of 0.5 gets smaller with lager trials, it is still quite possible to obtain an experimental probability of 0.475 after 3000 trials. (Stohl, 2005, S. 348)

Von einer Konvergenz im klassischen Sinn kann also nicht ausgegangen werden. Stohl (2005, S. 349) empfiehlt daher, in der Ausbildung mehrere solcher Graphen gegenüberzustellen und diese zu reflektieren. Sie verweist auch darauf, dass manche Lehrkräfte das Konzept hinter dem empirischen Gesetz der großen Zahlen intuitiv verstehen, warnt aber davor, im Unterricht Wahrscheinlichkeiten als theoretisches Konstrukt zu behandeln. Stohl bleibt allerdings vage, was Lehrkräfte zum empirischen Gesetz der großen Zahlen wissen müssen und erwähnt andere Gesetze der großen Zahlen gar nicht (Stohl, 2005, S. 349).

Stohl nutzt den „general framework for mathematics teachers' subject matter knowledge" von Kvatinsky und Even (2002), welcher für andere inhaltliche Themengebiete entwickelt wurde. Sie adaptiert diesen für die Wahrscheinlichkeitsrechnung und fordert folgendes Wissen für Lehrkräfte:

- The essential features of probability as a non-deterministic phenomen, the classical and frequentist approaches to probability, and the subjective approach where probability is interpreted as strenght of judgment.
- The strength of probability as an integral part of natural phenomena where new fiels such as quantum physics have emerged from a probabilistic perspective on our world.
- How to use and interpret different representations and models (e.g., Venn diagrams, tree diagrams) for computing and interpreting probability.
- How and when to use alternative ways of approaching probability (i.e., the classical or frequentistic approaches).
- A basic repertoire of examples that can be used for certain concepts (e.g.; examining consecutive outcomes of rolling die to discuss independence).
- Different form of knowledge and understanding so one can distinguish between intuitive knowledge and formal theoretical probability; especially knowing that intuitive knowledge may lead one astray in probability.
- Which aspects about mathematics are supporting and withholding in probability knowledge (e.g.; axiomatic theorems in probability such as probabilities of events in a sample space summing to 1, the central issue of the law of large numbers being a limit of a probability instead of the limit of a point estimate).

(Stohl, 2005, S. 361)

Diese Forderungen nach fachdidaktischem Wissen geben auch Auskunft darüber, welche fachlichen Herausforderungen Lehrkräften begegnen. Einerseits müssen sie, wie in 2.4 beschrieben, die Mathematik hinter den klassischen und frequentistischen Deutungen verstehen und hinsichtlich subjektiver Vorstellungen von Schüler*innen flexibel reagieren. Sie müssen Anwendungsmöglichkeiten der Wahrscheinlichkeitsrechnung kennen, Darstellungen und Modelle verwenden und interpretieren können. Sie müssen ein Repertoire an einleuchtenden Beispielen aufweisen und zwischen intuitivem Wissen und formal-theoretischem Wissen zur Wahrscheinlichkeit unterscheiden sowie fachliche Aspekte der Wahrscheinlichkeitsrechnung hinsichtlich ihrer Schwierigkeit benennen können.

Stohl gibt also einerseits Hinweise bezüglich möglicher Hürden bei der Auseinandersetzung mit den Gesetzen der großen Zahlen und andererseits implizit Hinweise zu den fachlichen Herausforderungen an Lehrkräfte in der Wahrscheinlichkeitsrechnung. Trotz der theoretischen Auseinandersetzung bleibt offen, was Lehrkräfte bezüglich der Gesetze der großen Zahlen wissen, aber auch welches Fachwissen sie in der Wahrscheinlichkeitsrechnung aufweisen müssen, weil dieses nur implizit erwähnt wird.

Batanero et al. (2016, S. 23) benennen zwei Forschungslücken im Bereich der Professionsforschung zur Wahrscheinlichkeitsrechnung. Die eine ist die Entwicklung von adäquaten Materialien und effektiven Aktivitäten in Lehrkräftefortbildungen und die andere ist die Analyse von Wissenskomponenten in der

Wahrscheinlichkeitsrechnung bei Lehrkräften. Auch (stoffdidaktische) Analysen sind in der Professionsforschung zur Wahrscheinlichkeitsrechnung rar.

3.6 Zusammenfassung und Folgerungen

Zunächst einmal wurde der Wissensbegriff definiert und zum Kompetenzbegriff abgegrenzt. Kompetenzen lassen sich als kontextspezifische kognitive Leistungsdispositionen, die sich funktional auf bestimmte Klassen von Situationen und Anforderungen beziehen, definieren. Diese Leistungsdispositionen sind Kenntnisse, Fertigkeiten oder Routinen. Dabei ist also Wissen eine Komponente von Kompetenzen. Unterschieden werden kann Wissen durch Objektwissen und Metawissen. In dieser Arbeit werden die Fachwissensarten von Neuweg (2011) genutzt, um Wissen klassifizieren zu können. Diese sind

- Objektwissen als Inhaltswissen, welches durch deklaratives und prozedurales Wissen unterschieden werden kann;
- Metawissen als wissenschaftstheoretisches Wissen wie zum Beispiel die Struktur der Disziplin, Paradigmen und Methodologie;
- Philosophie des Fachs als bewertende Perspektive auf den Inhalt inklusive subjektiver Vorstellungen.

Da letzteres auch zumindest in Teilen zum fachdidaktischen Wissen gehört, wird das Wissen über die Philosophie des Fachs in dieser Arbeit nicht weiter betrachtet. Diese Aspekte sind eng angelehnt an Shulmans und Brommes Arbeiten.

Die Erforschung professioneller Kompetenz von Lehrkräften nimmt ihren Ursprung bei L. S. Shulman (1986b). Er entwickelte eine Triade professionellen Wissens, indem er als zentrale Punkte Fachwissen, fachdidaktisches Wissen sowie pädagogisches Wissen annimmt. Diese Triade wird auch von Bromme (1992) ausgeführt und um weitere Kategorien erweitert, um qualitiative Merkmale beschreiben zu können (S. 96). Während dem fachdidaktischen Wissen ein hoher Stellenwert eingeräumt wird, kann festgestellt werden, dass Fachwissen Voraussetzung für den Aufbau fachdidaktischen Wissens ist. Es wurden drei Konzeptualisierungen exemplarisch aufgezeigt, die die Triade Shulmans übernehmen und um einen Kompetenzbegriff und weitere Faktoren erweitern. Das MKT-Modell der Michigan-Gruppe unterscheidet drei Aspekte des Fachwissens, „Common content knowledge", „specialized content knowledge" und „horizon content knowledge", weil sich ausgehend von den Aufgaben von Lehrkräften zu erhebenes Wissen generieren ließen.

Das Projekt „COACTIV" untersuchte die professionelle Kompetenz basierend auf Shulmans Triade mit Anschluss an den PISA-Zyklus 2003/04, sodass Zusammenhänge zwischen professioneller Kompetenz von Lehrkräften mit mathematischen Kompetenzen von Schülerinnen und Schülern aufgezeigt werden konnten. Baumert et al. (2011) wiesen vier Ebenen von Fachwissen auf: Mathematisches Alltagswissen, Beherrschung des Schulstoffs, tieferes Verständnis der Fachinhalte des Curriculums der Sekundarstufe und reines Universitätswissen. Die Kompetenzfacette des Fachwissens wurde wiederum auf Ebene 3 festgelegt und erhoben. Die Konzeptualisierung fand anhand von Dokumentenanalysen statt.

In der groß angelegten Studie TEDS-M wurden professionelle Kompetenzen von Mathematiklehrkräften der Sekundarstufe I neben weiteren Faktoren (zum Beispiel Merkmale der Mathematiklehrerausbildung) in 16 Ländern erhoben. Für das Fachwissen wurde die Annahme getroffen, dass Lehrkräfte Fachinhalte auf einem höheren und reflektierten Niveau beherrschen sollten. Das mathematische Fachwissen wurde inhaltlich, nach unterschiedlichen kognitiven Strukturen und nach Schwierigkeitsgrad unterschieden. Die inhaltliche Struktur umfasst vier unterschiedliche Inhaltsgebiete, wobei auch die Stochastik bzw. Daten und Zufall eine davon darstellt. Dieses Inhaltsgebiet floss nur zu einem geringen Anteil in die Itementwicklung mit ein. Die kognitiven Prozesse innerhalb der Konzeptualisierung sind Kennen, Anwenden und Begründen. Der Schwierigkeitsgrad war an dem gewünschten Anforderungsspektrum von der Sekundarstufe I bis zur Universitätsmathematik gegliedert und verfügte über drei Niveaus: elementares Niveau, mittleres Niveau und fortgeschrittenes Niveau.

Hinsichtlich dieser drei Studien lässt sich Folgendes resümieren: Fachwissen wird ausgehend von den Aufgaben von Mathematiklehrkräften konzeptualisiert (MKT-Modell). Eine Konzeptualisierung erfolgt durch Dokumentenanalysen (COACTIV) und bei der TEDS-M-Studie wurde der Prozess der Konzeptualisierung nur geringfügig offengelegt. Eine Offenlegung der Konzeptualisierung aus Transparenzgründen wäre hier wünschenswert gewesen.

Ein weiteres für diese Arbeit relevantes Thema ist die noch immer bestehende doppelte Diskontinuität in der Lehrkraftausbildung. Klein (1908) erkannte diese inhaltliche Losgelöstheit zwischen schulischer und akademischer Mathematik vor über 100 Jahren. Er versuchte, die doppelte Diskontinuität durch seine Vorlesungsreihe zu überwinden und das zusammengehörige Ganze wieder zur Geltung zu bringen. Dafür nimmt er verschiedene Perspektiven ein und wendet verschiedene Prinzipien an. Die Perspektiven können aus heutiger Sicht als fachmathematische, mathematikhistorische sowie mathematikdidaktische Perspektiven beschrieben werden. Die vier Prinzipien, die der mathematikdidaktischen Perspektive zugeordnet werden können, sind innermathematische Vernetzung, Anschauung und Anwendungsorientierung.

Auch heute noch ist die doppelte Diskontinuität noch allgegenwärtig. Das Gymnasium als Schulform hat inzwischen den größten Anteil von Schüler*innen. Kombiniert mit einem neuen beruflichen Selbstverständnis von Lehrkräften, die sich gezielt auf das Berufsbild der Fachlehrkraft vorbereiten, sollte das Lehramtsstudium auf diese Veränderungen angepasst werden. Doch die Hochschulmathematik bzw. akademische Mathematik unterscheidet sich noch immer von der schulischen Mathematik in Bezug auf Inhalt, Abstraktionsgrad, Struktur und Epistemologie. Diese Unterscheidung findet sich auch in der fachlichen Lehrkraftausbildung in der Stochastik wieder, welche eine axiomatisch-deduktive Struktur innerhalb des Studiums aufweist, während in der Schule die Realitäts- und Anwendungsbezüge im Vordergrund stehen.

Trotzdem bleibt unklar, *wie viel* Mathematik und *welche Inhalte* benötigt werden, um die doppelte Diskontinuität zu überwinden.

Eine Untersuchung hinsichtlich der Annahme des *trickle-down*-Effekts, dass sich ein hoher Grad an akademischen Fachwissen auf das schulbezogene Fachwissen abfärbt, findet im Rahmen der Konzeptualisierung des *school-related content knowledge* statt. Das schulbezogene Fachwissen kann als Verbindung zwischen akademischer und schulischer Mathematik gesehen werden. Es handelt sich um curriculumsbezogenes Wissen, Wissen über Zusammenhänge in Top-Down-Richtung und in Bottom-Up-Richtung und ist explizit kein fachdidaktisches Wissen, also innermathematisch zu sehen. Die *trickle-down*-Annahme konnte nicht bestätigt werden. Trotz dieser neuen Konzeptualisierung zeigt auch dieses Modell nicht auf, *wie viel* akademisches Fachwissen für die erfolgreiche Ausübung der Lehrerberufs nötig ist.

Innerhalb der Professionsforschung gibt es nur wenig Forschung zur Stochastik, insbesondere der Wahrscheinlichkeitsrechnung. Die Anfangs erwähnten Studien (MKT, COACTIV, TEDS-M) erfassen die Stochastik entweder gar nicht oder konnten diese nicht in einer eigenen Skala berichten. Studien zum Fachwissen in der Wahrscheinlichkeitsrechnung zeigen, dass Lehrkräfte nicht angemessen auf ihre Aufgabe zu unterrichten vorbereitet sind. Sie geben vielfach ihre eigenen Fehlvorstellungen über die Wahrscheinlichkeitsrechnung an ihre Schülerinnen und Schüler weiter. Eine Notwendigkeit sehen Di Bernado et al. (2019) darin, eine fachliche Ausbildung in der Wahrscheinlichkeitsrechnung anzustreben, die über fachliche Inhalte der Schulmathematik hinausgehen.

Stohl (2005) beschreibt das fehlende Verständnis des empirischen Gesetzes der großen Zahlen als Quelle vieler Fehlvorstellungen bei Lehrkräften. In ihrer theoretischen Analyse erarbeitet sie verschiedene Herausforderungen, die es von Lehrkräften zu bewältigen gilt, unter anderem die Fehlinterpretation des Gesetzes der großen Zahlen und die verschiedenen Repräsentationen, die missverstanden werden können.

Im folgenden Kapitel werden ausgehend von Kapitel 2 und Kapitel 3 die Ziele dieser Arbeit herausgearbeitet.

Hinführung zur Methodik und Darstellung der Ziele

4

Das folgende Kapitel schlägt eine Brücke von den theoretischen Grundlagen zu dem methodischen Teil. Zunächst werden dafür die Kenntnisse aus Kapitel 2 und 3 gefolgert. Das Kapitel 2 beschreibt die fachlichen Anforderungen, die Lehrkräfte bei der fachlichen und fachdidaktischen Ausbildung absolvieren müssen. Im Kapitel 3 werden verschiedene Konzeptualisierungen dargestellt, die die professionellen Kompetenzen und somit auch das professionelle Fachwissen von Lehrkräften erfassen. Diese Arbeit setzt im Prozess zur Konzeptualisierung des Fachwissens weiter vorn an, indem mögliches Fachwissen anhand einer stoffdidaktischen Analyse strukturiert werden soll. Deshalb werden nun die in Kapitel 3 dargestellten Konzeptualisierungen betrachtet und begründet, wozu der theoretische Ansatz der didaktisch orientierten Rekonstruktion gewählt wurde. Anschließend wird begründet, warum die Wahrscheinlichkeitsrechnung, insbesondere die Gesetze der großen Zahlen, als Beispiel für die Anwendung der didaktisch orientierten Rekonstruktion gewählt wurde, indem die Folgerungen aus dem Kapitel 2 sowie aus dem Abschnitt 3.5 genutzt werden.

An dieser Stelle lässt sich noch einmal festhalten: Stoffdidaktische Methoden wurden für zuvor genannte Konzeptualisierungen genutzt, auch wenn nicht klar ist, wie systematisch dies erfolgte. Dabei können stoffdidaktische Methoden in Form von (didaktischen) Entscheidungen auftreten oder aber auch wie bei COACTIV durch Literaturrecherchen erfolgen. Eine systematische Herangehensweise ist dabei nicht ersichtlich. In dieser Arbeit soll eine solche Systematisierung erarbeitet werden.

Stoffdidaktische Forschungsmethoden versuchte Heinz Griesel schon in den 1970er Jahren zu systematisieren und ihren wissenschaftlichen Wert zu begründen. Griesel (1971) definiert dabei Ziele einer didaktischen Orientiertheit mathematischer Analysen:

© Der/die Autor(en) 2024
J. Huget, *Die Methode der didaktisch orientierten Rekonstruktion*, Bielefelder Schriften zur Didaktik der Mathematik 11,
https://doi.org/10.1007/978-3-658-42642-2_4

a) Didaktisch orientierte mathematische Analysen sind nicht um der mathematischen Forschung geschrieben worden, also nicht um eines Selbstzweckes willen.

b) Sie haben stets das Endziel, den mathematischen Lernprozess besser organisieren zu wollen, bzw. einen Beitrag zur besseren Organisation zu liefern.[...]

c) Sie haben u.a. das Ziel den mathematischen Kern traditioneller Methoden und Unterrichtspraxis, die sich erfahrungsgemäß als praktikabel erwiesen haben, herauszuschälen.

d) Sie haben das Ziel, das zu analysieren, was man einen natürlichen Zugang nennen könnte, bei dem man sich an den elementaren Bedürfnissen und Anwendungen der Zahlen im täglichen Leben unter Einschluß des Messens und der Größen orientiert. Man muß hierbei sozusagen dem Mann auf der Straße, dem Handwerker, der Hausfrau, zusehen, alle Verwendungssituationen von Zahlen beobachten, um von hier Gesichtspunkte für eine mathematische Analyse zu finden.

(Griesel, 1971, S. 79 f.)

Weiterhin verfeinert er diese Ziele und nimmt die Formulierung inhaltlicher Lernziele mit auf:

Ziel der im wesentlichen mit mathematischen Methoden arbeitenden didaktisch orientierten Sachanalysen ist es, eine bessere Grundlage für die Formulierung der inhaltlichen Lernziele und für die Entwicklung, die Ausgestaltung und den Einsatz eines differenzierten methodischen Instrumentariums zu geben. (Griesel, 1974, S. 118)

Auf die Vorteile von mathematischen Analysen hinsichtlich der Formulierung der Lernziele weist Griesel (1971, S. 80) hin. Er kommt zu dem Ergebnis, dass Lernziele ohne eine mathematische Analyse nicht klar formulierbar sind und deshalb „zu vage und ungenau" (S. 80) bleiben. Er geht sogar noch weiter und erläutert, dass die mathematische Analyse erst die begriffliche Grundlage für empirische Untersuchungen liefert, „die ohne eine solche Grundlage völlig in der Luft hängen und [zum Teil] wertlos sind" (S. 80). Eine mögliche Abfolge einer stoffdidaktischen Analyse wurde aber nicht weiter formuliert, sondern ausschließlich über die Wissenschaftlichkeit der Methode elaboriert.

Die zentrale Annahme in der vorliegenden Arbeit ist also, dass eine systematische stoffdidaktische Methode Wissenselemente im Hinblick auf die Zielgruppe „Lehrkräfte" strukturieren kann. Somit können zwei Ziele benannt werden, die im folgenden ausgeführt werden.

Erstes Ziel dieser Arbeit ist die Systematisierung einer didaktisch orientierten Rekonstruktion (als einer stoffdidaktischen Analyse) zur Strukturierung eines mathematischen Inhalts ausgehend vom Kern des Inhalts mit dem Ziel, normative Aussagen über Wissensinhalte für Lehrkräfte generieren zu können.

Die so gewonnenen normativen Aussagen über Wissensinhalte von Lehrkräften werden im folgenden **elementarisiertes akademisches Wissen** genannt. Dieses ist akademisches Wissen nach einer auf die Zielgruppe der Lehrkräfte ausgerichtete Elementarisierung. Es beschreibt das Fachwissen, welches Lehrkräfte in ihrer fachlichen Ausbildung erworben haben müssen, um die nötige fachliche Tiefe für den Mathematikunterricht, aber auch für den Erwerb neuen Wissens aufweisen zu können. Die hier erwähnte Elementarisierung wird von Griesel (1974) wie folgt definiert:

Es handelt sich hier darum, mathematische Inhalte und Theorien auf ein niedrigeres Niveau herunterzutransformieren mit dem Ziel der Anpassung an den geistigen Entwicklungsstand des Lernenden. [...] Elementarisierung ist teils mit Reduktionen, teils mit Ausweitungen verbunden. (Griesel, 1974, S. 117)

Elementarisierung bedeutet also nicht nur das Auslassen von Inhalten oder Strukturen, sondern auch das Hinzufügen von (didaktischen) Elementen, damit ein Themeninhalt für die Zielgruppe verständlich wird.

Dieses elementarisierte akademische Wissen kann auch bewertet werden hinsichtlich seiner Wissensdimensionen, die in Tabelle 4.1 definiert werden.

Dieses Wissen kann in verschiedene Wissensarten nach Neuweg (2011) aufgefasst werden:

- Objektwissen (deklarativ und prozedural)
- Metawissen (z. B. Struktur der Disziplin, Paradigmen, Methodologie) (S. 586)

Diese Systematisierung soll auch anhand eines Beispielthemas elaboriert werden. Diese Exemplarisierung soll im Bereich der Wahrscheinlichkeitsrechnung erfolgen. Wie in Abschnitt 3.5 aufgeführt, ist bisher keine systematische Erfassung des Fachwissens von Sekundarstufen-Lehrkräften in der Wahrscheinlichkeitsrechnung bekannt.

Aus fachlicher Sicht lässt sich die Wahrscheinlichkeitsrechnung als facettenreich bezeichnen. Durch die zu behandelnde Unsicherheit nimmt die Wahrscheinlichkeitsrechnung eine Sonderstellung im Gegensatz zu anderen Teilbereichen ein. Lehrkräfte müssen fachlichen Herausforderungen gewachsen sein, sodass sie Annahmen über nicht zu zähmende Unsicherheiten treffen können und lernen müssen, mit der Unsicherheit umzugehen.

Tabelle 4.1 Ausdifferenzierung der unterschiedlichen Wissensdimensionen

Name	Definition	Charakterisierung	Theoretische Belege
Schulfachwissen (SW)	SW ist das Fachwissen, welches in der Schule unter Berücksichtigung von Lernzielen gelehrt wird.	The contents of learning mathematics are not just simplifications of mathematics as it is taught in universities. The school subjects have a „life of their own" with their own logic; that is, the meaning of the concepts taught cannot be explained simply from the logic of the respective scientific disciplines. [...] Rather, goals about school (e.g. concepts of general education) are integrated into the meanings of the subject-specific concepts. (Bromme, 1994, S. 74)	Brommes Schulfach- wissen
Schulbezogenes Fachwissen (SRCK)	SRCK ist ein berufsbezogenes Fachwissen, das auf Zusammenhänge zwischen Mathematik als Schulfach und Mathematik als wissenschaftliche Disziplin abzielt (Dreher et al., 2018)	We understand SRCK [School related content knowledge] as a special kind of mathematical CK about interrelations between academic and school mathematics, and thus this CK component comprises knowledge of elements of academic and school mathematics as well as of their relations. SRCK clearly differs from academic CK as well as from pedagogical content knowledge (PCK), and goes beyond school mathematics (Dreher et al., 2018, S. 329 f.).	SRCK nach Dreher et al. (2018)
Akademisches Fachwissen (AW)	AW ist das Fachwissen, welches für eine akademische Laufbahn in der Mathematik benötigt wird.	Charakterisiert durch reines Universitätswissen, das vom Curriculum losgelöst ist (z. B. Galoistheorie, Funktionalanalysis) und welches kein SRCK ist.	Dreher et al. (2018), Ebene 4 von COACTIV (Krauss et al., 2011)

Aus fachdidaktischer Sicht müssen Lehrkräfte ein Fachwissen haben, um fachdidaktische Strukturierungen deuten und anwenden zu können. Dazu zählen fundamentale Ideen, Grundvorstellungen und Wahrscheinlichkeitsbegriffe, also Zugänge zu Wahrscheinlichkeiten. Insbesondere die verschiedenen Zugänge zu Wahrscheinlichkeiten erfordern ein Verständnis der Struktur der Wahrscheinlichkeitsrechnung. Hier folgt eine Beschränkung auf die Gesetze der großen Zahlen, da die Wahrscheinlichkeitsrechnung ein großes Feld ist und den Rahmen dieser Arbeit übersteigen würde. Außerdem sind die Gesetze der großen Zahlen teilweise der schulischen Mathematik und der akademischen Mathematik zuzuordnen, sodass Ergebnisse im Hinblick auf ein elementarisiertes akademisches Fachwissen aufschlussreich sein können. Stohl (2005) bezeichnt die Gesetze der großen Zahlen als problembehaftet, weil sie häufig von Lehrkräften missverstanden werden. Andererseits ist die Idee, dass sich relative Häufigkeiten bei erhöter Stichprobenzahl stabilisieren, eine zentrale Annahme im Umgang mit Wahrscheinlichkeiten und findet daher auch Verwendung in den *big ideas*, den Grundvorstellungen sowie in den Wahrscheinlichkeitsbegriffen und wird als eine der fundamentalen Ideen von Heitele (1975) benannt. Deshalb hat nicht nur das empirische Gesetz der großen Zahlen Bewandtnis für das Fachwissen von Lehrkräften. Es ist davon auszugehen, dass Lehrkräfte auch Kenntnisse zum schwachen und starken Gesetz der großen Zahlen haben sollten. Außerdem zeigen die unterschiedlichen Ausprägungen der mathematischen Strenge und Relevanz für die Schule dieser verschiedenen Sätze Potential, um die Methode zu erproben.

Deshalb ist **das zweite Ziel dieser Arbeit**, einen Kanon möglicher Wissenselemente anhand der Gesetze der großen Zahlen innerhalb der Wahrscheinlichkeitsrechnung *exemplarisch* mithilfe der didaktisch orientierten Rekonstruktion zu identifizieren. Damit soll die hier genannte Methode erprobt werden.

Die Abbildung 4.1 zeigt das Forschungsdesign kurz auf. Für Ziel 1, die Ausführungen zur didaktisch orientierten Rekonstruktion, ist das Erkenntnisinteresse die Systematisierung. Das methodische Vorgehen ist hier folgendes: Strukturell basierend auf Kirsch (1977) und Kattmann et al. (1997) werden theoretische Belege durch eine Dokumentenanalyse zur Strukur hinzugefügt. Die wissenschaftliche Vorgehensweise beruht also auf einer Methodologie bzw. Wissenschaftstheorie. Bei Ziel 2 wird die vorher systematisierte Methode angewendet. Es wird also eine stoffdidaktische Analyse durchgeführt, die zur normativen Theoriebildung beiträgt.

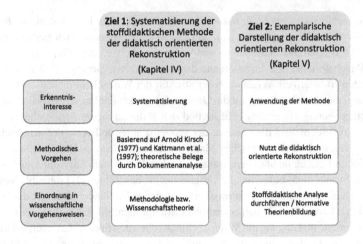

	Ziel 1: Systematisierung der stoffdidaktischen Methode der didaktisch orientierten Rekonstruktion (Kapitel IV)	Ziel 2: Exemplarische Darstellung der didaktisch orientierten Rekonstruktion (Kapitel V)
Erkenntnis-interesse	Systematisierung	Anwendung der Methode
Methodisches Vorgehen	Basierend auf Arnold Kirsch (1977) und Kattmann et al. (1997); theoretische Belege durch Dokumentenanalyse	Nutzt die didaktisch orientierte Rekonstruktion
Einordnung in wissenschaftliche Vorgehensweisen	Methodologie bzw. Wissenschaftstheorie	Stoffdidaktische Analyse durchführen / Normative Theorienbildung

Abbildung 4.1 Forschungsdesign dieser Arbeit

Im Folgenden wird die Methode der didaktisch orientierten Rekonstruktion schrittweise beschrieben und mit theoretischen Bezügen belegt.

Die Methode der didaktisch orientierten Rekonstruktion

5

Im vorherigen Kapitel wurde auf die Notwendigkeit einer stoffdidaktischen Methode hingeführt. In diesem Kapitel soll nun die didaktisch orientierte Rekonstruktion als Methode dargestellt werden. Dafür werden zunächst die Zielsetzung der Methode und die einzelnen Schritte der Didaktisierung aufgeführt und theoretisch fundiert. Anschließend wird der rekonstruierende Teilprozess der Methode beschrieben und theoretisch begründet. Im Anschluss daran wird die Methode als Ganzes reflektiert und legitimiert.

5.1 Methodische Grundlagen

Bigalke (1974) versteht unter einer Methode „ein mehr oder weniger planmäßiges Verfahren, das angewandt wird, um ein bestimmtes Ziel zu erreichen" (S. 112) und nennt als eines der Ziele die „Elementarisierung der höheren Mathematik und Elementarmathematik vom höheren Stand" (S. 112). Die Methode in diesem Fall orientiert sich an den Aspekten des Elementarisierens von Kirsch (2000, S. 268), welche er in seinem Plenarvortrag bei der ICME 3 vorstellte und dadurch der breiten Masse zugänglich machte. Arnold Kirschs wichtigstes Anliegen war es, „Lernenden mathematische Gegenstände (Begriffe, Verfahren, Methoden, Resultate) einzeln und in größeren Einheiten so zugänglich zu machen, dass sie ‚Mathematik wirklich verstehen' können" (Biehler & Blum, 2016).

Kirsch sah als eines der Hauptprobleme bei der Diskussion um Curricula das Auswählen und Begründen des Themas und benennt als eine der Erwartungen an Lehrkräfte, dass sie Stoff vereinfachen bzw. elementarisieren können. Seine Kernaussage ist, dass *Simplification* ein Prozess zum Zugänglichmachen ist. Dabei

J. Huget, *Die Methode der didaktisch orientierten Rekonstruktion*, Bielefelder Schriften zur Didaktik der Mathematik 11,
https://doi.org/10.1007/978-3-658-42642-2_5

adressierte er auch die Problematik der Entscheidung, wann etwas nach einer Elementarisierung einfacher zu verstehen ist. Auf Seiten der Lehrkraft kann eine Verzerrung möglich sein, weil sie/er der Meinung sein könnte, dass etwas schwierig ist, weil es neuer Stoff ist. Auf Seiten der Schüler*in könnte es zu Schwierigkeiten kommen, weil Stoff beziehungsweise Sachverhalte vorenthalten wurden und somit eine Verzerrung entsteht. Kirsch wollte dadurch die methodischen Schwierigkeiten bei der Entwicklung allgemeiner und doch ausreichend präziser Konzepte in der Wissenschaft der Didaktik der Mathematik verdeutlichen (Kirsch, 2000, S. 267 f.).

Kirsch (2000, S. 281) war der Ansicht, dass die Aspekte des Elementarisierens hauptsächlich dazu da sind, Erfahrungen und Gedanken zum Lehren von Mathematik zu organisieren und als Objekte innerhalb theoretischer Studien zu strukturieren. Diese Aspekte können aber auch zur Organisation, zur Standardisierung und zur Stimulation von Forschung in der Mathematikdidaktik genutzt werden. Folgende Aspekte benennt Kirsch:

- Mathematischer Kern des Inhalts
- Integration der Bezugsysteme
- Benötigtes Vorwissen
- Verschiedene Darstellungsebenen
  (Kirsch, 2000)

Darüber hinaus hält Kirsch fest, dass es noch weitere Elemente gibt, um einen mathematischen Gegenstand zu elementarisieren. Seine Beschreibung hatte keine vorrangig wissenschaftliche Intention. Kirsch (2000, S. 268) wollte mathematische Gegenstände so elementarisieren, dass sowohl Lehrkräfte als auch Schüler*innen diese besser verstehen. Den Prozess der Elementarisierung, also wie der Prozess einer didaktisch orientierten Sachanalyse wissenschaftlich systematisiert dargestellt werden kann, beschreibt er dabei nicht.

Deshalb wird hier der Versuch unternommen, die Aspekte des Vereinfachens zu systematisieren und zu aktualisieren, weil es seit Kirschs Vortrag entscheidende konzeptuelle Weiterentwicklungen (z. B. Grundvorstellungen, Einordnung in Leitideen) gab.

Aus heutiger Sicht würde man dies, wie Biehler und Blum (2016) formulieren, didaktische bzw. didaktisch orientierte Rekonstruktion nennen.

Arnold Kirschs Arbeiten zielten darauf ab, mathematische Gegenstände so aufzubereiten, dass natürliche Zugänge, wesentliche Grundvorstellungen und typische Arbeitsweisen sichtbar werden und sich idealtypische Lernsequenzen herauskristallisieren, sowohl zu einzelnen Themen (z. B. zu ganzen Zahlen, proportionalen Funktionen oder dem Integralbegriff [...]) als auch zu ganzen Stoffgebieten (z. B. zu den Funktionen, der Geometrie oder der Analysis) oder zu Arbeitsmethoden (z. B. zum Beweisen oder Modellieren). [...] Diese Lernsequenzen müssen nicht der tatsächlichen Entstehungs- geschichte der Gegenstände entsprechen, aber sie sollen mit didaktischer Intention so rekonstruiert werden, dass die Lernenden einen tiefen Einblick in die jeweiligen mathematischen Themen, Stoffgebiete oder Arbeitsmethoden bekommen. (Biehler & Blum, 2016, S. 2)

Das oben genannte Zitat definiert eine didaktisch orientierte Rekonstruktion, welche auf Lernsequenzen fokussiert. Diese sollen mit didaktischer Intention rekonstru- iert werden, damit Verständnis von mathematischen Themen, Stoffgebieten oder Arbeitsmethoden erzeugt wird. Biehler und Blum (2016, S. 2) beziehen dies auf Lernsequenzen. In dieser Arbeit wird allerdings bereits ein Schritt vor den Lernse- quenzen angesetzt. Wie in Kapitel 4 beschrieben, werden bei der Konzeptualisierung von Modellen (hier: Wissensmodellen) didaktischen Vorentscheidungen getroffen. Diese didaktische Vorentscheidungen werden im späteren Verlauf, insbesondere bei der Zielsetzung, eine Rolle spielen. Eine didaktische Vorentscheidung ist, sich auf die Strukturierung von Wissenselementen zu beziehen. Die didaktische Inten- tion ist u. a. dadurch gegeben, dass eine bestimmte Zielgruppe in den Fokus gerückt wird.

Die Vorgehensweise dieser Methodik folgt den Aspekten in der Hinsicht, dass sie strukturgebend ist. Dabei werden diese Aspekte aktualisiert, indem weitere (didak- tische) Konzepte, die in den letzten Jahrzehnten etabliert wurden, hinzugefügt wer- den. Im Folgenden werden die einzelnen Schritte beschrieben, indem diese durch theoretische Bezüge begründet und mögliche Ergebnisse aufgelistet werden. Im Anschluss an die Beschreibung der einzelnen Schritte wird die gesamte Vorgehens- weise erläutert.

Wie in Abbildung 5.1 mit den Pfeilen angedeutet, finden zwei Teilprozesse inner- halb der didaktisch orientierten Rekonstruktion statt. Ausgehend von einer Zielset- zung unter Betrachtung einer Zielgruppe und einer möglichen Einteilung des größe- ren mathematischen Inhaltsbereichs in kleinere Bereiche, bedeutet der Durchlauf der fünf Schritte eine *Didaktisierung* eines mathematischen Inhalts (Pfeil nach unten).

Im Anschluss an die Didaktisierung erfolgt die *Rekonstruktion* (Pfeil nach oben). Die aufgeführten Ergebnisse der Didaktisierung werden genutzt, um das gesetzte Ziel zu erreichen. In diesem Beispiel geht es um die Strukturierung von Wissens- inhalten für eine spezifische Zielgruppe. Die Didaktisierung kann einen Überblick über die Struktur des mathematischen Inhalts unter Berücksichtigung der didakti- schen Elemente verschaffen. Sie wird durch eine Adaption der didaktischen Rekon- struktion nach Kattmann et al. (1997) durchgeführt.

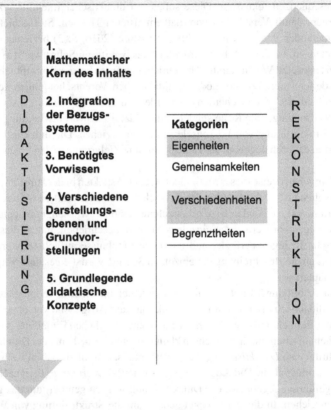

Didaktisch orientierte Rekonstruktion
Basierend auf A. Kirschs (1976) Aspekten des Elementarisierens

Zielsetzung und Einteilung des mathematischen Inhalts in lokale Themenbereiche

Beschreibung der Zielsetzung und Einteilung größerer mathematischer Inhaltsbereiche in kleinere Bereiche. Anschließend können Schritte 1-5 mit den kleineren Bereichen durchgeführt werden.

D
I
D
A
K
T
I
S
I
E
R
U
N
G

1.
Mathematischer Kern des Inhalts

2. Integration der Bezugs-systeme

3. Benötigtes Vorwissen

4. Verschiedene Darstellungs-ebenen und Grundvor-stellungen

5. Grundlegende didaktische Konzepte

Kategorien

Eigenheiten

Gemeinsamkeiten

Verschiedenheiten

Begrenztheiten

R
E
K
O
N
S
T
R
U
K
T
I
O
N

Abbildung 5.1 Didaktisch orientierte Rekonstruktion basierend auf Kirschs (1976) Aspekten des Elementarisierens. Die einzelnen Schritte sind durchnummeriert und strukturgebend. Der Pfeil nach unten zeigt die fortschreitende Didaktisierung. Der Pfeil nach oben symbolisiert die Rekonstruktion abhängig von Ziel und Zielgruppe

Beschreibung der Vorgehensweise der Zielsetzung
Schon Klein (1933, S. 2) geht von einer didaktischen Vorentscheidung aus, indem er die mathematischen Gegenstände behandelt, die für die Zielgruppe wichtig sind. Auch Griesel (1974) macht eine Elementarisierung abhängig vom „geistigen Entwicklungsstand des Lernenden" (S. 117). In dieser Zielsetzung sollen das gewünschte Endprodukt (z. B. Wissen, Lernsequenzen, etc.) sowie die Zielgruppe benannt werden (s. Abb. 5.1).

Je nach Größe des mathematischen Inhalts kann dieser in kleinere Bereiche eingeteilt werden. Anschließend gibt es, je Teilbereich, einen Durchlauf der Schritte 1 bis 5 der Didaktisierung. In der Rekonstruktion werden die Ergebnisse der Didaktisierung der Zielsetzung gegenübergestellt, um Erkenntnisse über elementarisiertes akademisches Wissen gewinnen zu können.

5.2   Beschreibung der Vorgehensweise einer Didaktisierung

Im Folgenden wird die Vorgehensweise der Didaktisierung innerhalb der didaktisch orientierten Rekonstruktion dargestellt. Dabei wird zunächst die theoretische Grundlage der Struktur beschrieben und anschließend werden die fünf Schritte der Vorgehensweise beschrieben. Die Vorgehensweise dieser Methodik folgt den Aspekten in der Hinsicht als dass sie strukturgebend sind. Dabei wurden diese Aspekte durch das Hinzufügen weiterer (didaktischer) Konzepte aktualisiert, die in den letzten Jahren etabliert wurden. Im folgenden werden die einzelnen Schritte beschrieben, indem diese durch theoretische Bezüge einerseits begründet und andererseits mögliche Ergebnisse aufgelistet werden (siehe Abbildung 5.2). Auch Kirsch (1977) unternahm eine Unterordnung hinsichtlich lerntheoretischer Aspekte. Er betonte aber, dass die folgenden mathematischen Aspekte des Zugänglichmachens nicht aus lerntheoretischen Ansätzen abgeleitet werden können.

In Schritt 1 wird der mathematische Inhalt losgelöst von der Genetisierung und den Anwendungsmöglichkeiten betrachtet. Es sollen zentrale Konzepte, fundamentale Strukturen, Eigenschaften, Definitionen, Sätze sowie Beweise und Beweisideen angegeben werden. In Schritt 2 werden mögliche Bezugssysteme des mathematischen Inhalts mit einbezogen, sodass Anwendungsmöglichkeiten und auch die historisch-genetische Entwicklung beschrieben werden. Ab Schritt 3 werden didaktische Überlegungen angestellt. Die Zielgruppe wird betrachtet und anhand dessen das benötigte Vorwissen angegeben. In Schritt 4 werden verschiedene Darstellungsebenen betrachtet und benötigte Grundvorstellungen angegeben. Bei den Grundvorstellungen können nicht nur vorher bestehende Grundvorstellungen aus

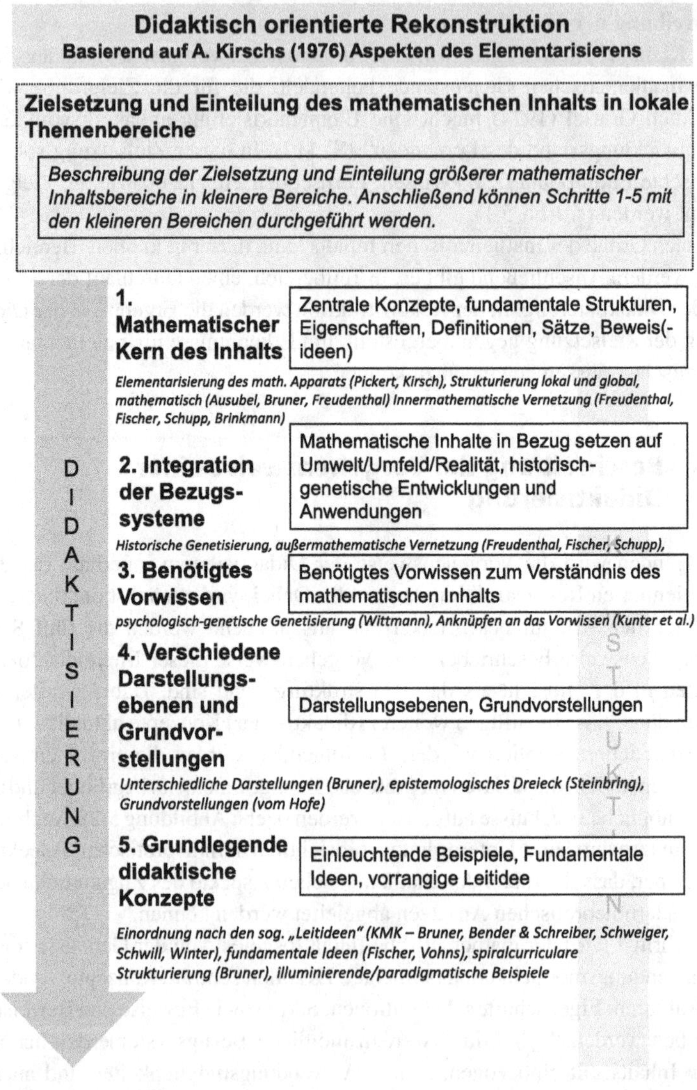

Didaktisch orientierte Rekonstruktion
Basierend auf A. Kirschs (1976) Aspekten des Elementarisierens

Zielsetzung und Einteilung des mathematischen Inhalts in lokale Themenbereiche

Beschreibung der Zielsetzung und Einteilung größerer mathematischer Inhaltsbereiche in kleinere Bereiche. Anschließend können Schritte 1-5 mit den kleineren Bereichen durchgeführt werden.

D I D A K T I S I E R U N G

1. Mathematischer Kern des Inhalts

Zentrale Konzepte, fundamentale Strukturen, Eigenschaften, Definitionen, Sätze, Beweis(-ideen)

Elementarisierung des math. Apparats (Pickert, Kirsch), Strukturierung lokal und global, mathematisch (Ausubel, Bruner, Freudenthal) Innermathematische Vernetzung (Freudenthal, Fischer, Schupp, Brinkmann)

2. Integration der Bezugssysteme

Mathematische Inhalte in Bezug setzen auf Umwelt/Umfeld/Realität, historisch-genetische Entwicklungen und Anwendungen

Historische Genetisierung, außermathematische Vernetzung (Freudenthal, Fischer, Schupp),

3. Benötigtes Vorwissen

Benötigtes Vorwissen zum Verständnis des mathematischen Inhalts

psychologisch-genetische Genetisierung (Wittmann), Anknüpfen an das Vorwissen (Kunter et al.)

4. Verschiedene Darstellungsebenen und Grundvorstellungen

Darstellungsebenen, Grundvorstellungen

Unterschiedliche Darstellungen (Bruner), epistemologisches Dreieck (Steinbring), Grundvorstellungen (vom Hofe)

5. Grundlegende didaktische Konzepte

Einleuchtende Beispiele, Fundamentale Ideen, vorrangige Leitidee

Einordnung nach den sog. „Leitideen" (KMK – Bruner, Bender & Schreiber, Schweiger, Schwill, Winter), fundamentale Ideen (Fischer, Vohns), spiralcurriculare Strukturierung (Bruner), illuminierende/paradigmatische Beispiele

Abbildung 5.2 Überblick über den Teilprozess *Didaktisierung*. Diese Didaktisierung verläuft in Schritten 1–5. Jeder Schritt wird durch einen fett gedruckten Titel ausgedrückt. In kursiver Schrift ist die theoretische Grundlage des jeweiligen Schritts beschrieben. Eingerahmt sind die hervorzubringenden Ergebnisse

Literatur angegeben werden, sondern auch auf neue Grundvorstellungen hinweisen, obwohl Grundvorstellungen nicht im Fokus dieser Arbeit stehen. In Schritt 5 werden weitere grundlegende didaktische Konzepte integriert. Hier bietet sich eine Erweiterung durch spezifische auf den entsprechenden Teilbereich ausgerichtete didaktische Konzepte an. Für den Bereich der Wahrscheinlichkeitsrechnung sind Wahrscheinlichkeitsbegriffe ein Beispiel für grundlegende didaktische Konzepte.

Im Anschluss daran wird die Rekonstruktion als Teilprozess der didaktisch orientierten Rekonstruktion dargestellt, indem die Ergebnisse der Didaktisierung genutzt werden, um elementarisiertes akademisches Wissen zu identifizieren.

Schritt 1: Mathematischer Kern des Inhalts

This aspect corresponds to the view that mathematics in its most mature form, that is, mathematics in the narrowest sense of the world, stripped of all genetic elements and connections with reality, is the simplest mathematics. (Kirsch, 2000, S. 268)

Kirsch (2000, S. 268) führt mit dieser Aussage an, dass die Mathematik in ihrer reinsten Form die simpelste Mathematik ist. Die reine Form zeichnet sich durch das „Abstreifen aller genetischen Elemente und Realitätsbezüge aus" (Kirsch, 1977, S. 151). Unter diesem Aspekt werde das Herausarbeiten der Kernbegriffe, Verallgemeinerungen sowie Abstraktion der grundlegenden Strukturen betrachtet.

Kirsch beschreibt außerdem die Problematik, dass mathematische Eigenschaften im Schulkontext als Definitionen genutzt werden und fordert, dass diese zunächst erklärt werden, um den Kern eines Konzepts deutlich zu machen. Der Kern eines Konzeptes erscheint schwierig zu erfassen, lässt aber keinen subjektiven Interpretationsspielraum zu (Kirsch, 2000, S. 268 ff.).

Kirsch (2000, S. 270) betont die Relevanz der guten Wahl der genutzten Definitionen, um den mathematischen Inhalt zu elementarisieren. Durch eine Vereinfachung der deduktiven Struktur wird der Stoff nicht unbedingt zugänglicher gemacht. Vielmehr sieht Kirsch (1977) in den Aufgaben einer Lehrkraft die „Sensibilität für Unterschiede dort, wo der Mathematiker ‚keinen Unterschied' sieht" (S. 152) als notwendig an. Ein Beispiel für das Weglassen deduktiver Strukturen gibt Kirsch (1977, S. 152) bei der Definition der Addition von Brüchen durch $\frac{a}{b} + \frac{c}{d} = \frac{ad + bc}{bd}$ an. Hier stellt er vielmehr fest, dass sich durch die Vereinfachung deduktiver Strukturen der Grad der Zugänglichkeit verringert.

Aus Kirschs Ausführungen lassen sich also verschiedene Elemente zum Zugänglichmachen deduzieren. In Schritt 1 soll der mathematische Kern des Inhalts beschrieben werden, indem also die zentralen Konzepte kenntlich gemacht, die fundamentalen Strukturen aufgezeigt sowie Eigenschaften, Definitionen, Sätze, Beweise und Beweisideen angegeben werden. In Abbildung 5.3 sind mögliche Ergebnisse von Schritt 1 gelistet. Dazu gehören zentrale Konzepte, fundamentale Strukturen, mathematische Eigenschaften, Definitionen, Sätze sowie Beweise und Beweisideen. Diese Ergebnisse sind zielgruppenunabhängig, da die Mathematik im Kern betrachtet wird.

Abbildung 5.3 Beschreibung von Schritt 1: In kursiver Schrift ist die theoretische Grundlage dieses Schritts beschrieben. Eingerahmt sind die hervorzubringenden Ergebnisse

Kirsch verweist auf einige lerntheoretische Aspekte, u. a. das Prinzip der progressiven Differenzierung nach Ausubel und Robinson (1971) und dem Deep-End-Prinzip nach Dienes (1961 ; 1965). Im Folgenden werden exemplarisch weitere theoretische Bezüge dargestellt, weil diese eindeutig diesem Punkt zugeordnet werden können.

Theoretische Bezüge für Schritt 1

Die in Abbildung 5.3 kursiv dargestellen theoretischen Grundlagen werden im Folgenden erläutert und weiterhin wird Bezug zum mathematischen Kern des Inhalts genommen.

Tietze, Klika und Wolpers (1982, S. 37) unterscheiden drei Formen, um mathematische Theorien zu elementarisieren. Eine der axiomatisch-deduktiven Formen ist die Elementarisierung durch geschickte Wahl der Definitionen und Axiome nach Kirsch (1960) und Pickert (1969). Die Elementarisierung durch die Verwendung stärkerer Voraussetzungen ist eine weitere Form mit axiomatisch-deduktivem Aufbau. Beide Formen axiomatisch-deduktivem Aufbaus stehen im Einklang mit dem oben genannten Aspekt. Eine dritte Form der Elementarisierung mathematischer Theorien ist das Anstreben einer Stufung der Strenge nach (Blum & Kirsch, 1979). Dabei wird zunächst mit intuitiven Begriffen gearbeitet, welche fortschreitend präzisiert und durch Definitionen formalisiert werden. Diese Form scheint zunächst nicht mit dem oben genannten Aspekt übereinzustimmen, doch muss für diese Form der

Elementarisierung eine Analyse der mathematischen Definitionen erfolgen, damit die intuitiven Begriffe formalisiert werden können und das Ziel bekannt ist. Einhergehend mit der Betrachtung „der Mathematik im engsten Sinne, nach Abstreifen aller genetischen Elemente und Realitätsbezüge" (Kirsch, 1977, S. 151) empfiehlt Lambert (2014) zu reflektieren, wie wenig Mathematik für das Verständnis von mathematischen Sachzusammenhängen global benötigt wird. Die Betrachtung der Mathematik als anwendungsfreies Konstrukt kann also zu einer weitergehenden Didaktisierung verhelfen.

Lokale und globale Strukturierungen „befassen sich mit dem Ordnen von mathematischen Aussagen und der Klärung der zugehörigen Abhängigkeitsverhältnisse" (Tietze et al., 1982, S. 27). Ferner schreiben Tietze et al. (1982) folgendes:

Dabei bezieht sich das globale Ordnen (Axiomatisieren) auf größere mathematische Teilgebiete, das lokale Ordnen auf die Beziehung einzelner Sätze zueinander (z. B. Winkelsätze im Dreieck). ‚Axiomatisieren' meint nicht die Darstellung einer axiomatisierten mathematischen Theorie, sondern den langwierigen Prozess, nach wichtigen ‚Grundsätzen' und allgemeinen Annahmen innerhalb eines mathematischen Teilgebiets zu suchen, auf denen sich die Theorie oder Teile davon aufbauen lassen. (S. 27)

Lokale Strukturierung, oder auch wie von Freudenthal (1973) „lokales Ordnen" genannt, beschreibt die Analyse „der [...] Begriffe und Beziehungen bis zu einer recht willkürlichen Grenze,[...] wo man von den Begriffen mit dem bloßen Auge sieht, was sie bedeuten, und von den Sätzen, dass sie wahr sind " (S. 142). Dabei weist Freudenthal darauf hin, dass dieser Prozess aus dem Lebensraum entsteht und nicht aus Axiomen. Dieser Lebensraum bezieht sich nicht auf die Realität sondern auf einen „verschwimmenden und sich verschiebenden Horizont von Sätzen" (Freudenthal, 1973, S. 142), sodass die Mathematik nicht als Ganzes sondern in Teilen betrachtet werden sollte.

Bei einer inner- und außermathematischen Vernetzung kann auf Freudenthal (1973) verwiesen werden:

Was zusammenhängt, lernt sich besser und wird besser behalten. Nur muss man den Zusammenhang recht verstehen. Wenn es nur ein Zusammenhang ist, der vom Dozenten verstanden ist, oder den der Dozent nicht einmal versteht, sondern einem vorredet, so verfehlt er seinen Zweck, und die Zusammenhänge, die man in logisch kohärenten Schulprogrammen konstruiert hat, sind oft oder immer von dieser Art. (S. 75 ff.)

Die Art der innermathematischen Vernetzung, also dem Erfassen von Zusammenhängen mathematischen Inhalts, soll in diesem Aspekt zur Geltung kommen. Wie
mathematische Inhalte vernetzt sind, ist eines der Ergebnisse des ersten Aspekts
der didaktisch orientierten Rekonstruktion. Die Relevanz von Wissen als Netzwerk
macht Weigand (o.J.) geltend. Laut Weigand (o.J.) kann davon ausgegangen werden, dass „Wissen im Gedächtnis als ein Netzwerk von Begriffen und Beziehungen
gespeichert wird, welches bei seiner Aneignung aufgebaut werden muss" (S. 5).

Er betont einerseits die Relevanz innermathematischer Beziehungen und Verknüpfungen und andererseits eine Sinnkonstituierung im Mathematikunterricht,
welche für die Beziehung von mathematischen Begriffen zur Umwelt der Lernenden
steht. Letzteres wird von Freundenthal „Prinzip der Beziehungshaltigkeit" genannt.
Ferner seien Schupp (2002) und Brinkmann (2002) für den mathematischen Kern
des Inhalts zu erwähnen.

Die Sinnkonstituierung, die im nächsten Schritt thematisiert wird, steht in enger
Verbindung zur lokalen und globalen Ordnung.

Schritt 2: Integration der Bezugssysteme

One has always tried to make mathematics more accessible to pupils by introducing
mathematical objects in a less abrupt fashion and by taking a broader view of mathematics - which includes the origin of concepts and their relation to reality. (Kirsch,
2000, S. 271)

In Schritt 2 wird auf die Integration der Bezugssystem bzw. die „Hinzunahme
des ‚Umfeldes' der Mathematik" (Kirsch, 1977, S.152) verwiesen. Wie im Zitat
erwähnt, soll auf die Begriffsgenese und Realitätsbezüge fokussiert werden, um
den mathematischen Inhalt zu elementarisieren. Kirsch (1977) begründet dies mit
„lerntheoretischen Argumenten [...] und einer lange[n] methodische Erfahrung" (S.
152).

Dieser Aspekt zeigt die mögliche Bereicherung der Mathematik durch das
Umfeld auf. Es geht um einen weiteren Blick auf die Mathematik, bei dem die
Beziehung zur Realität inkludiert und dadurch der Ursprung von mathematischen
Konzepten mit einbezogen wird, um Motivation zu fördern (Kirsch, 2000, S. 271).
Dabei werden genetische Entwicklungen und Anwendungen anerkannt. Aus der
Sicht von Kirsch (2000, S. 272) weisen alle Erfahrungen darauf hin, dass Lehrkräfte
und Schüler*innen sich weniger an Komplexität als an exzessiver Abstraktheit stö-
ren.

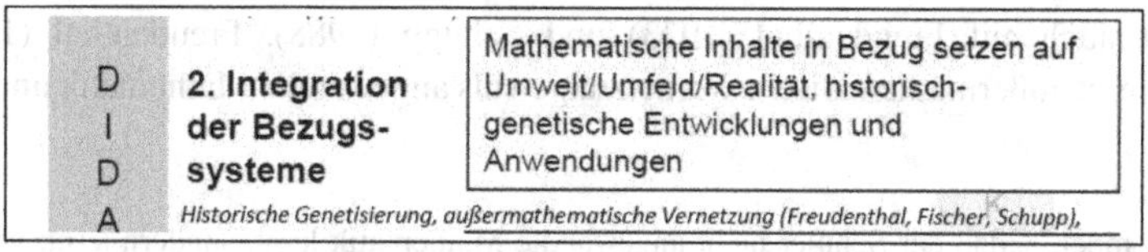

		Mathematische Inhalte in Bezug setzen auf
D I D A	**2. Integration der Bezugs- systeme**	Umwelt/Umfeld/Realität, historisch-genetische Entwicklungen und Anwendungen
		Historische Genetisierung, außermathematische Vernetzung (Freudenthal, Fischer, Schupp),

Abbildung 5.4 Beschreibung von Schritt 2: In kursiver Schrift ist die theoretische Grundlage dieses Schritts beschrieben. Eingerahmt sind die hervorzubringenden Ergebnisse

Ergebnisse können die Beschreibung der historisch-genetischen Entwicklung sowie typische Anwendungen und Anwendungsgebiete des mathematischen (Teil-) Bereichs sein (s. Abb. 5.4). Der mathematische Inhalt wird also in Bezug gesetzt zur Umwelt, zum Umfeld, zur Realität sowie zur eigenen historisch-genetischen Entwicklung. Die Ergebnisse sind in diesem Schritt unabhängig von der Zielgruppe, weil die historische Genese sowie die Anwendungen allgemein gehalten werden können. Im Folgenden werden die theoretischen Bezüge zu diesem Schritt exemplarisch dargestellt.

Theoretische Bezüge für Schritt 2
Die in Abbildung 5.4 kursiv dargestellen theoretischen Grundlagen werden folgend erläutert.

Das genetische Prinzip hat die Grundidee, „dass sich in der Behandlung von mathematischen Inhalten im Unterricht auch ihre Genese widerspiegeln sollte" (Reiss & Hammer, 2013, S. 79). Dabei spielt in diesem Schritt die historische Genese, die die Entwicklungen in der Wissenschaft in den Vordergrund stellt, eine Rolle.

> Hier ist vielmehr gemeint, dass Mathematik nicht als Fertigprodukt verstanden werden darf, das von seiner Entwicklung losgelöst betrachtet wird. (Reiss & Hammer, 2013, S. 79)

Weiter verweisen Reiss und Hammer (2013) auf Freudenthal (1973), welcher über den Ansatz der Mathematik als Tätigkeit betont, dass Probleme gesehen und gelöst werden müssen, um Mathematik zu lernen. Der Ursprung von Problemen kann laut Reiss und Hammer (2013) aus einem „realen Kontext oder dem engeren Bereich der Mathematik entnommen werden" (S. 79 f.).

Fischer (1982) beschreibt die Frage nach Anwendungsmöglichkeiten als eine Antwort nach dem Sinn mathematischer Inhalte im Unterricht, aber auch in der mathematikdidaktischen Arbeit. Diese Form von außermathematischer Vernetzung beruht auch auf Freudenthal (1973) und Schupp (1988). Freudenthal (1973) beschreibt außermathematische Vernetzungen als angewandte Mathematik und folgert:

> Ich möchte, daß der Schüler nicht angewandte Mathematik lernt, sondern lernt, wie man Mathematik anwendet. (S. 76)

Schritt 3: Benötigtes Vorwissen
Im dritten Aspekt stellt Kirsch die Relevanz des Vorwissens und die Verbindung dessen zu dem einzuführenden Inhalt dar.

> We are setting ourselves against the widespread tendency to develop mathematics ab ovo, from the egg, or to go right back to the beginning and start without assuming anything. (Kirsch, 2000, S. 273)

Er drückt hiermit aus, dass Schüler*innen motiviert werden sollen, ihr Vorwissen zu nutzen und das Vorwissen generell stärker kultiviert werden soll in der (Schul-) Mathematik (Kirsch, 2000, S. 277). Dies kann im Widerspruch zu einer stark axiomatischen Einführung stehen. Dennoch steht auch ein axiomatisches Vorgehen nicht im Widerspruch zu diesem Aspekt, in dem die Annahme, was Schüler*innen schon wissen, explizit formuliert werden soll (Kirsch, 2000, S. 273 ff.).

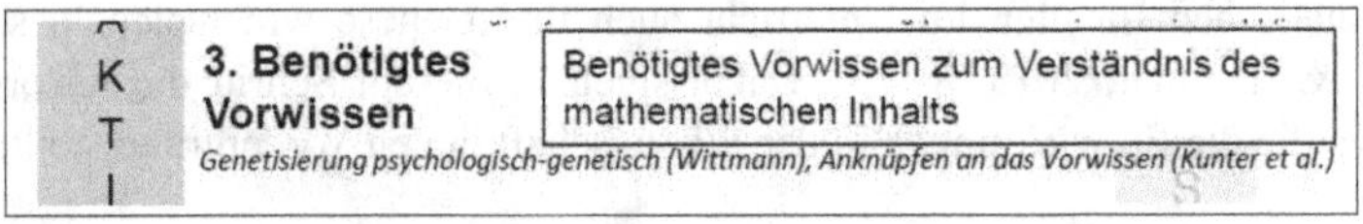

K	**3. Benötigtes**	Benötigtes Vorwissen zum Verständnis des
T	**Vorwissen**	mathematischen Inhalts
I	*Genetisierung psychologisch-genetisch (Wittmann), Anknüpfen an das Vorwissen (Kunter et al.)*	

Abbildung 5.5 Beschreibung von Schritt 3: In kursiver Schrift ist die theoretische Grundlage dieses Schritts beschrieben. Eingerahmt sind die hervorzubringenden Ergebnisse

Ergebnis dieses Schritts ist notwendiges Vorwissen zum Verständnis des mathematischen Inhalts (s. Abb. 5.5). Dieser Schritt ist im Gegensatz zu den Schritten 1 und 2 zielgruppenabhängig, weil das benötigte Vorwissen der Zielgruppe betrachtet wird. Es werden für diesen Schritt exemplarisch theoretische Bezüge gegeben.

Theoretische Bezüge für Schritt 3
Die in Abbildung 5.5 kursiv dargestellten theoretischen Grundlagen werden im Folgenden erläutert.

Im Anschluss an eine Genetisierung aus dem zweiten Schritt wird hier ein zweites Verständnis einer Genese dargestellt, die psychologische Genese. Wittmann (1981) beschreibt den „Anschluß an das Vorverständnis der Adressaten" (S. 131) als Merkmal für eine Charakterisierung einer genetischen Darstellung. Diese kann auch situationsbezogen genutzt werden für die „Konstruktion mathematischer Lernsequenzen" (Wittmann, 1981, S. 130).

Des Weiteren ist das Anknüpfen an Vorwissen eine Grundvoraussetzung für eine kognitive Aktivierung, also die Stimulierung seitens der Lernenden durch „Prozesse des verständnisvollen fachlichen Lernens im Unterrichts" (Kunter et al., 2005, S. 504).

Schritt 4: Verschiedene Darstellungsebenen und Grundvorstellungen

We can not develop a theory, or even the phenomenology, of the ways of representing mathematical ideas here. This is a problem that the psychologist is not in a position to solve, and that doesn't interest the mathematician. (Kirsch, 2000, S. 278)

Bezüglich dieses Aspekts des Elementarisierens bezieht sich Kirsch auf die drei verschiedenen Darstellungsebenen nach Bruner (1964). Enaktive Darstellungen haben das Ziel, Handlungen und Aktionen zu mathematischen Inhalten durchzuführen. Lehrkräfte sollten in der Lage sein, verschiedene Optionen bereitzuhalten. Auf ikonischer Ebene arbeiten heißt, mathematische Sachverhalte mithilfe von Bildern, Diagrammen oder Tabellen zu erarbeiten. Die dritte Darstellungsebene, die symbolische, beinhaltet verbale und symbolische Darstellungen. Erstere können Verbalisierungen jeglicher Art sein. Zweitere erfordert ein Hantieren mit mathematischen Symbolen. Schüler*innen sollten in verschiedenen Weisen und auf verschiedenen Levels von Sprache unterrichtet werden (Bruner, 1964, S. 1 ff.).

Eine weitere grundlegende Aktualisierung von Kirschs Aspekten des Elementarisierens ist die Hinzunahme von Grundvorstellungen. Wie in Abschnitt 2.3 aufgeführt, beschreibt die Grundvorstellungsidee „Beziehungen zwischen mathematischen Inhalten und dem Phänomen der individuellen Begriffsbildung" (vom Hofe, 1995, S. 97). Diese Grundvorstellungen sind Entwicklungen nach Veröffentlichung der Elementarisierungsaspekte und verknüpfen den Aufbau entsprechender Repräsentationen (also Darstellungen) mit der Sinnkonstituierung, in anderen Worten einer Anwendungsorientierung, und des Anknüpfens an bekannte Sach- oder Handlungszusammenhänge (Vorwissen).

Abbildung 5.6 Beschreibung von Schritt 4: In kursiver Schrift ist die theoretische Grundlage dieses Schritts beschrieben. Eingerahmt sind die hervorzubringenden Ergebnisse

Ergebnisse (s. Abb. 5.6) können Darstellungen auf enaktiver, ikonischer sowie symbolischer Ebene sein. Auf allen drei Ebenen werden „prototypische" Darstellungen gezeigt. Auf symbolischer Ebene kann zwischen Sprache sowie mathematischen Symbolen unterschieden werden. Die benötigten Grundvorstellungen werden, falls vorhanden bzw. zutreffend, genannt. Eine fortschreitende Didaktisierung ist hier erkennbar.

Theoretische Bezüge für Schritt 4

Die in Abbildung 5.6 kursiv dargestellen theoretischen Grundlagen werden im Folgenden erläutert.

Wie schon vorher beschrieben bezieht sich eine mögliche Codierung auf unterschiedliche Darstellungen nach Bruner (1964). Dabei definiert Bruner (1964) die Darstellungsebenen wie folgt:

> By enactive representation I mean a mode of representing past events through appropriate motor response. [...] Iconic representation summarizes events by the selective organization of percepts and of images, by the spatial, temporal, and qualitative structures of the perceptual fields and their transformed images. [...] Finally, a symbol system represents things by design features that include remoteness and arbitrariness. (S. 2)

Um die Relevanz dieses Schritts zu unterstreichen sei das epistemologische Dreieck mathematischer Interaktionen erwähnt. Steinbring (2000) bezieht sich dabei auf die „kommunikativen Mechanismen" :

> Die besondere Wechselbeziehung zwischen „Zeichen/Symbolen" und „Objekten/ Referenkontexten" ist zentral für die Beschreibung und Analyse von *mathematischer* Unterrichtskommunikation als eine spezifische soziale Interaktion. Jedes mathematische Wissen bedarf *bestimmter Zeichen- bzw. Symbolsysteme* zur Erfassung und Kodierung des Wissens. (S. 33)

Für einen Begriffserwerb ist diese Wechselbeziehung relevant. Im mathematischen Kontext lassen sich Begriffe somit als „symbolisierte, operative Beziehung zwischen abstrakten Kodierungen und den sozial intendierten Deutungen auffassen" (Steinbring, 2000, S. 34).

Die Darstellungsebenen nach Bruner wurden für einen fach- und sprachintegrierten Förderansatz ausdifferenziert und die Relevanz der Vernetzung der Darstellungsebenen hervorgehoben. Die symbolische Repräsentation wurde in symbolisch-numerische, symbolisch-algebraische und verbale Darstellungsformen ausdifferenziert. Falls Deutsch als Erst- oder Zweitsprache gelernt wurde, kann hier jeweils mit sprachlichen Registern unterschieden werden. Die Register sind entweder alltagssprachlich, bildungssprachlich oder fachsprachlich. Sie sind für die Diagnose und Förderung relevant (Prediger & Wessel, 2012, S. 28 ff.). Deshalb dient dies nur als theoretischer Bezug und wird in der didaktisch orientierten Rekonstruktion nicht weiter betrachtet.

Die Grundvorstellungen wurden schon in Abschnitt 2.3 eingeführt. Die hier beschriebenen Ergebnisse sind einerseits bereits erarbeitete Grundvorstellungen und andererseits mögliche Grundvorstellungen, die sich aus der bereits durchgeführten Analyse ergeben können. Für die Herleitung neuer Grundvorstellungen haben Salle und Clüver (2021) einen Verfahrensrahmen entwickelt. Primäres Ziel der didaktisch orientierten Rekonstruktion ist es aber nicht, neue Grundvorstellungen nachweisen zu können.

Schritt 5: Grundlegende didaktische Konzepte

> Doubtless I have left out important aspects of making mathematics accessible, such as through illuminating examples. They are certainly of great importance for learning mathematics. (Kirsch, 2000, S. 281)

Kirsch weist in seinem Fazit auf weitere Aspekte hin. Speziell einleuchtende Beispiele werden noch einmal gesondert von ihm genannt (Kirsch, 2000, S. 281). Dieser Aspekt wurde um grundlegende didaktische Konzepte erweitert. Dies könnte einerseits die Einordnung nach Leitideen und fundamentalen Ideen und andererseits eine spiralcurriculare Strukturierung sein. Bei diesem Schritt wurde bewusst eine offene Formulierung gewählt, da es spezifische didaktische Konzepte, abhängig vom mathematischen Inhalt, gibt. Diese können für eine didaktisch orientierte Rekonstruktion relevant sein, sind aber auf andere mathematische Teilbereiche nicht anwendbar.

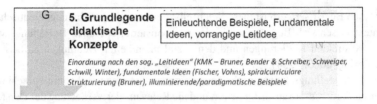

Abbildung 5.7 Beschreibung von Schritt 5: In kursiver Schrift ist die theoretische Grundlage dieses Schritts beschrieben. Eingerahmt sind die hervorzubringenden Ergebnisse

In Abbildung 5.7 sind mögliche Ergebnisse sichtbar. Einerseits können hier einleuchtende Beispiele gegeben werden. Anderseits können dem mathematischen Inhalt fundamentalen Ideen zugewiesen und auch die vorrangige Leitidee angegeben werden.

Für die hier behandelten mathematischen Inhalte sollen in diesem Schritt auch die verschiedenen Wahrscheinlichkeitsbegriffe Anwendung finden. Diese Zugänge sind ein zentrales didaktisches Konzept, spezifisch für die Wahrscheinlichkeitsrechnung. Deshalb werden sie in die vorliegende Arbeit aufgenommen, haben aber in anderen mathematischen Teilbereichen keine Relevanz.

Theoretische Bezüge für Schritt 5

Die in Abbildung 5.7 kursiv dargestellen theoretischen Grundlagen werden im Folgenden erläutert.

Bruner (1976, S. 26 f.) nimmt an, dass wichtige Ideen der Mathematik auf unterschiedlichen Niveaus der Exaktheit behandelt werden können. Daraus schließt er, dass mathematische Ideen auf immer höherem Niveau wiederholend im gesamten mathematischen Curriculum auftauchen sollten. Dies ist der Ursprung des Begriffs der spiralcurricularen Strukturierung. Diese spiralcurriculare Strukturierung mathematischer Ideen hängen eng mit der Einordnung nach den Leitideen (s. 2.1) zusammen. Die Leitideen sind im Abschnitt 2.3 eingeführt und finden hier als theoretischer Bezug Verwendung. Ebenso ist das Konzept der fundamentalen Ideen in diesem Abschnitt dargestellt.

5.3 Beschreibung der Vorgehensweise einer Rekonstruktion

In diesem Abschnitt wird die Vorgehensweise der Rekonstruktion beschrieben. Ziel der Rekonstruktion ist es, ausgehend von den Ergebnissen der Didaktisierung, elementarisiertes akademisches Wissen für Lehrkräfte zu identifizieren und zu strukturieren. Dieser Prozess (s. Abbildung 5.8) folgt weitgehend dem Vorgehen der didaktischen Strukturierung innerhalb der didaktischen Rekonstruktion nach Kattmann et al. (1997).

Die didaktische Rekonstruktion entstammt der Biologiedidaktik und wurde in Kooperation einer Oldenburger und einer Kieler Arbeitsgruppe mit dem Ziel konzipiert, „fachliche Vorstellungen, wie sie in Lehrbüchern und anderen wissenschaftlichen Quellen Ausdruck finden, mit Schülerperspektiven so in Beziehung [zu setzen], dass darauf ein Unterrichtsgegenstand entwickelt werden kann" (Kattmann et al., 1997, S. 3). Dabei sollen Teile wissenschaftlicher Arbeiten explizit gemacht werden, die „bisher bei der Erforschung von naturwissenschaftlichem Unterricht und von Schülervorstellungen vorausgesetzt oder nicht eigens als wissenschaftliche Aufgabe begriffen wurden" (Kattmann et al., 1997, S.4). Es sollen also auch die Vorannahmen, die Wissenschaftler*innen bei ihrer Forschung berücksichtigen, explizit und sichtbar für Nicht-Wissenschaftler*innen und auch Schüler*innen gemacht werden. Basierend auf Klafkis (1995) Ansatz der didaktischen Analyse und dem Strukturmomentemodell der Berliner Schule (Heimann, 1979) wurde dieses Modell entwickelt.

Kattmann et al. (1997) definieren die didaktische Rekonstruktion wie folgt:

> Die didaktische Rekonstruktion umfasst sowohl das Herstellen pädagogisch bedeutsamer Zusammenhänge, das Wiederherstellen von im Wissenschafts- und Lehrbetrieb verloren gegangenen Sinnbezügen, wie auch den Rückbezug auf Primärerfahrungen sowie auf originäre Aussagen der Bezugswissenschaften. (S. 4)

Bei der didaktischen Rekonstruktion beziehen Kattmann et al. drei wechselwirkende Teilaspekte aufeinander: fachliche Klärung, Erfassung von Schülervorstellungen und didaktische Strukturierung.

Ziel der fachlichen Klärung ist es, anhand einer kritischen und methodisch kontrollierten systematischen Untersuchung, „fachwissenschaftliche Aussagen, Theorien, Methoden und Termini aus fachdidaktischer Sicht" (Kattmann, 2007, S. 94) zu beleuchten. Das Erfassen von Lernendenperspektiven in der didaktischen Rekonstruktion erfolgt empirisch, indem individuelle Lernvoraussetzungen untersucht werden, die „die Zuschreibung von mentalen Werkzeugen bzw. gedanklichen Kon-

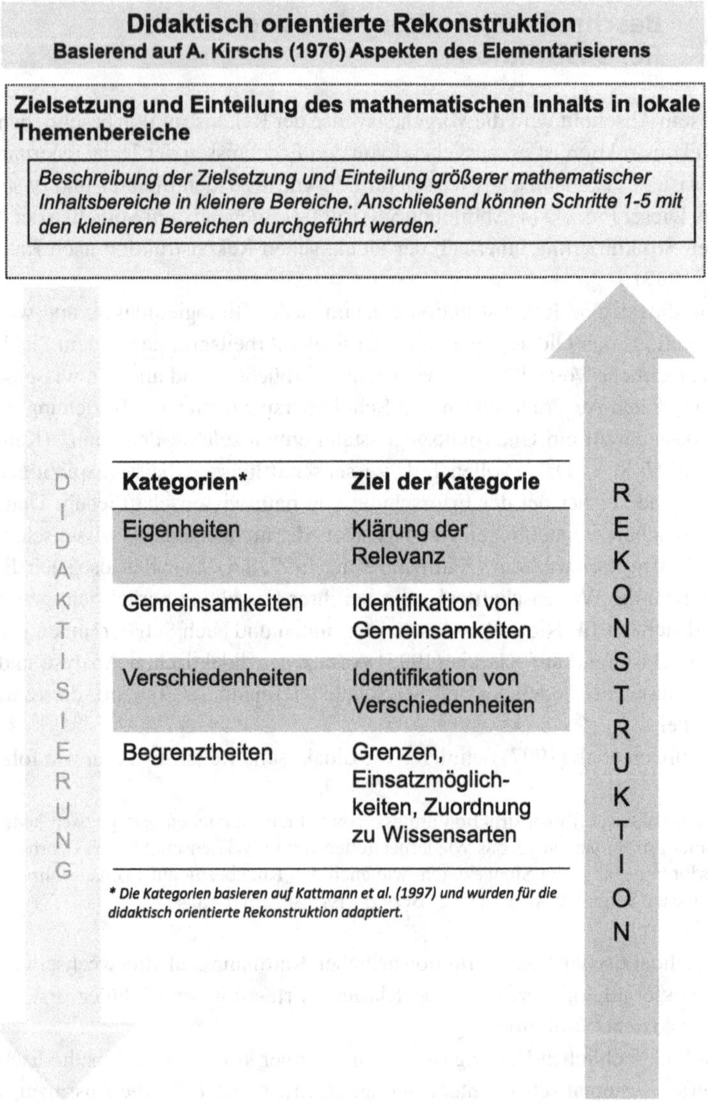
Didaktisch orientierte Rekonstruktion
Basierend auf A. Kirschs (1976) Aspekten des Elementarisierens
Zielsetzung und Einteilung des mathematischen Inhalts in lokale Themenbereiche
Beschreibung der Zielsetzung und Einteilung größerer mathematischer Inhaltsbereiche in kleinere Bereiche. Anschließend können Schritte 1-5 mit den kleineren Bereichen durchgeführt werden.
DIDAKTISIERUNG
Kategorien*
Ziel der Kategorie
Eigenheiten
Klärung der Relevanz
Gemeinsamkeiten
Identifikation von Gemeinsamkeiten
Verschiedenheiten
Identifikation von Verschiedenheiten
Begrenztheiten
Grenzen, Einsatzmöglichkeiten, Zuordnung zu Wissensarten
* Die Kategorien basieren auf Kattmann et al. (1997) und wurden für die didaktisch orientierte Rekonstruktion adaptiert.
REKONSTRUKTION

Abbildung 5.8 Überblick über den Teilprozess *Rekonstruktion*

strukten (Vorstellungen) gestatten" (Kattmann, 2007, S. 95). Dazu gehören kognitive, affektive und psychomotorische Komponenten sowie die Erfassung der zeitlichen Dynamik aus Lernendenperspektive.

Kattmann (2007) bezeichnet die didaktische Strukturierung als den Planungsprozess, „der zu grundsätzlichen und verallgemeinerbaren Ziel-, Inhalts- und Methodenentscheidunugen für den Unterricht führt (Design von Lernangeboten, Gestaltung von Lernumgebungen)" (S. 96). Obwohl diese Arbeit das Ziel hat, mit einer Methode Aussagen über normative Wissensinhalte für Lehrkräfte treffen zu können, können Teile der didaktischen Strukturierung für die Rekonstruktionsprozesse genutzt werden. Die didaktische Strukturierung wird durch einen Vergleich der Ergebnisse der fachlichen Klärung sowie durch das Erfassen von Lernendenperspektiven erzeugt. Dafür stellen Kattmann et al. (1997) verschiedene Kategorien zur Erstellung eines Suchrasters auf, indem wechselseitig Vergleiche gezogen werden. Folgende grundsätzliche Kategorien werden hier genannt:

- Eigenheiten: Konzepte zu bestimmten Inhaltsbereichen sind entweder hauptsächlich für fachwissenschaftliche Theorien oder aber für die Vorstellungen der [Schüler*innen] charakteristisch, sie sind den fachwissenschaftlichen oder den lebensweltlichen Theorien eigen.
- Gemeinsamkeiten: Den fachwissenschaftlichen Theorien wie den Vorstellungen der [Schüler*innen] sind gleichgerichtete und kongruente Vorstellungen zu bestimmten Inhaltsbereichen gemein.
- Verschiedenheiten: Vorstellungen zu bestimmten Inhaltsbereichen sind zwischen fachwissenschaftlichen Theorien und den Vorstellungen der [Schüler*innen] verschieden. Die Verschiedenheiten können als Gegensätze bewertet werden und sind nur dann als Widersprüche zu bezeichnen, wenn sie ausdrücklich im Rahmen derselben Theorie stehen.
- Begrenzthei ten: Die Eigenheiten der Sicht der [Schüler*innen] ermöglichen es, die Grenzen der wissenschaftlichen Theorien zu erkennen und umzukehren. (Kattmann et al., 1997, S. 13)

Kattmann et al. (1997) betonen die Rückgebundenheit an die fachliche Klärung und die Untersuchungen zu Lernendenvorstellungen. Dabei stellt letztere die realen Voraussetzungen und Erstere den Zielbereich, welcher im Unterricht anzustreben ist, dar.

Strukturgebend sind also die vier Kategorien der didaktischen Strukturierung innerhalb ihrer Methode der didaktischen Rekonstruktion. Diese vier Kategorien werden im Folgenden für die didaktisch *orientierte* Rekonstruktion beschrieben.

Formulierung von Wissenselementen ausgehend von den Ergebnissen der Didaktisierung (Eigenheiten)

Die Kategorie *Eigenheiten* wird wie folgt von Kattmann et al. (1997) adaptiert und neu definiert:

> Konzepte bzw. Elemente zu den einzelnen (Teil-) Inhaltsbereichen sind entweder hauptsächlich für Wissen für Fachwissenschaftler*innen oder für Lehrkräfte charakteristisch, sie sind also fachwissenschaftlichen oder schulpraktischen Theorien eigen.

Um Wissenselemente strukturieren und ordnen zu können, werden innerhalb dieser Kategorie die Ergebnisse der Didaktisierung als Wissenselemente identifiziert. Ziel dieser Kategorie ist die Klärung der Relevanz von mathematischen (Teil-) Inhalten für Lehrkräfte. Bei der Analyse innerhalb der Kategorie Eigenheiten werden folgende Leitfragen beantwortet, um dieses Ziel zu erreichen.

- Was muss nicht weiter betrachtet werden? Welche mathematischen Inhalte können bei der weiteren Betrachtung verworfen werden?
- Welche Themengebiete sind für Lehrkräfte relevant?

Anschließend werden die Wissenselemente also anhand der Leitfragen zu fachwissenschaftlichen oder schulpraktischen Theorien zugeordnet. Dabei werden die einzelnen Teilinhaltsbereiche betrachtet. Die (inhaltlichen) Anforderungen an Lehrkräfte, die mit der Zielsetzung einhergehen, werden mit der Didaktisierung verglichen und auf Relevanz für Lehrkräfte geprüft. In der Didaktisierung wird also auf die Elemente fokussiert, die für das elementarisierte akademische Wissen von Lehrkräften relevant sind. Verworfen werden aber keine Wissenselemente. Die Elemente, die den fachwissenschaftlichen Theorien zugeordnet werden, können trotzdem elementarisiertes akademisches Fachwissen sein. Diese Kategorie findet also übergeordnet statt, weil die Schritte inhaltlich nicht miteinander verglichen werden.

Die nächsten beiden Kategorien erfordern einen inhaltlichen Vergleich des Inhaltsbereichs.

Vergleich der Wissenselemente der unterschiedlichen Teilbereiche, um Gemeinsamkeiten zu identifizieren (Gemeinsamkeiten)

Die Kategorie *Gemeinsamkeiten* wird wie folgt von Kattmann et al. (1997) adaptiert und neu definiert:

> Die einzelnen (Teil-) Inhaltsbereiche haben gleichgerichtete oder kongruente Konzepte bzw. Elemente gemein.

Ziel dieser Kategorie ist die Identifikation von Konzepten bzw. Elementen mit Gemeinsamkeiten. Bei der Betrachtung der Inhaltsbereiche innerhalb dieser Kategorie wird folgende Leitfrage beantwortet, um das genannte Ziel zu erreichen: Welche Gemeinsamkeiten zeigen sich bei Konzepten bzw. Elementen?

Auch hier werden innerhalb der Teilbereiche des mathematischen Inhalts die einzelnen Schritte der Didaktisierung durchlaufen und auf (inhaltliche) Gemeinsamkeiten geprüft. Der Ablauf sieht also Folgendes vor: Die Schritte 1 bis 5 der einzelnen Didaktisierungen werden durchlaufen und miteinander verglichen sowie auch die einzelnen Teilbereiche. Die Inhaltsbereiche werden miteinander verglichen und auf übergeordnete Gemeinsamkeiten geprüft. Dieser Abschnitt dient also dazu, Vernetzungen aufzuzeigen.

Vergleich der Wissenselemente der unterschiedlichen Teilbereiche, um Verschiedenheiten zu identifizieren (Verschiedenheiten)
Die Kategorie *Verschiedenheiten* wird wie folgt von Kattmann et al. (1997) adaptiert und neu definiert:

> Bestimmte Konzepte beziehungsweise Elemente sind zwischen den einzelnen (Teil-) Inhaltsbereichen verschieden. Die Verschiedenheiten können als Gegensätze bewertet werden und sind nur dann als Widersprüche zu bezeichnen, wenn sie ausdrücklich im Rahmen derselben Theorie bestehen.

Ziel dieser Kategorie ist die Identifikation von Konzepten bzw. Elementen mit Verschiedenheiten. Bei der Betrachtung der Inhaltsbereiche innerhalb dieser Kategorie wird folgende Leitfrage beantwortet, um das gesetzte Ziel zu erreichen: Welche Verschiedenheiten zeigen sich bei den Konzepten bzw. Elementen?

Im Gegensatz zur vorherigen Kategorie werden nun die Didaktisierungen auf Verschiedenheit geprüft. Der Ablauf sieht also Folgendes vor: Die Schritte 1 bis 5 der einzelnen Didaktisierungen werden durchlaufen und miteinander verglichen sowie auch die einzelnen Teilbereiche. Es sollen inhaltliche Verschiedenheiten von Inhaltsbereichen verglichen und dargestellt werden. Anschließend werden die Inhaltsbereiche miteinander verglichen und auf übergeordnete Verschiedenheiten geprüft. Dieser Abschnitt dient auch dazu, Vernetzungen aufzuzeigen.

Zuordnung zu Wissensdimensionen und -arten sowie Festlegung von Grenzen der Wissenselemente anhand von Wissensnetzen (Begrenztheiten)
Die Kategorie *Verschiedenheiten* wird wie folgt von Kattmann et al. (1997) adaptiert und neu definiert:

Die Begrenztheiten von möglichen Inhalten ermöglichen es, die Grenzen der einzelnen Elemente und Konzepte (u. a. wissenschaftliche Theorien) zu erkennen und umgekehrt. Einsatzmöglichkeiten werden reflektiert und eine Zuordnung der Konzepte bzw. Elemente zu Wissensarten vorgenommen.

Ziel dieser Kategorie ist es, Grenzen der einzelnen Konzepte bzw. Elemente aufzuzeigen, Einsatzmöglichkeiten zu reflektieren und Konzepte bzw. Elemente zu Wissensarten zuzuordnen. Bei der Betrachtung der Inhaltsbereiche innerhalb dieser Kategorie werden folgende Leitfragen beantwortet, um das Ziel zu erreichen.

- Welche Grenzen sind erkennbar?
- Welche Einsatzmöglichkeiten können den Konzepten bzw. Elementen zugeordnet werden?
- Welche Wissensarten können den Konzepten bzw. Elementen zugeordnet werden?

Die bisherigen Ergebnisse aus der Betrachtung von Gemeinsamkeiten und Verschiedenheiten werden reflektiert und bewertet. Dabei wird den oben genannten Leitfragen gefolgt und mögliche Grenzen (auch hinsichtlich des Schwierigkeitsgrades) werden aufgezeigt. Anschließend werden die Einsatzmöglichkeiten reflektiert mit dem Ziel, die Anwendbarkeit des Wissens für Lehrkräfte aufzuzeigen. Auch hier können Elemente und Konzepte als nötiges Wissen verworfen werden. Anschließend werden die übrig gebliebenen Konzepte bzw. Elemente zu den Wissensarten zugeordnet. Dabei wird auf die Wissensdimensionen (Schulfachwissen, schulbezogenes Fachwissen, akademisches Fachwissen) und die Wissensarten (Objektwissen, Metawissen) zurückgegriffen.

Die Rekonstruktion soll also anhand dieser vier Kategorien (Eigenheiten, Gemeinsamkeiten, Verschiedenheiten und Begrenztheiten) strukturiert werden. Zusammenfassend sind die Kategorien in Tabelle 5.1 abgebildet.

Dieser Teilprozess der Rekonstruktion wird nun im folgenden Abschnitt mit den Kategorien der didaktischen Strukturierung nach Kattmann (2007) verglichen.

Theoretische Bezüge für die Kategorien

Ging es bei Kattmann et al. (1997) in der didaktischen Strukturierung um den Vergleich von fachlicher Klärung zu den Untersuchungen zu Lernendenvorstellungen, wird die didaktische Strukturierung in anderer Hinsicht genutzt und deshalb adaptiert (s. Abbildung 5.8). Ziel dieser Arbeit ist es, systematische, normative Aussagen über das elementarisierte akademische Wissen von Lehrkräften zu treffen. Ausgehend vom Kern des mathematischen Inhalts werden also zunächst keine Vorstel-

Tabelle 5.1 Überblick über die rekonstruierenden Kategorien der didaktisch orientierten Rekonstruktion

Kategorie	Definition	Ziel dieser Kategorie	Beschreibung der Tätigkeit
Eigenheiten	Konzepte bzw. Elemente zu den einzelnen (Teil-) Inhaltsbereichen sind entweder für Wissen für Fachwissenschaftler*innen oder für Lehrkräfte charakteristisch, sie sind den fachwissenschaftlichen oder den schulpraktischen Theorien eigen.	**Formulierung von Wissenselementen ausgehend von den Ergebnissen der Didaktisierung** Was muss nicht weiter betrachtet werden? Welche Themengebiete sind für Lehrkräfte relevant? Welcher Theorie werden sie zugeordnet?	Aus der Didaktisierung werden Elemente fokussiert, die für das Wissen von Lehrkräften relevant sind.
Gemeinsamkeiten	Die einzelnen (Teil-) Inhaltsbereiche haben gleichgerichtete oder kongruente Konzepte bzw. Elemente gemein.	**Identifikation von Konzepten bzw. Elementen mit Gemeinsamkeiten** Bei der Betrachtung der Inhaltsbereiche: Welche Gemeinsamkeiten zeigen sich bei den Konzepten bzw. Elementen?	Vergleich: (a) Innerhalb der jeweiligen Teilbereiche: Schritt 1 bis 5 der Didaktisierung miteinander vergleichen und Gemeinsamkeiten finden. (b) Teilbereiche miteinander vergleichen: Welche Gemeinsamkeiten gibt es zwischen Teilbereichen?
Verschiedenheiten	Bestimmte Konzepte bzw. Elemente sind zwischen den einzelnen (Teil-) Inhaltsbereichen verschieden. Die Verschiedenheiten können als Gegensätze bewertet werden und sind nur dann als Widersprüche zu bezeichnen, wenn sie ausdrücklich im Rahmen derselben Theorie bestehen.	**Identifikation von Konzepten bzw. Elementen mit Verschiedenheiten** Bei der Betrachtung der Inhaltsbereiche: Welche Verschiedenheiten zeigen sich bei den Konzepten bzw. Elementen?	Vergleich: (a) Innerhalb der jeweiligen Teilbereiche: Schritt 1 bis 5 der Didaktisierung miteinander vergleichen und Verschiedenheiten finden. (b) Teilbereiche miteinander vergleichen: Welche Verschiedenheiten gibt es zwischen Teilbereichen?

(Fortsetzung)

Tabelle 5.1 (Fortsetzung)

Kategorie	Definition	Ziel dieser Kategorie	Beschreibung der Tätigkeit
Begrenztheiten	Die Eigenheiten von Inhalten ermöglichen es, die Grenzen der einzelnen Elemente und Konzepte (u. a. wissenschaftliche Theorien) zu erkennen und umgekehrt. Einsatzmöglichkeiten werden reflektiert und eine Zuordnung der Konzepte bzw. Elemente zu Wissensarten vorgenommen.	**Zuordnung zu Wissensdimensionen und -Arten und Festlegung von Grenzen der Wissenselemente anhand von Wissensnetzen** Welche Grenzen sind erkennbar? Welche Einsatzmöglichkeiten können den Konzepten bzw. Elementen zugeordnet werden? Welche Wissensarten können den Konzepten bzw. Elementen zugeordnet werden?	Elemente zu Wissensdimensionen (Schulfachwissen, schulbezogenes Wissen, akademisches Fachwissen) und Wissensarten (Objektwissen, Metawissen)

lungen von Lehrkräften erhoben. Die Ergebnisse der Didaktisierungen sollen im rekonstruierenden Teilprozess mit dem zu Anfang erklärten Ziel und der Zielgruppe verglichen werden. Der Vergleich zwischen den Kategorien der didaktischen Strukturierung nach Kattmann (2007) und den adaptierten Kategorien für die Rekonstruktion zeigt einerseits große Ähnlichkeiten in der Struktur und andererseits Unterschiede in der Durchführung 5.2. Die Grundlage des Vergleichs innerhalb der didaktischen Strukturierung ist eine Andere, da in der Rekonstruktion dieser Arbeit die mathematischen Inhalte mit dem Ziel der didaktisch orientierten Rekonstruktion verglichen werden. Die individuellen Vorstellungen der Schülerinnen und Schüler entfallen in diesem Fall. Auch der „[wechselseitige] Vergleich" (Kattmann et al., 1997, S. 12) wird hier nicht weiter betrachtet, weil die ausschließliche Fokussierung auf Lehrkräfte erfolgen soll. Ein weiterer Unterschied zur didaktischen Rekonstruktion nach Kattmann et al. (1997) ist die Disziplin. Während sich Kattmann et al. (1997) auf naturwissenschaftliche Disziplinen mit ihrem experimentellen Charakter beziehen, findet sich dieser in der (fach-) wissenschaftlichen Mathematik nicht wieder. Des Weiteren ist die Zielsetzung der didaktischen Rekonstruktion nach Kattmann et al. (1997) eine andere als in dieser Arbeit. Kattmann et al. (1997, S. 4) verfolgen die Absicht, Unterrichtsgegenstände zu entwickeln. Diese Arbeit hat das Ziel der Systematisierung einer didaktisch orientierten Rekonstruktion zur Strukturierung eines mathematischen Inhalts, um normative Aussagen über Wissensinhalte generieren zu können. Im Folgenden werden die einzelnen Kategorien von Kattmann et al. (1997) mit den adaptierten Kategorien für diese Arbeit betrachtet (s. auch Tabelle 5.2).

In der Kategorie „Eigenheiten" wurden Teile der didaktischen Strukturierung nach Kattmann (2007) übernommen. Dabei wird die Unterscheidung zwischen fachwissenschaftlichen und den lebensweltlichen Theorien übernommen. Die lebensweltlichen Theorien werden genutzt, um die Relevanz für Lehrkräfte darstellen. Insbesondere zeigt diese Kategorie Indizien auf, falls die Elemente, die zu den fachwissenschaftlichen Theorien zugeordnet werden, über das eigentlich notwendige Wissen von Lehrkräften hinausgeht. Es erfolgt eine Einordnung der Relevanz.

Bei den Kategorien „Gemeinsamkeiten" und „Verschiedenheiten" wurde die Definition und die Vorgehensweise größtenteils übernommen. Die Ausnahme bilden die Vergleichsobjekte. In dieser Arbeit werden im Gegensatz zu den Arbeiten von Kattmann et al. (1997) nicht die fachwissenschaftlichen Theorien mit den individuellen Vorstellungen der Lernenden verglichen, um Gemeinsamkeiten und Verschiedenheiten zu identifizieren. Hier werden die mathematischen Konzepte bzw. Elemente und ebenso etwaige Teilbereiche unter Berücksichtigung von Ziel und Zielgruppe miteinander verglichen.

Tabelle 5.2 Vergleich der Kategorien didaktischer Strukturierung mit den adaptierten Kategorien für die Rekonstruktion der didaktisch orientierten Rekonstruktion

	Kategorien (nach Kattmann et al., 1997)	Adaptierte Kategorien für die Rekonstruktion der didaktisch orientierten Rekonstruktion (zu betrachten innerhalb der einzelnen Schritte aber auch schrittübergreifend)
Eigenheiten	Konzepte zu bestimmten Inhaltsbereichen sind entweder hauptsächlich für fachwissenschaftliche Theorien oder aber für die Vorstellungen der Schülerinnen und Schüler charakteristisch, sie sind den fachwissenschaftlichen oder den lebensweltlichen Theorien eigen.	Konzepte bzw. Elemente zu den einzelnen (Teil-) Inhaltsbereichen sind entweder hauptsächlich für Fachwissenschaftler*innen oder für Lehrkräfte und ihre Vorstellungen charakteristisch, sie sind den fachwissenschaftlichen oder den schulpraktischen Theorien eigen.
Gemeinsamkeiten	Den fachwissenschaftlichen Theorien wie den Vorstellungen der Schülerinnen und Schüler sind gleichgerichtete oder kongruente Vorstellungen zu bestimmten Inhaltsbereichen gemein.	Die einzelnen (Teil-) Inhaltsbereiche haben gleichgerichtete oder kongruente Elemente gemein.
Verschiedenheiten	Vorstellungen zu bestimmten Inhaltsbereichen sind zwischen fachwissenschaftlichen Theorien und den Vorstellungen der Schülerinnen und Schüler verschieden. Die Verschiedenheiten können als Gegensätze bewertet werden und sind nur dann als Widersprüche zu bezeichnen, wenn sie ausdrücklich im Rahmen derselben Theorie bestehen.	Bestimmte Elemente sind zwischen den einzelnen (Teil-) Inhaltsbereichen verschieden. Die Verschiedenheiten können als Gegensätze bewertet werden und sind nur dann als Widersprüche zu bezeichnen, wenn sie ausdrücklich im Rahmen derselben Theorie bestehen.
Begrenztheiten	Die Eigenheiten der Sicht der Schülerinnen und Schüler ermöglichen es, die Grenzen der wissenschaftlichen Theorien zu erkennen und umgekehrt.	Die Eigenheiten von möglichen Inhalten für Lehrkräfte ermöglichen es, die Grenzen der wissenschaftlichen Theorien zu erkennen und umgekehrt.

Die originale und die für die in der Arbeit adaptierte Kategorie „Begrenztheiten" unterscheiden sich substantiell. Bei Kattmann et al. (1997) werden Grenzen wissenschaftlicher Theorien anhand der individuellen Vorstellungen von Schülerinnen und Schüler ersichtlich und umgekehrt. Die adaptierte Kategorie geht darüber hinaus. Einerseits geht es um die Grenzen wissenschaftlicher Theorien, andererseits soll hier aber auch eine Reflexion über Einsatzmöglichkeiten potentiellen Wissens sowie eine Zuordnung in Wissensarten einzelner Konzepte bzw. Elemente erfolgen.

Die theoretischen Bezüge sind also auch für den zweiten Teilprozess der didaktisch orientierten Rekonstruktion gegeben. Im Folgenden wird nach der Beschreibung beider Teilprozesse die gesamte Methode begründet bzw. reflektiert.

5.4   Zusammenfassung und Folgerungen

Im Rahmen dieser Arbeit wurde eine stoffdidaktische Methode gewählt. Das erste Ziel dieser Arbeit ist die Systematisierung einer didaktisch orientierten Rekonstruktion, angelehnt an Kirsch, zur Strukturierung eines mathematischen Inhalts ausgehend vom Kern des Inhalts mit dem Ziel, normative Aussagen über Wissensinhalte für Lehrkräfte generieren zu können.

Wie in Abbildung 5.1 mit den Pfeilen im Hintergrund angedeutet, finden zwei große Prozesse innerhalb der didaktisch orientierten Rekonstruktion statt. Ausgehend von einer Zielsetzung unter Betrachtung einer Zielgruppe und einer möglichen Einteilung des größeren mathematischen Inhaltsbereichs in kleinere Bereiche, bedeutet der Durchlauf der fünf Schritte eine *Didaktisierung* eines mathematischen Inhalts.

In Schritt 1 der Didaktisierung wird nur der mathematische Inhalt losgelöst von der Genetisierung und der Anwendungsmöglichkeiten betrachtet. Es sollen zentrale Konzepte, fundamentale Strukturen, Eigenschaften, Definitionen, Sätze sowie Beweise und Beweisideen angegeben werden. Im zweiten Schritt werden mögliche Bezugssysteme des mathematischen Inhalts miteinbezogen, sodass Anwendungsmöglichkeiten und auch die historisch-genetischen Entwicklungen beschrieben werden. Ab Schritt 3 der Didaktisierung werden weitere didaktische Überlegungen angestellt. Die Zielgruppe wird betrachtet und anhand derer das benötigte Vorwissen angegeben. In Schritt 4 werden verschiedene Darstellungsebenen betrachtet und benötigte Grundvorstellungen angegeben. Bei den Grundvorstellungen können nicht nur schon in der Literatur vorher bestehende Grundvorstellungen angegeben werden. Der Prozess bis Schritt 4 kann auch auf neue Grundvorstellungen hinweisen, obwohl Grundvorstellungen nicht im Fokus dieser Arbeit stehen. In Schritt 5 werden weitere grundlegende didaktische Konzepte integriert. Hier bietet sich eine Erweiterung durch spezifische, auf den entsprechenden Teilbereich genutzte, didaktische Konzepte an. Für den Bereich der Wahrscheinlichkeitsrechnung sind Wahrscheinlichkeitsbegriffe ein Beispiel für grundlegende didaktische Konzepte.

Nachdem die Didaktisierung für jeden Bereich durchgeführt wurde, werden die Vernetzungen zwischen den Teilbereichen innerhalb jedes Schritts, aber auch in Hinsicht auf den gesamten Prozess, aufgezeigt und reflektiert. Hier können sich Unterschiede und Gemeinsamkeiten ergeben, die innerhalb eines kleineren Teilbereichs nicht aufkommen würden. Dies erfolgt durch die Rekonstruktion mit Hilfe der vier verschiedenen Kategorien: Eigenheiten, Gemeinsamkeiten, Verschiedenheiten und Begrenztheiten. Dabei werden Konzepte bzw. Elemente aufgrund fehlender Relevanz verworfen, Gemeinsamkeiten und Verschiedenheiten identifiziert und anschließend mögliche Grenzen und Einsatzmöglichkeiten reflektiert. Im Anschluss werden normative Aussagen generiert, die Wissensarten zugeordnet werden können.

Wie zu Beginn dieses Kapitels erwähnt versteht Bigalke (1974) unter einer Methode „ein mehr oder weniger planmäßiges Verfahren, das angewandt wird, um ein bestimmtes Ziel zu erreichen" (S. 112). Dieses planmäßige Verfahren ist durch die Strukturierung der beiden Teilprozesse „Didaktisierung" und „Rekonstruktion" gegeben. Eine Zielsetzung wird in beiden Teilprozessen verfolgt.

Nach Griesel (1974) ist das Ziel stoffdidaktischer Analysen eine bessere Grundlage für die Formulierung der inhaltlichen Lernziele zu schaffen. Auch wenn die Zielsetzung in dieser Arbeit eine andere ist, nämlich das Generieren normativer Aussagen über Wissensinhalte von Lehrkräften, so ähnelt sich die Zielsetzung dennoch. Die Methode wird genutzt, um normative Aussagen klar zu formulieren und eine begriffliche Basis für empirische Forschung zu liefern.

Beide Teilprozesse wurden durch theoretische Bezüge begründet und sind dadurch anschlussfähig. Die Didaktisierung beruht auf Kirschs Aspekten der Elementarisierung. Die einzelnen Schritte wurden aufgrund theoretischer Bezüge belegt. Die Rekonstruktion basiert auf der didaktischen Strukturierung nach (Kattmann et al., 1997) und wird nach der oben beschriebenen Adaption mit Wissensarten kombiniert.

Dieses Kapitel beschreibt also, wie die didaktisch orientierte Rekonstruktion systematisiert wurde, um entsprechend normative Aussagen über Wissensinhalte von Lehrkräften generieren zu können.

Das erste Ziel der Arbeit wurde also erreicht. Eine stoffdidaktische Methode wurde systematisiert und mithilfe der didaktisch orientierten Rekonstruktion lassen sich normative Aussagen generieren. Damit wurden die Prozesse innerhalb dieser stoffdidaktischen Analyse offengelegt und der Prozess normativer Entscheidungen lässt sich dadurch transparenter darstellen.

Die Erprobung der Methode, welche das zweite Ziel dieser Arbeit ist, wird im nächsten Kapitel beschrieben.

Exemplarische Darstellung der didaktisch orientierten Rekonstruktion am Beispiel der Gesetze der großen Zahlen

6

Nachdem im vorherigen Kapitel eine Systematisierung der didaktisch orientierten Rekonstruktion zur Strukturierung mathematischer Inhalte (Ziel 1) beschrieben wurde, ist das Ziel dieses Abschnitts einen Kanon möglicher Wissenselemente zu den Gesetzen der großen Zahlen innerhalb der Wahrscheinlichkeitsrechnung **exemplarisch** darzustellen (Ziel 2). Es geht also um eine exemplarische Anwendung der zuvor beschriebenen Methode.

Dafür wird zunächst die Zielsetzung der didaktisch orientierten Rekonstruktion beschrieben und die Gesetze der großen Zahlen in Abschnitt 6.1 werden in kleinere (mathematische) Teilbereiche eingeteilt: das empirische Gesetz der großen Zahlen, das schwache Gesetz der großen Zahlen sowie das starke Gesetz der großen Zahlen. In Abschnitt 6.2 werden die Ergebnisse der Didaktisierung des empirischen Gesetzes der großen Zahlen, des schwachen Gesetzes der großen Zahlen und des starken Gesetzes der großen Zahlen beschrieben. Im Anschluss wird die Rekonstruktion (s. Abschnitt 6.3) durchgeführt, indem die Ergebnisse der Didaktisierung anhand der Kategorien verglichen werden.

6.1 Zielsetzung und Einteilung der Gesetze der großen Zahlen

Ziel dieser didaktisch orientierten Rekonstruktion ist es von der universitären Mathematik ausgehend elementarisiertes akademisches Wissen von Lehrkräften zu ausgewählten Gesetzen der großen Zahlen zu identifizieren und zu strukturieren. Die Zielgruppe sind Lehrkräfte der Sekundarstufe II, welche Mathematik, insbesondere Stochastik, in der Sekundarstufe I und II (später) unterrichten können sollten. Für

© Der/die Autor(en) 2024
J. Huget, *Die Methode der didaktisch orientierten Rekonstruktion*, Bielefelder Schriften zur Didaktik der Mathematik 11,
https://doi.org/10.1007/978-3-658-42642-2_6

einen reichhaltigen Mathematikunterricht in diesem Themengebiet ist ein grundlegendes Verständnis der Gesetze der großen Zahlen essentiell, da diese eine der Grundannahmen der Wahrscheinlichkeitsrechnung sind (s. Abschnitt 2.2)

Folgende Gesetze der großen Zahlen werden häufig an Universitäten gelehrt: Empirisches Gesetz der großen Zahlen, schwaches Gesetz der großen Zahlen und starkes Gesetz der großen Zahlen. Ersteres Konzept wird auch in der Schule behandelt. Dieser Einteilung wird in den folgenden Abschnitten gefolgt.

Das Thema „Gesetze der großen Zahlen" wird also in die folgenden Teilbereiche eingeteilt:

- Empirisches Gesetz der großen Zahlen
- Schwaches Gesetz der großen Zahlen
- Starkes Gesetz der großen Zahlen

Da in dieser Arbeit nur exemplarisch anhand der didaktisch orientierten Rekonstruktion mögliches elementarisiertes Wissen herausgearbeitet werden soll, wurden die oben genannten Konzepte gewählt. Dabei weisen die drei verschiedene Teilbereiche verschiedene Grade an mathematischer Stärke auf, sind sich aber in ihrer Kernaussage durchaus ähnlich. Diese Linie kann mit den zentralen Grenzwertsätzen und verschiedenen Approximationen weiter fortgesetzt werden. Weitere Gesetze der großen Zahlen übersteigen das benötigte elementarisierte akademische Wissen von Lehrkräften um ein Vielfaches und können Gegenstand einer didaktisch orientierten Rekonstruktion zu einem späteren Zeitpunkt werden.

Im Folgenden erfolgen drei Durchgänge der Didaktisierung, weil keine Vergleiche gezogen werden sollen und eine gemeinsame Betrachtung dazu motivieren könnte. Somit soll sichergestellt werden, dass die einzelnen mathematischen Teilbereiche zu separaten, ungewichteten Auflistungen führen.

6.2   Didaktisierung der Gesetze der großen Zahlen

In diesem Kapitel wird die Didaktisierung durchgeführt. Diese ist eine Sammlung relevanter Informationen (u. a. aus Kapitel 2), welche nach den fünf Schritten der Didaktisierung geordnet dargestellt werden. Dafür werden die Gesetze der großen Zahlen getrennt voneinander analysiert, indem ausgehend vom mathematischen Kern des Inhalts eine fortschreitende Didaktisierung bzw. Elementarisierung stattfindet. Die Ausgangslage ist eine Betrachtung dieser Gesetze der großen Zahlen auf der Ebene der akademischen Mathematik. Es wird mit der Didaktisierung des empirischen Gesetzes der großen Zahlen in Abschnitt 6.2 begonnen. Darauf folgend werden die Ergebnisse der Didaktisierung des schwachen Gesetzes der großen Zahlen dargestellt. Anschließend wird die Didaktisierung des starken Gesetzes der großen Zahlen aufgezeigt. Eine Nummerierung dient der Übersichtlichkeit und unterliegt keiner Form der Hierarchisierung.

Die Besonderheiten dieser exemplarischen Darstellung der Didaktisierung innerhalb der in Kapitel 5 vorgestellten Methode der didaktisch orientierten Rekonstruktion werden in der Abbildung 6.1 dargestellt. Im ersten Schritt werden zentrale Konzepte, fundamentale Strukturen, Eigenschaften, Definitionen, Sätze und Beweise bzw. Beweisideen genannt. Anschließend werden mögliche Anwendungen und die historisch-genetische Entwicklung der Gesetze der großen Zahlen im zweiten Schritt aufgezählt, um dann auf das benötigte Vorwissen (Schritt 3) hinzuleiten, über welches Lehrkräfte für das Verständnis von den Gesetzen der großen Zahlen und deren Beweisen verfügen müssen. Im Anschluss werden im vierten Schritt verschiedene Möglichkeiten der Darstellungen (enaktiv, ikonisch, symbolisch) und Grundvorstellungen (bzw. Vorschläge für Grundvorstellungen) genannt. Im letzten Schritt werden die *big ideas*, die vorrangige Leitidee, mögliche fundamentale Ideen und Wahrscheinlichkeitsbegriffe in Hinblick auf die Gesetze der großen Zahlen dargestellt. Wie Eingangs erwähnt, wird keine Wertung stattfinden, sondern eine ungewichtete Aufzählung der Inhalte strukturiert nach den fünf Schritten. Diese Bewertung wird stattdessen als Teil des Teilprozesses „Rekonstruktion" mit Blick auf Zielsetzung und Zielgruppe durchgeführt.

Durchgang 1: Empirisches Gesetz der großen Zahlen
In diesem Durchgang steht das empirische Gesetz der großen Zahlen im Fokus. Dafür werden ausgehend vom mathematischen Konzept die Schritte 1-5 durchlaufen. Ziel dieses Abschnitts ist es, eine ungewichtete Auflistung zum empirischen Gesetz der großen Zahlen zu entwickeln.

Schritt 1.1: Mathematischer Kern des Inhalts
Das empirische Gesetz der großen Zahlen besagt, dass sich die relative Häufigkeit bei einem Zufallsversuch eines beobachteten Ereignisses mit wachsender Versuchszahl stabilisiert (Büchter & Henn, 2007, S. 174). Das empirische Gesetz der großen Zahlen kann als Naturgesetz (im Sinne eines Erfahrungsgesetzes) bezeichnet werden und hat eine hohe Relevanz als Annahme in stochastischen Modellen. Büchter und Henn (2007) beschreiben, dass diese Beobachtung eine Erfahrungstatsache sei, „die sich bis heute hervorragend bewährt hat, aber nicht beweisbar ist" (S. 174). Henze (2017) geht hier noch weiter und tätigt die Äußerung, dass das empirische Gesetz der großen Zahlen „kein mathematischer Sachverhalt ist" (S. 18).

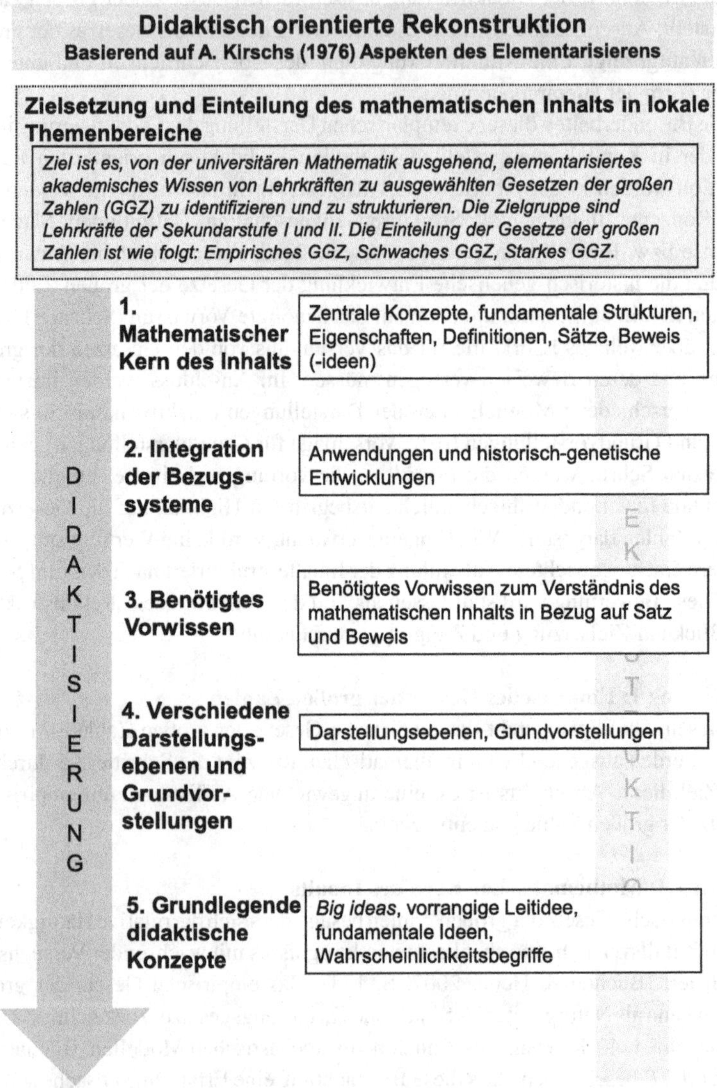

Didaktisch orientierte Rekonstruktion
Basierend auf A. Kirschs (1976) Aspekten des Elementarisierens

Zielsetzung und Einteilung des mathematischen Inhalts in lokale Themenbereiche

Ziel ist es, von der universitären Mathematik ausgehend, elementarisiertes akademisches Wissen von Lehrkräften zu ausgewählten Gesetzen der großen Zahlen (GGZ) zu identifizieren und zu strukturieren. Die Zielgruppe sind Lehrkräfte der Sekundarstufe I und II. Die Einteilung der Gesetze der großen Zahlen ist wie folgt: Empirisches GGZ, Schwaches GGZ, Starkes GGZ.

DIDAKTISIERUNG

| **1. Mathematischer Kern des Inhalts** | Zentrale Konzepte, fundamentale Strukturen, Eigenschaften, Definitionen, Sätze, Beweis (-ideen) |

| **2. Integration der Bezugs-systeme** | Anwendungen und historisch-genetische Entwicklungen |

| **3. Benötigtes Vorwissen** | Benötigtes Vorwissen zum Verständnis des mathematischen Inhalts in Bezug auf Satz und Beweis |

| **4. Verschiedene Darstellungs-ebenen und Grundvor-stellungen** | Darstellungsebenen, Grundvorstellungen |

| **5. Grundlegende didaktische Konzepte** | *Big ideas*, vorrangige Leitidee, fundamentale Ideen, Wahrscheinlichkeitsbegriffe |

Abbildung 6.1 Überblick über den Teilprozess *Didaktisierung* für die exemplarische Darstellung mit der entsprechenden Zielsetzung und den angepassten grundlegenden didaktischen Konzepten

Dieses Gesetz der großen Zahlen kann für die Verwendung, einem Ereignis in einem Zufallsversuch Wahrscheinlichkeiten zuzuschreiben, hilfreich sein, es definiert aber nicht die Wahrscheinlichkeiten (Büchter & Henn, 2007, S. 177).

Schritt 1.2: Integration der Bezugssysteme sowie des Umfelds
Anwendungen
Wie oben beschrieben, eignet sich das empirische Gesetz der großen Zahlen für Modellannahmen, weil diese Stabilisierung in jedem Zufallsexperiment beobachtbar, aber nicht beweisbar ist.

Büchter und Henn (2007, S. 174) geben ein Beispiel für drei Zufallsexperimente an. In jedem der drei Zufallsexperimente wird eine Münze geworfen, aber die Versuchszahlen variieren zwischen 10-mal, 100-mal und 1000-mal. Die Ergebnismenge ist $\Omega = \{Kopf, Zahl\}$. Bei dem Ereignis $E = \{Kopf\}$ ergibt sich bei der langen Versuchsreihe eine sichtliche Stabilisierung, während die Schwankung bei 10 und 100 Würfen deutlich höher sein kann. Die relativen Häufigkeiten stellen Büchter und Henn in Abbildung 6.2 dar.

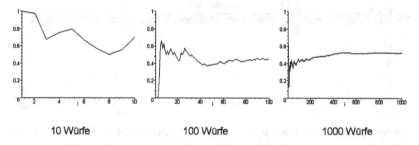

10 Würfe   100 Würfe   1000 Würfe

Abbildung 6.2 Die relative Häufigkeit vom Ereignis „Kopf" bei einem Münzwurf. (Quelle: (Büchter & Henn, 2007, S. 174))

Eine weitere Anwendung ist der Vergleich der Geburtenrate in zwei Krankenhäusern. Beide Krankenhäuser haben eine unterschiedliche Anzahl an Geburten und es stellt sich die Frage, „ob es in einem Krankenhaus mit 50 Geburten oder einem Großen mit 250 Geburten pro Monat ebenfalls keine besondere Ausnahme wäre, dass 30 % oder weniger Mädchen geboren werden" (Krüger, Sill & Sikora, 2015, S. 176). Bei der Beantwortung solcher Fragen fließt die Grundannahme ein, dass sich die relativen Häufigkeiten bei wachsender Versuchszahl stabilisieren würden. Dies ist aber keine Anwendung bzw. Integration im eigentlichen Sinne, denn

Anwendungen sind die Betrachtungen von Zufallsexperimenten mit variierenden Zufallszahlen, um Wahrscheinlichkeiten zu „bestätigen".

Historische Genese
Richard Edler von Mises versuchte, Wahrscheinlichkeiten als Grenzwert der relativen Häufigkeiten in Anlehnung an die analytische Definition des Grenzwerts zu definieren (Büchter & Henn, 2007, S. 175). Der Stabilisierungsgedanke des empirischen Gesetzes der großen Zahlen lässt sich mit der analytischen Definition des Grenzwertes aber nicht nachweisen, weil die relativen Häufigkeiten auch nach vielen Wiederholungen nicht innerhalb eines ϵ-Schlauchs bleiben müssen (s. Abbildung 6.3).

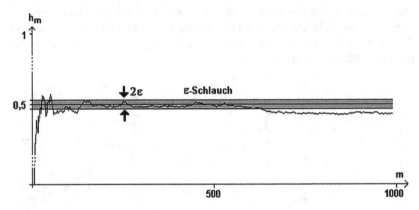

Abbildung 6.3 Relative Häufigkeit und ϵ-Schlau. (Quelle: (Büchter & Henn, 2007, S. 175)

Eine mathematische Aussage darüber „wie wahrscheinlich das Verbleiben der relativen Häufigkeit in einem vorgegeben ϵ-Schlauch ist" (Büchter & Henn, 2007, S. 175) konnte erst mit dem schwachen Gesetz der großen Zahlen von Bernoulli getroffen werden.

Schritt 1.3: Benötigtes Vorwissen
Mathematische Begriffe, die im empirischen Gesetz der großen Zahlen genutzt werden, sind relative Häufigkeiten und damit auch absolute Häufigkeiten. Außerdem ist ein Vorwissen zu den Begrifflichkeiten wie Zufallsversuch (bzw. -experiment) und Ereignis nötig. Da es hier keine mathematisierbare Stabilisierung gibt, wird nur ein „naives" Verständnis des Begriffs Stabilisierung (in Form eines Einpendelns) benötigt.

Schritt 1.4: Verschiedene Darstellungsebenen und Grundvorstellungen
Darstellungsebenen Auf enaktiver Darstellungsebene können Zufallsexperimente mit unterschiedlich hohen Versuchsanzahlen durchgeführt werden, um die Stabilisierung der relativen Häufigkeiten sichtbar zu machen. Dabei können auf ikonischer Ebene Tabellen und Diagramme als Visualisierung (wie in Abbildung 6.2) unterstützen. Eine Visualisierung zum Verständnis der fehlenden Beweisbarkeit kann die Darstellung 6.3 liefern. Auf symbolischer Ebene können aufgrund der fehlenden Mathematisierbarkeit nur wenige Beschreibungen hilfreich sein. Eine Verbalisierung des empirischen Gesetzes der großen Zahlen und die Begründung, warum es nicht beweisbar ist, ist aber möglich.

Benötigte Grundvorstellungen Die Grundvorstellungen, die beim empirischen Gesetz der großen Zahlen eine Rolle spielen, werden im Folgenden angegeben und begründet. Die *Wahrscheinlichkeit als Maß für eine Erwartung* ist laut Malle und Malle (2003) „immer passend" (S. 52). Abhängig von der Versuchszahl können klarere Aussagen getätigt werden, ob die relative Häufigkeit als Wahrscheinlichkeit dienen kann. Diese Aussagen können mit einer Zahl zwischen 0 und 1 ausgedrückt werden. Die Grundvorstellung *Wahrscheinlichkeit als relative Häufigkeit* basiert auf dem empirischen Gesetz der großen Zahlen, weil es die Annahme der relativen Häufigkeit als Wahrscheinlichkeit unter einer n-maligen Wiederholung betrifft. Dabei sei das n hinreichend groß. Die Grundvorstellung *Wahrscheinlichkeit als subjektives Vertrauen* ist bei Sachüberlegungen hier ebenfalls relevant, weil das Vertrauen durch eine hohe Versuchszahl höher ist als nur bei einem Versuch. Diskutiert werden kann auch eine Grundvorstellung, bei der die Darstellung 6.2 miteinbezogen wird, weil beim empirischen Gesetz der großen Zahlen eine Stabilisierung erkennbar sein kann.

Schritt 1.5: Grundlegende didaktische Konzepte
In diesem Abschnitt werden grundlegende didaktische Konzepte aufgeführt, die dem empirischen Gesetz der großen Zahlen zugeordnet werden. Dafür werden die *big ideas* der OECD und von Gal, falls anwendbar, sowie fundamentale Ideen nach Heitele und Borovcnik genutzt. Anschließend werden die dem empirischen Gesetz der großen Zahlen zugrundeliegenden Wahrscheinlichkeitsbegriffe genannt.

Das vorliegende Konzept hat als vorrangige OECD-*big idea* „data and chance" und passend dazu die Leitidee „Daten und Zufall", weil sie zum mathematischen Inhalt der Stochastik zählt. Die *big idea* des Zufalls und der Unsicherheit ist Teil des vorliegenden Konzepts.

Bei der Betrachtung der fundamentalen Ideen nach Heitele (1975) aus Abschnitt 2.4 fällt auf, dass nur die Zufälligkeit (Fundamentalen Idee 1) und (stochastische) Konvergenz und Gesetze der großen Zahlen (Fundamentale Idee 9) eine Rolle spielen. Die geringe Anzahl an benötigten fundamentalen Ideen hat mit dem empirischen Gesetz der großen Zahlen als Erfahrungstatsache zu tun. Die erste fundamentale Idee wird hier aber dennoch verankert, weil die Zufälligkeit innerhalb eines Zufallsexperiments eine Rolle spielt. Das empirische Gesetz der großen Zahlen gibt auch eine „Vorstellung" von einer möglichen Stabilisierung, sodass die sechste fundamentale Idee hier auch von Relevanz ist, obwohl dieses Gesetz der großen Zahlen eher ein Phänomen beschreibt.

Die folgenden Wahrscheinlichkeitsbegriffe sind mit dem empirischen Gesetz der großen Zahlen verbunden: Einerseits ist der frequentistische Wahrscheinlichkeitsbegriff mit diesem Gesetz der großen Zahlen verbunden, weil dieser auf den Annahmen des empirischen Gesetzes der großen Zahlen beruht. Bei dieser Deutung wird eine Stabilisierung der relativen Häufigkeiten angenommen. Andererseits spielt auch das Propensity-Konzept eine Rolle, welches als Erweiterung des frequentistischen Wahrscheinlichkeitsbegriffs verstanden wird. Wahrscheinlichkeiten sind hier theoretische Eigenschaften von Zufallsexperimenten. Die Annahme, dass sich Wahrscheinlichkeiten durch relative Häufigkeiten indirekt beschreiben lassen, ist eng verbunden mit dem empirischen Gesetz der großen Zahlen. Der subjektivistische Wahrscheinlichkeitsbegriff ist auch hier relevant, weil der Grad des subjektiven Vertrauens durch hohe Versuchszahlen größer werden kann.

Das empirische Gesetz der großen Zahlen ist als Erfahrungsgesetz anzusehen. Es zeigt einen experimentellen Zugang und es werden wenige Vorkenntnisse benötigt. Auf enaktiver und ikonischer Darstellungsebene gibt es Möglichkeiten, um das empirische Gesetz der großen Zahlen zu verdeutlichen. Die symbolische Darstellungsebene zeigt wiederum Grenzen des empirischen Gesetzes der großen Zahlen auf, weil es mathematisch nicht ausdrückbar ist. Es zeigt sich bei den grundlegenden didaktischen Konzepten, dass sie zur Leitidee „Daten und Zufall", zu fundamentale Ideen und zu Wahrscheinlichkeitsbegriffen zugeordnet werden können.

Durchgang 2: Schwaches Gesetz der großen Zahlen
Im zweiten Durchgang wird das schwache Gesetz der großen Zahlen betrachtet, welches eine mathematische Präzisierung des empirischen Gesetzes der großen Zahlen ist.

Schritt 2.1: Mathematischer Kern des Inhalts
Der mathematische Kern des Inhalts ist der Satz vom schwachen Gesetz der großen Zahlen. Dieser wird zunächst definiert und die einzelnen Komponenten mathematisch eingeführt.

Dazu wird hier noch einmal der Satz aus Abschnitt 2.2 für die inhaltliche Analyse angeführt:

Satz (Das schwache Gesetz der großen Zahlen). *Es sei A ein Ereignis, das bei einem Zufallsexperiment mit der Wahrscheinlichkeit $P(A) = p$ eintrete. Die relative Häufigkeit des Ereignisses A bei n unabhängigen Kopien (bzw. Wiederholungen) des Zufallsexperiments bezeichnen wir mit h_n (Bernoulli-Kette der Länge n). Dann gilt für jede positive Zahl ϵ:*

$$lim_{n \to \infty} P(|h_n - p| < \epsilon) = 1, \tag{6.1}$$

bzw. gleichwertig

$$lim_{n \to \infty} P(|h_n - p| \geq \epsilon) = 0.$$

Das schwache Gesetz der großen Zahlen beinhaltet eine (P-) stochastische Konvergenz. Eine Folge (Y_n) von reellwertigen Zufallsvariablen konvergiert genau dann **stochastisch** gegen eine Zufallsvariable Y, wenn für alle $\epsilon > 0$ gilt

$$P(|Y_n - Y| \geq \epsilon) \to 0. \tag{6.2}$$

Büchter und Henn (2007) stellen den Bezug zur Grenzwertaussage im Sinne der Analysis her und beschreiben den Konvergenzvorgang wie folgt:

Welche positive Schranke ϵ man auch vorgibt, stets kommen die Wahrscheinlichkeiten, dass die relativen Häufigkeiten von der Wahrscheinlichkeit p um höchstens ϵ abweichen, für genügend große n beliebig dicht an die 1 heran. (S. 347 f.).

Für den Beweis des schwachen Gesetzes der großen Zahlen wird die Tschebyscheff-Ungleichung benötigt.

Satz (Ungleichung von Tschebyscheff). *Sei X eine diskrete Zufallsvariable mit dem Erwartungswert $E(X) = \mu$ und der Varianz $V(X) = \sigma^2$. Dann gilt für jede Zahl $a > 0$:*

$$P(|X - E(X)| \geq a) \leq \frac{V(X)}{a^2} \tag{6.3}$$

Der Beweis des schwachen Gesetzes der großen Zahlen erfolgt nach Kütting und Sauer (2014, S. 280 f.) also wie folgt:

Beweis. Die absolute Häufigkeit des Eintretens von A in den n Versuchswiederholungen fassen wir als Zufallsvariable auf und bezeichnen sie mit X_n. Die Zufallsvariable X_n gibt also die Anzahl an, wie oft A in einer Bernoulli-Kette der Länge n

auftritt. Die Zufallsgröße X_n ist binomialverteilt mit den Parametern n und p und es gilt:

$$(1)\ E(X_n) = n \cdot p \text{ und } V(X_n) = n \cdot p \cdot (1 - p)$$

Für die Zufallsgröße h_n, die die relative Häufigkeit des Eintretens von A in den n Versuchswiederholungen angibt, gilt dann:

$$(2)\ h_n = \frac{X_n}{n}$$

Mit den Rechenregeln für den Erwartungswert und die Varianz folgt dann:

$$(3)\ E(h_n) = E(\frac{X_n}{n}) = \frac{E(X_n)}{n} = \frac{n \cdot p}{n} = p$$

$$V(h_n) = V(\frac{X_n}{n}) = \frac{V(X_n)}{n^2} = \frac{n \cdot p \cdot (1 - p)}{n^2} = \frac{p \cdot (1 - p)}{n}$$

Mit Hilfe der Tschebyscheff'schen Ungleichung folgt dann für jede positive Zahl ϵ:

$$(4)\ P(|h_n - E(h_n)| \geq \epsilon) \leq \frac{V(h_n}{\epsilon^2}$$

$$P(|h_n - p| \geq \epsilon) \leq \frac{p \cdot (1 - p)}{n \cdot \epsilon^2}$$

Im Grenzübergang $n \to \infty$ folgt:

$$(5) lim_{n \to \infty} P(|h_n - p| \geq \epsilon) = 0$$

bzw. aufgrund des Gegenereignisses

$$lim_{n \to \infty} P(|h_n - p| < \epsilon) = 1.$$

$\square$

In (1) werden die Definitionen vom Erwartungswert und von der Varianz für binomialverteilte Zufallsvariablen angeführt und diese dann in (2) angewendet. Im Beweisschritt (3) wird mithilfe der Rechenregeln und der Definition der Zufallsgröße aus (2) dann der Erwartungswert und die Varianz von der Zufallsvariable der relativen Häufigkeit berechnet. In (4) wird die Tschebyscheff-Ungleichung für eine Abschätzung der Wahrscheinlichkeit der Differenz von der Zufallsvariable h_n und ihrem Erwartungswert genutzt. Mit Anwendung der stochastischen Konvergenz in (5) folgt dann die Aussage des schwachen Gesetzes der großen Zahlen.

Das schwache Gesetz der großen Zahlen ist also im Gegensatz zum empirischen Gesetz der großen Zahlen beweisbar. Löwe und Knöpfel (2011) beschreiben, dass das starke Gesetz der großen Zahlen mathematisch „wesentlich anspruchsvoller ist" (S. 126). Dieses wird im dritten Durchgang näher betrachtet.

Schritt 2.2: Integration der Bezugssysteme sowie des Umfelds
Anwendungen Das schwache Gesetz der großen Zahlen gibt in Abhängigkeit von der Versuchszahl n die Wahrscheinlichkeit an, mit der die relative Häufigkeit in einem vorgegebenen ϵ-Schlauch um die unbekannte Wahrscheinlichkeit verbleibt. Anwendungen sind nicht so unmittelbar wie beim empirischen Gesetz der großen Zahlen und dessen experimenteller Zugang, können aber die (statistische) Physik, das Versicherungswesen (Sterbewahrscheinlichkeiten), die Geburtenrate, die Echtheit einer Münze sowie Wahlprognosen sein. Für die Wahlprognosen geben (Büchter & Henn, 2007) eine beispielhafte Fragestellung an, für die das schwache Gesetz der großen Zahlen eine Aussage liefern kann:

> Vor jeder Wahl werden von verschiedenen Meinungsforschungsinstituten Umfragen gemacht, um den Wahlausgang vorherzusagen. In einer solchen Umfrage geben 5,5 % der Befragten an, die FDP wählen zu wollen. Wie viele Personen müssen befragt worden sein, damit die Parteiführung aufgrund dieser Umfrage einigermaßen sicher sein kann, nicht an der 5 %-Hürde zu scheitern? (S. 349)

Bezüge zur Statistik können auch hergestellt werden. Für das Zeigen konsistenter Schätzer wird das schwache Gesetz der großen Zahlen benötigt.

Historische Genese
Das schwache Gesetz der großen Zahlen geht auf Jakob Bernoulli zurück. Bewiesen hat er dies ca. 1690, es wurde aber erst postum 1713 in seinem Werk *Ars conjectandi* veröffentlicht, was übersetzt die Kunst des Vermutens heißt. Hier werden explizite, also sehr präzise Berechnungen angestellt, „welche relativen Häufigkeiten sich in Versuchsreihen in Abhängigkeit der theoretischen Wahrscheinlichkeiten mutmaßlich ergeben" (Bewersdorff, 2021, S. 92). Bewersdorff gibt an, dass Bernoulli vor allem Messfehler abschätzen wollte, um die empirische Messung von unbekannten Wahrscheinlichkeiten zu ermöglichen. Zu Zeiten Bernoullis war der Wahrscheinlichkeitsraum mit Kolmogorovs Axiomen noch nicht bekannt, sodass Bernoulli ohne diesen auskam. Die Kolmogorov-Axiome lassen sich aber übertragen, wodurch das schwache Gesetz der großen Zahlen seine Gültigkeit behält.

Schritt 2.3: Benötigtes Vorwissen

In diesem Schritt werden zwei Bereiche von Vorwissen unterschieden. Durch die mathematische Präzisierung ist auch eine Beweisführung möglich. Es werden also die mathematischen Konzepte eingeführt, die einerseits für ein Verständnis des Satzes und andererseits für das Vorwissen in Bezug auf die Beweisführung nötig sind.

Für das Verständnis des schwachen Gesetzes der großen Zahlen wird Wissen über absolute und relative Häufigkeiten, Zufallsexperimente, Wahrscheinlichkeiten bei Bernoulli-Ketten der Länge n und Kenntnisse zur (p-) stochastischen Konvergenz benötigt.

Für das Nachvollziehen des Beweises müssen die Kenntnisse darüber hinaus gehen. Einerseits ist die Anwendung der Tschebyscheff-Ungleichung zentral für die Beweisführung. Die absoluten Häufigkeiten werden als Zufallsvariable aufgefasst und diese ergeben in Abhängigkeit zu n (die Versuchswiederholungen) dividiert durch n die relative Häufigkeit. Darüber hinaus wird der Umgang mit Erwartungswert und Varianz sowie Kenntnisse über Binomialverteilungen (also auch Kombinatorik) benötigt.

Die Beweisführung für diese Version des schwachen Gesetzes der großen Zahlen verlangt im Gegensatz zu anderen Versionen weniger mathematische Kenntnisse. Der Grund hierfür ist die Betrachtung von Bernoulli-Ketten der Länge n mit diskreten Zufallsvariablen, sodass die Definition eines Wahrscheinlichkeitsraums nicht unbedingt nötig ist.

Schritt 2.4: Verschiedene Darstellungsebenen und Grundvorstellungen

Darstellungsebenen

Auf enaktiver Ebene sind Simulationen mit Münzexperimenten denkbar. Zufallsversuche müssen in Bezug auf dieses Gesetz der großen Zahlen binomialverteilt sein. Dabei können nicht-binomialverteilte Ereignisse in binomialverteilte Ereignisse überführt werden. Auf ikonischer Ebene können tabellarische Übersichten erstellt werden, in denen relative Häufigkeiten berechnet werden. Diese können auch graphisch dargestellt werden. Auf symbolischer Ebene kann auch die Verbalisierung des schwachen Gesetzes der großen Zahlen genutzt werden. Umgangssprachlich heißt dies, dass bei wachsender Versuchszahl n die Wahrscheinlichkeit, dass die relative Häufigkeit des Ereignisses A um weniger als eine beliebig kleine vorgegebene positive Zahl ϵ von der Wahrscheinlichkeit $P(A) = p$ des Ereignisses A abweicht, gegen 1 strebt. Um auf sprachlicher Ebene das schwache Gesetz der großen Zahlen zu visualisieren, ist es hilfreich, das schwache Gesetz der großen Zahlen mit seinen Aussagen anzuwenden.

Eine weitere Möglichkeiten sind Computersimulationen, die mit beliebig großen Wiederholungen die einhergehende Stabilisierung der relativen Häufigkeiten innerhalb einer ϵ-Umgebung visualisieren können.

Benötigte Grundvorstellungen

Die Grundvorstellungen, die beim schwachen Gesetz der großen Zahlen eine Rolle spielen, werden im Folgenden angegeben und begründet. Die *Wahrscheinlichkeit als Maß für eine Erwartung* ist gegeben. Abhängig von der Versuchszahl können klarere Aussagen getätigt werden, ob die relative Häufigkeit als Wahrscheinlichkeit angenommen werden kann. Diese Aussagen können mit einer Zahl zwischen 0 und 1 ausgedrückt werden. Die *Wahrscheinlichkeit als relative Häufigkeit* spielt beim Umgang mit Bernoulli-Ketten der Länge *n* eine Rolle. Die Grundvorstellung *Wahrscheinlichkeit als subjektives Vertrauen* ist hier ebenfalls relevant, weil das Vertrauen durch eine hohe Versuchszahl bei Sachüberlegungen größer ist als bei einer geringeren Versuchszahl. Die von Bender formulierten Grundvorstellungen, die für das schwache Gesetz der großen Zahlen relevant sind, sind die *Kombinatorik als Grundvorstellung, Wahrscheinlichkeitsraum als Grundvorstellung* und *Zufallsgrößen als Funktion*. Die erste genannte Grundvorstellung spielt insbesondere bei der Beweisführung eine Rolle. Die zweite Grundvorstellung ist implizit Grundlage für verschiedene Versionen des schwachen Gesetzes der großen Zahlen, auch wenn die hier eingeführte Version keinen Wahrscheinlichkeitsraum definiert. Es werden aber Zufallsvariablen bzw. -größen genutzt, somit muss diese Grundvorstellung vorhanden sein.

Im Folgenden wird ein Vorschlag für eine weitere Grundvorstellung dargestellt. Die oben genannten Grundvorstellungen von Malle und Malle genügen aus nachstehenden Gründen nicht:

1. Sie sind sehr allgemein gehalten und geben nur Aufschluss über Grundvorstellungen zum Thema Wahrscheinlichkeit. Sie sind zwar zentral bei diesem Gesetz der großen Zahlen, bleiben aber unspezifisch in der Hinsicht, welche Grundvorstellungen für das Verständnis dieses Konzeptes aufgebaut werden müssen.
2. Der Aufbau dieser Grundvorstellungen ist zentral für die Behandlung der Wahrscheinlichkeitsrechnung in der Schule. Das schwache Gesetz der großen Zahlen ist aber primär der akademischen Mathematik zugeordnet. Der Aufbau von Grundvorstellungen hört also an diesem Punkt nicht auf und es sind weitere bzw. erweiterte Grundvorstellungen nötig.

Letzteres zeigt sich insbesondere im Gegensatz zum empirischen Gesetz der großen Zahlen. Natürlich sind die Grundvorstellungen von Malle und Malle wichtig für das

Verstehen von Wahrscheinlichkeiten. Die Idee der Wahrscheinlichkeit als relative Häufigkeit basiert auf dem Gedanken des empirischen Gesetzes der großen Zahlen, geht aber nicht weit genug. Die Idee der Stabilisierung wird hier also zu einer Grundvorstellung *die relative Häufigkeit als Schwankung* formuliert. Damit wird ein Versuch unternommen, der Abnahme der Variation/Streuung/Schwankung der relativen Häufigkeiten bei steigendender Versuchzahl gerecht werden zu können.

Die Beobachtung der relativen Häufigkeit zeigt sich zwar beim empirischen Gesetz der großen Zahlen, wird aber noch nicht spezifiziert. Das schwache Gesetz der großen Zahlen zeigt einen mathematischen „Trichtergedanken", in dem Wahrscheinlichkeiten in einem Bereich verbleiben. Dies hat Bezüge zum $\frac{1}{\sqrt{n}}$-Gesetz (s. dazu Riemer 1991a) und zum analytischen Konvergenzbegriff. Die *relative Häufigkeit als Schwankung* bedeutet also eine Erweiterung der Grundvorstellung *Wahrscheinlichkeit als relative Häufigkeit*, zeigt aber auch gleichzeitig die noch immer herrschende Unsicherheit in Form einer Grundvorstellung *Wahrscheinlichkeit als subjektives Vertrauen.*

Durch die Formulierung der Grundvorstellung mit dem Trichtergedanken kann eine Sinnkonstituierung eines Begriffs stattfinden und Repräsentationen aufgebaut werden. Inwieweit dies zur „Fähigkeit zur Anwendung eines Begriffs" beträgt, bleibt hier offen. Für eine abschließende Bewertung, ob diese Grundvorstellung auch tatsächlich eine ist, bietet sich der Verfahrensrahmen von Salle und Clüver (2021) an.

Schritt 2.5: Grundlegende didaktische Konzepte
In diesem Abschnitt werden grundlegende didaktische Konzepte dargestellt, welche dem schwachen Gesetz der großen Zahlen zugeordnet werden können. Das Vorgehen ist analog zum ersten Durchgang zum empirischen Gesetz der großen Zahlen. Das vorliegende Konzept hat als vorrangige OECD-*big idea* „data and chance" und passend dazu die Leitidee „Daten und Zufall", weil es zum mathematischen Inhalt der Stochastik zählt. Die *big idea* des Zufalls und der Unsicherheit ist Teil des vorliegenden Konzepts. Die fundamentalen Ideen sind hier vielfältig. Einerseits spielen die fundamentalen Ideen der Zufälligkeit (Fundamentale Idee 1) aufgrund des Themenbereichs und der genutzten Wahrscheinlichkeit eine Rolle. Andererseits sind Ereignisse und Ereignisraum (Fundamentale Idee 2), Kombinatorik (Fundamentale Idee 6), Zufallsvariable (Fundamentale Idee 8), (Stochastische) Konvergenz und Gesetze der großen Zahlen (Fundamentale Idee 9) sowie Stichprobe und ihre Verteilung (Fundamentale Idee 10) relevant für das schwache Gesetz der großen Zahlen. Diese sind auch erkennbar am benötigten Vorwissen, weil sie dort auch schon aufgeführt wurden. Damit herrscht eine Anschlussfähigkeit an folgende fundamentale Ideen nach Borovcnik:

- Ausdruck von Informationen über eine unsichere Sache,
- Verdichtung von Information,
- Präzision von Information,
- Repräsentativität partieller Information.

Die folgenden Wahrscheinlichkeitsbegriffe sind mit dem schwachen Gesetz der großen Zahlen verbunden: Einerseits ist dies der frequentistische Wahrscheinlichkeitsbegriff, weil dieser auf den Annahmen des empirischen Gesetzes der großen Zahlen und somit auch des schwachen Gesetzes der großen Zahlen beruht. Bei dieser Deutung wird eine Stabilisierung der relativen Häufigkeiten angenommen. Andererseits spielt auch das Propensity-Konzept eine Rolle, welches als Erweiterung des frequentistischen Wahrscheinlichkeitsbegriffs verstanden wird. Wahrscheinlichkeiten sind hier theoretische Eigenschaften von Zufallsexperimenten. Darüber hinaus ist auch der axiomatische Wahrscheinlichkeitsbegriff von Relevanz, weil dieser (wenn auch in dieser Version indirekt) die „mathematischen Regeln" der Wahrscheinlichkeiten in seiner Deutung inkludiert (vgl. Abschnitt 2.4).

Das schwache Gesetz der großen Zahlen ist mathematisierbar und beweisbar. Anwendungsbezüge lassen sich herstellen. Für ein Verständnis von Satz und Beweis werden Vorkenntnisse der akademischen Mathematik benötigt. Auf enaktiver und ikonischer Darstellungsebene lassen sich Bezüge zeigen. Auf symbolischer Ebene sind mehrere Möglichkeiten gegeben. Mehrere Grundvorstellungen sind für das schwache Gesetz der großen Zahlen nötig. Insbesondere die hier vorgeschlagene Grundvorstellung „Relative Häufigkeit als Schwankung" beschreibt das Phänomen des schwachen Gesetzes der großen Zahlen. Es zeigt sich bei den grundlegenden didaktischen Konzepten, das sie zu *big ideas*, Leitideen, fundamentalen Ideen und zu Wahrscheinlichkeitsbegriffen zugeordnet werden können.

Durchgang 3: Starkes Gesetz der großen Zahlen
Im dritten Durchgang wird das starke Gesetz der großen Zahlen betrachtet, welches eine mathematische Präzisierung des empirischen Gesetzes der großen Zahlen ist und eine höhere Aussagekraft im Vergleich zum schwachen Gesetz hat.

Schritt 3.1: Mathematischer Kern des Inhalts
Es gibt verschiedene Formulierungen, die sich durch unterschiedliche Allgemeinheitsgrade sowie der Stärke der Voraussetzungen unterscheiden. Die hier gewählte Formulierung sowie der Beweis stammt aus Krengel (2005).

An dieser Stelle wird noch einmal der Satz aus Abschnitt 2.2 für die inhaltliche Analyse angeführt:

Satz (Das starke Gesetz der großen Zahlen). *Sei* X_1, X_2, X_3, *... eine Folge diskreter, unkorrelierter Zufallsvariablen und* $Var(X_i) \leq M < \infty$. *Dann konvergiert diese durch*

$$Z_n = \frac{1}{n} \sum_{i=1}^{n} (X_i - E(X_i))$$

definierte Folge fast sicher gegen 0.
so folgt $\lim_{n \to \infty} (\frac{1}{n} \sum_{i=1}^{n} (X_i - E(X_i))) = 0$ *P-fast sicher.*

Das starke Gesetz der großen Zahlen beinhaltet eine **P-fast sichere stochastische Konvergenz**. Eine Folge (Y_n) konvergiert fast sicher gegen Y, wenn

$$P(\{\omega \in \Omega : lim_{n \to \infty} Y_n(\omega) = Y(\omega)\}) = 1. \tag{6.4}$$

Für den Beweis des starken Gesetzes der großen Zahlen wird neben der Tschebyscheff'schen Ungleichung auch der Satz von Borel-Cantelli benötigt.

Satz (Borel-Cantelli). *Für eine Folge* A_1, A_2, *... von Ereignissen sei*

$$A^* = \{\omega \in \Omega : \omega \in A_k \ f \ddot{u}r \ endlich \ viele \ k\}$$

(i) *Gilt* $\sum_{k=1}^{\infty} P(A_k) < \infty$, *so ist* $P(A^*) = 0$.
(ii) *Sind die* A_k *unabhängig und ist* $\sum_{k=1}^{\infty} P(A_k) = 0$, *so ist* $P(A*) = 1$.

Der Beweis des starken Gesetzes der großen Zahlen ist also wie folgt:

Beweis. Im ersten Beweisschritt ist das Ziel, dass $(Z_{n^2})_{n \in \mathbb{N}}$ fast sicher gegen 0 konvergiert. Ohne Beschränkung der Allgemeinheit ist $E(X_i) = 0$, weil X_i unkorreliert (also $Cov(X_i, X_j) = 0$ für $i \neq j$) ist und die Rechenregeln für Varianz und Kovarianz folgende sind:

$$(1) \ Var(X_1 + ... + X_n) = \sum_{i=1}^{n} Var(X_i) + \sum_{i \neq j} Cov(X_i, X_j).$$

Es gilt

$$(2)\ Var(Z_{n^2}) = Var(\frac{1}{n^4}(X_1 + X_2 + \ldots + X_{n^2})$$

$$= \frac{1}{n^4}(\sum_{i=1}^{n^2} Var(X_i) + \sum_{i \neq j} Cov(X_i, X_j)$$

$$= \frac{1}{n^4} \sum_{i=1}^{n^2} Var(X_i) \leq \frac{1}{n^4} Mn^2 = \frac{M}{n^2}$$

Mit der Tschebyscheff'schen Ungleichung gilt für $\epsilon < 0$

$$(3)\ P(|Z_{n^2}| \geq \epsilon) \leq \frac{1}{\epsilon^2} Var(Z_{n^2}) \leq \frac{M}{\epsilon^2 n^2}$$

Ist $A_n^\epsilon = \{|Z_{n^2}| \geq \epsilon\}$, so ist also die Summe von $P(A)$ konvergent, also

$$(4)\ \sum_{n=1}^{\infty} P(A_n^\epsilon) \leq \sum_{n=1}^{\infty} \frac{M}{\epsilon^2 n^2} = \frac{M}{\epsilon^2} \sum_{n=1}^{\infty} \frac{1}{n^2}.$$

Nutzen wir den Satz von Borel-Cantelli für jedes $k \in \mathbb{N}$. Daraus folgt, dass fast jedes ω nur zu endlich vielen A_n gehört. Setzen wir nun $\epsilon = \frac{1}{k}$, so ergibt sich

$$(5)\ E_k = \{\omega \in \Omega : \omega \in A_n^{\frac{1}{k}} \text{ für endlich viele n}\}$$

Mit der ersten Eigenschaft von Borel-Cantelli folgt dann, dass $P(E_k) = 0$. Damit ist also auch die Vereinigung E der E_k gleich 0.

$$(6)\ P(\cup_{k=1}^{\infty} E_k) \leq \sum_{k=1}^{\infty} P(E_k) = \sum_{k=1}^{\infty} 0 = 0$$

Mit den DeMorganschen Regeln gilt somit: Für $\omega \in E$ gibt es zu jedem k nur endlich viele n mit $|Z_{n^2}(\omega)| \geq 1$. Für diese ω gilt also $lim_{n \to \infty} Z_{n^2} = 0$.

Zweiter Beweisschritt: Für $m \in \mathbb{N}$ sei nun $n = n(m)$ die natürlich Zahl mit $n^2 \leq m < (n+1)^2$. Wir wollen Z_m mit Z_{n^2} vergleichen.

Sei $S_k = \sum_{i=1}^{\infty} X_i$.

Nach den Rechenregeln für Varianzen ist

$$(7) \; Var(S_m - S_{n^2}) = Var(\sum_{i=1}^{m} X_i - \sum_{i=1}^{n^2} X_i) = Var(\sum_{n^2+1}^{m} X_i)$$

$$= \sum_{n^2+1}^{m} Var(X_i) + \sum_{i \neq j} Cov(X_i, X_j) \leq M(M - n^2).$$

Nach der Tschebyscheff-Ungleichung folgt für $\epsilon < 0$

$$(8) \; P(|S_m - S_{n^2}|\epsilon n^2) \leq Var(S_m - S_{n^2}) \leq \frac{M(m - n^2)}{\epsilon^2 n^4}$$

$$= \frac{M}{\epsilon^2 n^4}(m - n^2).$$

Summieren wir nun über m, so erhalten wir

$$(9) \; \sum_{m=1}^{\infty} P(\frac{1}{n(m)^2}|S_m - S_{n(m)^2} \geq \epsilon) \leq \sum_{m=1}^{\infty} (\frac{M}{\epsilon^2 n^4}(m - n^2))$$

$$= \frac{M}{\epsilon^2} \sum_{m=1}^{\infty}(\frac{1}{n^4}(m - n^2)) \leq \frac{M}{\epsilon^2} \sum_{n=1}^{\infty} \sum_{m=n^2}^{(n+1)^2-1} \frac{m - n^2}{l^4}$$

$$\frac{M}{\epsilon^2} \sum_{n=1}^{\infty} \frac{1}{l^4}(1 + 2 + ... + 2n) = \frac{M}{\epsilon^2} \sum_{n=1}^{\infty} \frac{(2n)(2n + 1)}{2n^4} < \infty.$$

Nach Borel-Cantelli gilt dann für fast alle ω und für alle hinreichend großen m, etwa für $m \geq m_\epsilon(\omega)$,

$$(10) \; \frac{1}{n(m)^2}|S_m(\omega) - S_{n(m)^2}(\omega)| < \epsilon$$

Ferner ist nach dem ersten Beweisschritt für fast alle ω und für hinreichend großes m

$$(11) \; |\frac{1}{n(m)^2} S_{n(m)^2}(\omega)| < \epsilon$$

Für fast alle ω gilt also beides. Für diese ω ist dann von einem hinreichend großen M an $|S_m(\omega)/n(m)^2| < 2\epsilon$. Wegen $m > n(m)^2$ ist dann aber auch $|Z_m(\omega)| = |S_m(\omega)/m| < 2\epsilon$.

Setzt man wieder $\epsilon = 1/k$, so folgt, dass für jedes k

(12) $P(\{\omega : |Z_m(\omega)| > 2/k \text{ für unendlich viele } m\}) = 0.$

$\square$

In Schritt (1) der Beweisführung werden die Rechenregeln von Varianz und Kovarianz angeführt, um eine Abschätzung für die Varianz zu erhalten (2). In Schritt (3) wird mit der Tschebyscheff-Ungleichung eine weitere Abschätzung vorgenommen. Anschließend wird in Schritt (4) gezeigt, dass die Summe von $P(A)$ konvergiert. Im fünften und sechsten Schritt wird der Satz von Borel-Cantelli angewandt und danach die De Morganschen Regeln. In Schritt (7) werden die Rechenregeln für Varianzen genutzt, um dann die Tschebyscheff-Ungleichung für eine weitere Abschätzung anzuwenden. Schritt (9) ist durch das Aufsummieren sowie den Umgang mit Summen und Summenregeln eine komplexere Abschätzung. Anschließend wird mit dem Satz von Borel-Cantelli (10) abgeschätzt und durch Rückbezug auf den ersten Beweisschritt kann weiter abgeschätzt (11) werden. In Schritt 12 gilt dann die p-fast sichere Konvergenz.

Schritt 3.2: Integration der Bezugssysteme sowie des Umfelds
Anwendungen Das starke Gesetz der großen Zahlen findet Anwendung in der (statistischen) Physik, im Versicherungswesen, beim Prüfen der Echtheit einer Münze, bei Wahlprognosen sowie im allgemeinen bei Prognosen für das fast sichere Eintreten von Ereignissen. Wird das explizierte Beispiel vom schwachen Gesetz der großen Zahlen in 2.2 aufgegriffen, so lautet die Formulierung der Frage nicht mehr, ob die Parteiführung sich „einigermaßen sicher", sondern „fast sicher" im mathematischen Sinne sein kann. Das starke Gesetz der großen Zahlen liefert also beim gleichen Beispiel eine stärkere Aussage.

Mathematisch leistet das starke Gesetz der großen Zahlen Vorarbeit für den zentralen Grenzwertsatz von de Moivre-Laplace. Ein weiterer Bezug ist, dass das starke Gesetz der großen Zahlen „die Bedeutung der theoretischen Begriffe *Wahrscheinlichkeit* und *Erwartungswert* für den Bereich der empirischen Datenerhebung" (Bewersdorff, 2021, S. 108) untermauert. Bewersdorff konkretisiert dies wie folgt:

Man stelle sich dazu einfach einmal hypothetisch vor, dass Versuchsreihen nur dem schwachen, aber nicht dem starken Gesetz der großen Zahlen genügen würden. „Ausreißer" können damit im Verlauf einer Versuchsreihe immer wieder auftreten. Gesichert wäre einzig, dass solche „Ausreißer" immer seltener werden müssten. Eine nachhaltige Stabilisierung von Beobachtungswerten hin zu einem theoretischen Idealwert - ob Wahrscheinlichkeit oder Erwartungswert - würde also nicht vorliegen. Es gäbe sogar eine positive Wahrscheinlichkeit für eine Nicht-Konvergenz. Und damit wird klar, dass eigentlich erst das starke Gesetz der großen Zahlen genau jene Aussage beinhaltet, die man intuitiv vielleicht bereits vom schwachen Gesetz der großen Zahlen erhofft hat! (Bewersdorff, 2021, S. 108)

Bewersdorff (2021) zeigt mit obiger Aussage die Aussagekraft des starken Gesetzes der großen Zahlen auf. Hiermit zeigt sich, dass das starke Gesetz der großen Zahlen keine Ausreißer mehr toleriert.

Historische Genese Über 200 Jahre nach Beweis des schwachen Gesetzes der großen Zahlen wurde durch Emile Borel (1871–1956) eine erste Version des starken Gesetzes der großen Zahlen entdeckt, welche für eine Serie von Münzwürfen gültig war. Anschließend wurde eine erste allgemeinere Version von Francesco Paolo Cantelli (1875-1966) bewiesen. Bewersdorff (2021) fügt noch hinzu: „Da die zugehörige mathematische Argumentation nicht übermäßig schwierig ist, kann man mit gutem Grund mutmaßen, dass zuvor wohl niemand die Notwendigkeit gesehen hat, die Gültigkeit solcher Aussagen zu untersuchen" (S. 109). Die Begrifflichkeit „Gesetz der großen Zahlen" wurde im Jahr 1835 von Siméon-Denis Poisson eingeführt. Der Begriff „stark" wurde durch Aleksandr Jakowlewitsch Chintischin im Jahr 1928 hinzugefügt (Bewersdorff, 2021).

Schritt 3.3: Benötigtes Vorwissen

Zwei Bereiche von Vorwissen werden in diesem Schritt untersucht. Durch die mathematische Präzisierung ist hier analog zum schwachen Gesetz der großen Zahlen ein Vorwissen für die Beweisführung gegeben. Es wird das Vorwissen für ein Verständnis des Satzes und ein Vorwissen in Bezug auf die Beweisführung analysiert.

Für das Verständnis des starken Gesetzes der großen Zahlen wird Wissen über absolute und relative Häufigkeiten, Zufallsexperimente, über diskrete Wahrscheinlichkeitsräume, (unkorrelierte) Zufallsvariablen, Varianz und Kovarianz sowie über p-fast sichere Konvergenz benötigt.

Für das Nachvollziehen des Beweises müssen die Kenntnisse darüber hinaus gehen. Die Anwendung der Tschebyscheff-Ungleichung und der Satz von Borel-Cantelli sind zentral für die Beweisführung. Der analytische Konvergenzbegriff sowie die De Morganschen Regeln müssen bekannt sein. Um den zweiten Beweisteil durchführen zu können, müssen Lernende das Aufsummieren in Summen können sowie mit Summen und Summenregeln umgehen können.

Schritt 3.4: Verschiedene Darstellungsebenen und Grundvorstellungen

Darstellungsebenen
Primär auf symbolischer Darstellungsebene ist eine Auseinandersetzung mit dem starken Gesetz der großen Zahlen denkbar. Aufgrund des deduktiv-axiomatischen Charakters des starken Gesetzes der großen Zahlen kann dieser Satz nur schwer auf enaktiver Ebene visualisiert werden. Hierfür sind Simulationen mit Münzen oder Würfeln denkbar. Durch die Auseinandersetzung mit dem starken Gesetz der großen Zahlen wissen Lernende „fast sicher", dass die relative Häufigkeit gegen ihren Grenzwert konvergiert. Dabei schreibt Krengel (2005), dass „sehr lange Sechserfolgen [beim Würfeln] fast sicher erst so spät auftreten, dass sie die relativen Häufigkeiten nicht mehr stark beeinflussen" (S. 156). Die symbolische Ebene umfasst einerseits die Verbalisierung von der „fast sicheren" Konvergenz andererseits und auch die Formelsprache, welche im Kern des Inhalts aufgezeigt wurde.

Benötigte Grundvorstellungen
Die Grundvorstellungen, die beim starken Gesetz der großen Zahlen eine Rolle spielen, werden im Folgenden angegeben und begründet. Die *Wahrscheinlichkeit als Maß für eine Erwartung* ist beim starken Gesetz der großen Zahlen gegeben. Abhängig von der Versuchszahl können klare Aussagen getätigt werden. Die *Wahrscheinlichkeit als relativer Anteil* ist beim starken Gesetz der großen Zahlen ebenfalls von Relevanz. Auf der Annahme einer Stabilisierung unter einer großen n-maligen Wiederholung basiert die Grundvorstellung *Wahrscheinlichkeit als relative Häufigkeit*. Die Grundvorstellung *Wahrscheinlichkeit als subjektives Vertrauen* ist hier analog zum schwachen Gesetz der großen Zahlen ebenfalls relevant, weil das Vertrauen durch eine hohe Versuchszahl bei Sachüberlegungen höher ist als bei weniger Versuchen. Die für das starke Gesetz der großen Zahlen relevante Grundvorstellungen nach Bender (1997) sind die *Kombinatorik als Grundvorstellung, Wahrscheinlichkeitsraum als Grundvorstellung* und *Zufallsgrößen als Funktion*. Die erst genannte Grundvorstellung spielt insbesondere bei der Beweisführung eine Rolle. Die zweite Grundvorstellung ist mathematische Grundlage für das starke Gesetzes der großen Zahlen. Zufallsgrößen werden sowohl im Satz als auch im Beweis genutzt.

Wie schon beim schwachen Gesetz der großen Zahlen kann der Vorschlag einer erweiterten Grundvorstellung *Relative Häufigkeit als Schwankung* in den Kanon mit aufgenommen werden. Hier gilt es aber zu beachten, dass der „Trichtergedanke" stärker als beim schwachen Gesetz der großen Zahlen ausgeprägt ist.

Schritt 3.5: Grundlegende didaktische Konzepte
In diesem Abschnitt werden grundlegende didaktische Konzepte aufgeführt, die dem starken Gesetz der großen Zahlen zugeordnet werden können. Das Vorgehen ist analog zu den anderen Durchgängen.

Das vorliegende Konzept wird der OECD-*big idea* „chance and data" und der Leitidee „Daten und Zufall" zugeordnet, weil es zum mathematischen Inhalt der Stochastik zählt. Teil des vorliegenden Konzepts ist die *big idea* des Zufalls und der Unsicherheit. Mehrere fundamentale Ideen lassen sich zum starken Gesetz der großen Zahlen zuordnen. Die fundamentale Idee der Zufälligkeit (Fundamentale Idee 1) aufgrund des Themenbereichs und der genutzten Wahrscheinlichkeit ist relevant. Andererseits spielen Ereignisse und Ereignisraum (Fundamentale Idee 2), Kombinatorik (Fundamentale Idee 6), Zufallsvariable (Fundamentale Idee 8), (Stochastische) Konvergenz und Gesetze der großen Zahlen (Fundamentale Idee 9) sowie Stichprobe und ihre Verteilung (Fundamentale Idee 10) eine Rolle für das starke Gesetz der großen Zahlen, auch schon erkennbar durch die Analyse des Vorwissens in Schritt 3.3. Damit herrscht eine Anschlussfähigkeit an folgende fundamentale Ideen nach Borovcnik:

- Ausdruck von Informationen über eine unsichere Sache,
- Verdichtung von Information,
- Präzision von Information,
- Repräsentativität partieller Information.

Analog zum schwachen Gesetz der großen Zahlen lassen sich mehrere Wahrscheinlichkeitsbegriffe für das starke Gesetz der großen Zahlen identifizieren:

- Der frequentistische Wahrscheinlichkeitsbegriff kann identifiziert werden, weil diese Deutung durch das starke Gesetz der großen Zahlen gestützt wird. Bei dieser Deutung wird eine Stabilisierung der relativen Häufigkeiten angenommen. Diese Annahmen sind nach Bewersdorff (2021, S. 108) mit dem starken Gesetz erst gezeigt. Erweiternd dazu gilt auch der Zugang mittels Propensity-Konzept.
- Der axiomatische Wahrscheinlichkeitsbegriff kann festgestellt werden, weil Wahrscheinlichkeiten beim starken Gesetz der großen Zahlen theoretische Eigenschaften von Zufallsexperimenten sind. Das starke Gesetz beruht auf einer Axiomatisierung eines Wahrscheinlichkeitsraums in Form der Kolmogorov-Axiome. Diese Axiome sind die „mathematischen Regeln" der Wahrscheinlichkeiten und entsprechen somit einer axiomatischen Deutung.

Das starke Gesetz der großen Zahlen ist mathematisierbar und beweisbar. Anwendungsbezüge lassen sich herstellen. Für ein Verständnis von Satz und Beweis werden viele Vorkenntnisse benötigt. Auf enaktiver und ikonischer Darstellungsebene lassen sich scheinbar nur wenige Bezüge zeigen. Auf symbolischer Ebene sind mehrere Möglichkeiten gegeben. Mehrere Grundvorstellungen sind für das starke Gesetz der großen Zahlen nötig. Es zeigt sich bei den grundlegenden didaktischen Konzepten, das sie zu *big ideas*, Leitideen, fundamentalen Ideen und zu Wahrscheinlichkeitsbegriffen zugeordnet werden können.

Im Anschluss an die drei Didaktisierungsdurchgänge wird nun auf Basis dieser die Rekonstruktion durchgeführt. Das heißt, dass die vier Kategorien angewendet werden, um Wissenselemente zu generieren, diese miteinander auf Gemeinsamkeiten und Unterschiede zu vergleichen und anschließend Grenzen aufzuzeigen und zu strukturieren.

6.3   Rekonstruktion der Wissenselemente der Gesetze der großen Zahlen

In diesem Abschnitt werden die Ergebnisse der zuvor durchgeführten Didaktisierung genutzt, um Wissenselemente zu identifizieren und im späteren Verlauf auch zu strukturieren. Für diese Identifikation werden zunächst die Ergebnisse der Didaktisierung genutzt, um in der Kategorie „Eigenheiten" Wissenselemente zu formulieren. Diese werden reflektiert und entweder schulischen oder fachwissenschaftlichen Theorien zugeordnet, also der schulischen Mathematik oder akademischen Mathematik. Diese Zuordnung bedeutet nicht, dass Wissenselemente verworfen werden, weil die Zielsetzung ein elementarisiertes akademisches Wissen fordert. Es werden aber Elemente bewertet, indem diese nur ein Nachvollziehen und nicht ein Verstehen erfordern, weil sie einer rein akademischen Mathematik zugeordnet werden. Wissenselemente der schulischen Mathematik sind trotzdem noch Teil von Wissenselementen akademischer Mathematik, weil schulische Mathematik auch Teil akademischer Mathematik ist. Wiederum muss es nicht heißen, dass Wissenselemente akademischer Mathematik verworfen werden, weil eine Elementarisierung nicht möglich ist. Diese Bewertung erfolgt später. Im Anschluss an die Formulierung von Wissenselementen ausgehend von den Ergebnissen der Didaktisierung (Eigenheiten) werden diese in Abschnitt 6.3 miteinander verglichen und Gemeinsamkeiten und Verschiedenheiten herausgearbeitet. Weil die Vergleichsgrundlage (die identifizierten Wissenselemente aus der vorherigen Kategorie) die Gleiche ist, werden Gemeinsamkeiten und Unterschiede getrennt nach den Schritten der Didaktisierung gemeinsam betrachtet. Das Ziel dieser Kategorie ist es, diese Gemeinsamkeiten oder

Unterschiede zu Ideen zusammenzufassen. In der Kategorie „Begrenztheiten", dargestellt in Abschnitt 6.3, werden die Wissenselemente zu den Wissensdimensionen und Wissensarten zugeordnet und anschließend werden exemplarisch Wissensnetze aufgezeigt, welche die Grenzen elementarisierten akademischen Fachwissens aufzeigen können.

Eigenheiten
In diesem Abschnitt wird die Kategorie „Eigenheiten" mit dem Ziel der Klärung der Relevanz einzelner Konzepte bzw. Elemente auf die Ergebnisse der Didaktisierung angewandt. Dabei werden die einzelnen Schritte des jeweiligen Durchgangs durchlaufen und unter Berücksichtigung des Ziels und der Zielgruppe auf Relevanz hin geprüft.

Das Ziel ist die Identifikation und Strukturierung elementarisierten akademischen Wissens von Lehrkräften zum empirischen, schwachen und starken Gesetz der großen Zahlen. Die Zielgruppe sind Lehrkräfte der Sekundarstufe I und II.

In diesem Abschnitt werden die Ergebnisse der Didaktisierung der einzelnen Durchgänge in Wissenselemente umformuliert und auf ihre Relevanz hin reflektiert. Letzteres soll zunächst nur eine Bewertung sein, ob sie zur schulischpraktischen oder universitären Theorie gehören.

Formulierung von Wissenselementen ausgehend von den Ergebnissen der Didaktisierung hinsichtlich des empirischen Gesetzes der großen Zahlen
In diesem Abschnitt werden die Konzepte bzw. Elemente rund um das empirische Gesetz der großen Zahlen beschrieben, die für das Wissen von Lehrkräften charakteristisch sind. Die einzelnen Schritte der Didaktisierung werden mit dem Ziel und der Zielgruppe der didaktisch orientierten Rekonstruktion verglichen. Als Ergebnis sind Wissenselemente in Tabelle 6.1 dargestellt

Mathematischer Kern des Inhalts
Bei der Betrachtung des mathematischen Kerns des Inhalts des empirischen Gesetzes der großen Zahlen fällt auf, dass der mathematische Inhalt nur gering ist. Für Lehrkräfte relevant ist die Kernaussage des empirischen Gesetzes der großen Zahlen. Diese brauchen sie, um das Naturgesetz zu verstehen und Annahmen in stochastischen Modellen treffen zu können. Für Lehrkräfte ist es außerdem relevant zu wissen, dass das empirische Gesetz der großen Zahlen kein mathematischer Sachverhalt und nicht beweisbar ist. Es hat außerdem die innermathematische Verwendung, Wahrscheinlichkeiten zu einem Ergebnis zuzuordnen. Aus Schritt 1 der Didaktisierung (6.2) werden also alle Elemente als relevant erachtet.

Integration der Bezugssysteme sowie des Umfelds
Hinsichtlich der Integration der Bezugssysteme sowie des Umfelds lässt sich feststellen, dass Lehrkräfte über die Anwendung des empirischen Gesetzes wissen
können, dass sie sich für Modellannahmen eignen. Typische Anwendungsfelder
sind Experimente, die mit unterschiedlichen Versuchszahlen durchgeführt werden
können, um das Phänomen dieses Gesetzes sichtbar zu machen. Ein klassisches
Beispiel ist der Vergleich der Geburtenrate zweier Krankenhäuser mit verschieden
hohen Geburtszahlen. Lehrkräfte wissen über die historische Genese des empirischen Gesetzes der großen Zahlen, dass der Begriff „Wahrscheinlichkeit" als Limes
der relativen Häufigkeiten in Anlehnung an eine analytische Definition des Grenzwerts definiert wurde, aber nicht beweisbar war. Sie haben also Kenntnisse über die
historische Genese.

Benötigtes Vorwissen
Bei der Betrachtung des benötigten Vorwissens fällt auf, dass für ein Verständnis des
empirischen Gesetzes der großen Zahlen Vorkenntnisse zu absoluten und relativen
Häufigkeiten, dem Aufbau eines Zufallsexperiments und ein „naives" Verständnis
der Stabilisierung benötigt werden.

Verschiedene Darstellungsebenen und Grundvorstellungen
Hinsichtlich verschiedener Darstellungsebenen lässt sich resümieren, dass es auf
enaktiver, ikonischer und symbolischer Ebene Möglichkeiten zur Darstellung des
empirischen Gesetzes der großen Zahlen gibt. Auf enaktiver Ebene lassen sich
Zufallsexperimente mit unterschiedlichen Versuchszahlen durchführen, um das Phänomen des empirischen Gesetzes der großen Zahlen greifbar zu machen. Relative
Häufigkeiten von Zufallsexperimenten mit unterschiedlichen Versuchszahlen lassen
sich auf ikonischer Ebene mit Tabellen und Diagrammen visualisieren. Durch die
Abbildung in 6.3 lässt sich auf ikonischer Ebene die fehlende Beweisbarkeit begründen. Auf der symbolisch-sprachlichen Ebene lässt sich das empirische Gesetz der
großen Zahlen verbalisieren und begründen, warum es nicht beweisbar ist.

Lehrkräfte haben außerdem folgende Grundvorstellungen entwickelt: *Wahrscheinlichkeit als Maß für eine Erwartung, Wahrscheinlichkeit als relative Häufigkeit* und *Wahrscheinlichkeit als subjektives Vertrauen.* Diese sind wichtig, um
das Phänomen des empirischen Gesetzes der großen Zahlen zu verstehen und Wahrscheinlichkeiten mithilfe des empirischen Gesetzes der großen Zahlen einzuordnen.
Ersteres basiert auf der Grundvorstellung *Wahrscheinlichkeit als relative Häufigkeiten,* letzteres auf der Grundvorstellung *Wahrscheinlichkeit als subjektives Vertrauen.*

Grundlegende didaktische Konzepte
Lehrkräfte wissen, dass das Konzept der OECD-*big idea* „data and chance", bzw. der vorrangigen Leitidee „Daten und Zufall" zugeordnet wird. Sie wissen außerdem, dass die *big ideas* von Zufall und Unsicherheit Teil des vorliegenden Konzepts sind. Hinsichtlich der fundamentalen Ideen sollten Lehrkräfte über Kenntnisse von Zufälligkeit (Fundamentale Idee 1) und (Stochastischer) Konvergenz sowie der Gesetze der großen Zahlen (Fundamentale Idee 6) verfügen.

Lehrkräfte verfügen über die folgenden Wahrscheinlichkeitsbegriffe. Einerseits ist der frequentistische Wahrscheinlichkeitsbegriff relevant, weil dieser auf der Wahrscheinlichkeit als relative Häufigkeit beruht. Bei dieser Deutung wird eine Stabilisierung der relativen Häufigkeiten angenommen. Andererseits verfügen Lehrkräfte auch über das Propensity-Konzept, welches als Erweiterung des frequentistischen Wahrscheinlichkeitsbegriff verstanden wird. Hier sind Wahrscheinlichkeiten theoretische Eigenschaften von Zufallsexperimenten. Die Annahme, dass sich Wahrscheinlichkeiten durch relative Häufigkeiten indirekt messen lassen können, entspricht der Aussage des empirischen Gesetzes der großen Zahlen.

Zusammenfassung zur Klärung der Relevanz hinsichtlich des empirischen Gesetzes der großen Zahlen
Zu allen Schritten der Didaktisierung konnten Wissenselemente formuliert werden. Anzumerken ist, dass bei der Betrachtung des empirischen Gesetzes der großen Zahlen nur wenige Elemente bzw. Konzepte als nicht relevant erachtet werden. Dies kann einerseits an der Nähe zur unterrichteten Mathematik in der Schule liegen (s. 2.4). Das empirische Gesetz der großen Zahlen ist eine zentrale Grundannahme in der Stochastik beim Umgang mit relativen Häufigkeiten und ist auch ersichtlich in der Grundvorstellung „Wahrscheinlichkeit als relative Häufigkeit". Andererseits kann der geringe Grad an mathematischer Strenge als zusätzliches Argument genommen werden, dass in der Betrachtung des empirischen Gesetzes der großen Zahlen nur wenige Elemente als nicht relevant betrachtet werden. Durch den geringen Grad an Mathematisierbarkeit ist es ein Naturgesetz bzw. ein Erfahrungswert, welcher als Leitbild im Umgang mit relativen Häufigkeiten als Wahrscheinlichkeiten genutzt werden kann. Somit ist der mathematische Gehalt des empirischen Gesetzes der großen Zahlen nicht hoch.

In Tabelle 6.1 werden die relevanten Wissensinhalte für Lehrkräfte, angelehnt an den Schritten der Didaktisierung, überblicksartig zusammengefasst dargestellt. Diese werden für die „Gemeinsamkeiten" und „Verschiedenheiten" der mathematischen Teilinhalte herangezogen und in der Kategorie „Begrenztheiten" abschließend bewertet und eingeordnet.

Tabelle 6.1 Mögliche, relevante Wissenselemente für Lehrkräfte hinsichtlich des empirischen Gesetzes der großen Zahlen im Überblick, strukturiert nach den einzelnen Schritten der Didaktisierung

Schritte der Didaktisierung	Mögliche Wissenselemente
1. Mathematischer Kern des Inhalts	Lehrkräfte wissen über das empirische Gesetz der großen Zahlen, dass ... • sich die relative Häufigkeit eines beobachteten Ereignisses mit wachsender Versuchszahl stabilisiert. • es nicht mathematisierbar ist und als Naturgesetz bzw. Erfahrungstatsache bezeichnet werden kann. • es nicht beweisbar ist. • es für die Verwendung, Wahrscheinlichkeiten zuzuordnen, genutzt werden kann.
2. Integration des Bezugssystems	Lehrkräfte wissen über die Anwendungen des empirischen Gesetzes der großen Zahlen, dass ... • sie sich für Modellannahmen eignen, • typische Anwendungsfelder Experimente sind, die mit unterschiedlichen Versuchszahlen durchgeführt werden (mit dem Ziel das Phänomen beobachtbar zu machen). Lehrkräfte wissen über die historische Genese des empirischen Gesetzes der großen Zahlen, dass ... • der Begriff „Wahrscheinlichkeit" als Limes der relativen Häufigkeiten in Anlehnung an die analytische Definition des Grenzwert angenommen wurde, der Beweis aber nicht erfolgreich war.
3. Benötigtes Vorwissen	Lehrkräfte verfügen für das Verständnis des empirischen Gesetzes der großen Zahlen über folgende Vorkenntnisse: • absolute und relative Häufigkeiten, • Aufbau eines Zufallsexperiments, • „naives" Verständnis der Stabilisierungsidee.
4. Verschiedene Darstellungsebenen und Grundvorstellungen	Lehrkräfte wissen hinsichtlich verschiedener Darstellungsebenen, dass ... • sie auf enaktiver Ebene Zufallsexperimente (beispielsweise mit einer Münze) mit unterschiedlichen Versuchszahlen durchführen können. • sie auf ikonischer Ebene die relativen Häufigkeiten von Zufallsexperimenten mit unterschiedlichen Versuchszahlen mit Tabellen und Diagrammen visualisieren können.

(Fortsetzung)

Tabelle 6.1 (Fortsetzung)

Schritte der Didaktisierung	Mögliche Wissenselemente
	• sie auf ikonischer Ebene visualisieren können, warum das empirische Gesetz der großen Zahlen nicht beweisbar ist.
	• sie auf symbolischer Ebene das empirische Gesetz der großen Zahlen verbalisieren können.
	• sie auf symbolischer Ebene begründen können, warum das empirische Gesetz der großen Zahlen nicht beweisbar ist.
	Lehrkräfte haben folgende Grundvorstellungen entwickelt:
	• Wahrscheinlichkeit als Maß für eine Erwartung,
	• Wahrscheinlichkeit als relative Häufigkeit,
	• Wahrscheinlichkeit als subjektives Vertrauen.
5. Grundlegende didaktische Konzepte	Lehrkräfte wissen über das Konzept, dass...
	• es der OECD-*big idea* „data and chance" zugeordnet ist.
	• es der vorrangigen Leitidee „Daten und Zufall" zugeordnet ist.
	• es den *big ideas* „Zufall und Unsicherheit" zugeordnet ist.
	Lehrkräfte verfügen über Kenntnisse, die den folgenden fundamentalen Ideen entsprechen:
	• Fundamentale Idee 1: Zufälligkeit
	• Fundamentale Idee 9: (Stochastische) Konvergenz und Gesetze der großen Zahlen
	Lehrkräfte verfügen über die folgenden Wahrscheinlichkeitsbegriffe:
	• Frequentistischer Wahrscheinlichkeitsbegriff
	• Propensity-Konzept

Formulierung von Wissenselementen ausgehend von den Ergebnissen der Didaktisierung hinsichtlich des schwachen Gesetzes der großen Zahlen

In diesem Abschnitt werden die Konzepte bzw. Elemente rund um das schwache Gesetz der großen Zahlen beschrieben, die für das Wissen von Lehrkräften charakteristisch sind. Die einzelnen Schritte der Didaktisierung werden mit dem Ziel und der Zielgruppe der didaktisch orientierten Rekonstruktion verglichen. Dabei wird dargestellt und begründet, welche Elemente bzw. Konzepte für das elementarisierte akademische Wissen relevant sind und welche nicht.

Mathematischer Kern des Inhalts
Bei der Betrachtung des mathematischen Kerns des Inhalts des schwachen Gesetzes der großen Zahlen zeigt sich, dass dieser Satz mathematisierbar und beweisbar ist. Lehrkräfte wissen also, wie dieser Satz formuliert ist. Sie kennen die Bedeutung von (p-) stochastischer Konvergenz. Sie wissen, dass die Tschebyscheff-Ungleichung im Beweis genutzt wird und können den Beweis nachvollziehen.

Eine Bewertung, ob der Beweis zum tatsächlich benötigten elementarisierten akademischen Fachwissen gehört, erfolgt in der Kategorie „Begrenztheiten". Prinzipiell ist das schwache Gesetz der großen Zahlen den fachwissenschaftlichen Theorien zugeordnet und gehört nicht zur täglichen Praxis von Lehrkräften. Das Verständnis des Satzes kann aber durchaus vorausgesetzt werden. Der Beweis mit seiner recht komplexen Durchführung ist wiederum kein Inhalt der Schulpraxis und wird hier deshalb der akademischen Theorie zugeordnet.

Integration der Bezugssysteme sowie des Umfelds
Hinsichtlich der Integration der Bezugssysteme sowie des Umfelds lässt sich feststellen, dass Lehrkräfte typische Anwendungsfelder kennen müssen. Diese sind (statistische) Physik, Versicherungswesen (z. B. Sterbewahrscheinlichkeiten), Geburtenrate, die Echtheit einer Münze sowie Wahlprognosen. Als Beispiel wurde in Abschnitt 6.2 eine Fragestellung zu Wahlprognosen angegeben.

Lehrkräfte wissen über die historische Genese des schwachen Gesetzes der großen Zahlen, dass Jakob Bernoulli die Aussage des empirischen Gesetzes der großen Zahlen mathematisch präzisiert hat und daraufhin das Bernoullische bzw. schwache Gesetz der großen Zahlen entstand. Sie haben also Wissen über die historische Genese des schwachen Gesetzes der großen Zahlen.

Benötigtes Vorwissen
Bei der Betrachtung des benötigten Vorwissens fällt auf, dass für ein Verständnis des schwachen Gesetzes der großen Zahlen absolute und relative Häufigkeiten, der Aufbau eines Zufallsexperiments, Wahrscheinlichkeiten bei Bernoulli-Ketten der Länge n sowie das Verständnis von (p-) stochastischer Konvergenz benötigt werden.

Für das Verständnis des Beweises werden darüber hinaus Kenntnisse über Zufallsvariablen, Umgang mit Erwartungswert und Varianz, Binomialverteilungen, Kombinatorik sowie die Anwendung der Tschebyscheff-Ungleichung verlangt.

Verschiedene Darstellungsebenen und Grundvorstellungen
Hinsichtlich verschiedener Darstellungsebenen lässt sich resümieren, dass auf enaktiver, ikonischer und symbolischer Ebene Möglichkeiten zur Darstellung des schwachen Gesetzes der großen Zahlen gegeben sind, aber auf symbolischer Ebene die

höchste Aussagekraft besteht. Auf enaktiver Ebene lassen sich Zufallsexperimente mit unterschiedlichen Versuchszahlen durchführen, um anschließend das schwache Gesetz der großen Zahlen anwenden zu können. Relative Häufigkeiten von Zufallsexperimenten mit unterschiedlichen Versuchszahlen lassen sich auf ikonischer Ebene mit Tabellen und Diagrammen visualisieren. Auf der symbolisch-sprachlichen Ebene lässt sich das schwache Gesetz der großen Zahlen verbalisieren und auf Beispiele rechnerisch anwenden.

Lehrkräfte haben außerdem folgende Grundvorstellungen entwickelt: *Wahrscheinlichkeit als Maß für eine Erwartung*, *Wahrscheinlichkeit als relative Häufigkeit* und *Wahrscheinlichkeit als subjektives Vertrauen*. Diese sind wichtig, um das schwache Gesetz der großen Zahlen zu verstehen und Wahrscheinlichkeiten mithilfe des schwachen Gesetzes der großen Zahlen einordnen zu können. Darüber hinaus sind folgende Grundvorstellungen nach Bender (1997) relevant:

- *Kombinatorik als Grundvorstellung*,
- *Wahrscheinlichkeitsraum als Grundvorstellung* (auch wenn ein Wahrscheinlichkeitsraum nicht nötig ist; die Kolmogorov-Axiome gelten dennoch),
- *Zufallsgrößen als Funktion.*

Eine weitere Grundvorstellung ist die *relative Häufigkeit als Schwankung*. Diese Grundvorstellung ist nicht empirisch nachgewiesen, sondern als Vorschlag anzusehen. Spezifisch zu den Gesetzen der großen Zahlen sind bisher keine Grundvorstellungen bekannt und theoretisch fundiert, sodass hier ein Versuch unternommen wurde, sie spezifisch zu diesem mathematischen Inhalt zu formulieren.

Grundlegende didaktische Konzepte
Lehrkräfte wissen, dass das Konzept der OECD-*big idea* „data and chance", bzw. der vorrangigen Leitidee „Daten und Zufall" zugeordnet wird. Sie wissen außerdem, dass die *big ideas* von Zufall und Unsicherheit Teil des vorliegenden Konzepts sind.

Hinsichtlich der fundamentalen Ideen sollten Lehrkräfte über Kenntnisse von Zufälligkeit (Fundamentale Idee 1), Ereignisse und Ereignisraum (Fundamentale Idee 2), Kombinatorik (Fundamentale Idee 6), Zufallsvariable (Fundamentale Idee 8), (Stochastische) Konvergenz und Gesetze der großen Zahlen (Fundamentale Idee 9) sowie Stichprobe und Verteilung (Fundamentale Idee 10) verfügen. Als Konsequenz lassen sich aus diesen fundamentalen Ideen weitere nach Borovcnik (1997) nennen (vgl. 2.4):

- Ausdruck von Informationen über eine unsichere Sache,
- Verdichtung von Information,

• Präzision von Information,
• Repräsentativität partieller Informationen.

Weil die fundamentalen Ideen nach Borovcnik als zusammenfassende Elemente betrachtet werden, werden sie in der weiteren Betrachtung nicht mehr berücksichtigt.

Lehrkräfte verfügen über die folgenden Wahrscheinlichkeitsbegriffe: Einerseits ist der frequentistische Wahrscheinlichkeitsbegriff relevant, weil dieser auf der Wahrscheinlichkeit als relativer Häufigkeit beruht. Bei dieser Bedeutung wird eine Konvergenz der relativen Häufigkeiten angenommen. Andererseits verfügen Lehrkräfte auch über ein Propensity-Konzept, welches als Erweiterung des frequentistischen Wahrscheinlichkeitsbegriffs verstanden wird. Hier sind Wahrscheinlichkeiten theoretische Eigenschaften von Zufallsexperimenten. Das indirekte Messen von Wahrscheinlichkeiten durch relative Häufigkeiten als Annahme, entspricht der Aussage des schwachen Gesetzes der großen Zahlen. Darüber hinaus wird der axiomatische Wahrscheinlichkeitsbegriff benötigt, weil es ein Satz ist, der sich (wenn auch nur implizit) im Wahrscheinlichkeitsraum bewegt.

Zusammenfassung zur Klärung der Relevanz hinsichtlich des schwachen Gesetzes der großen Zahlen
Anzumerken ist, dass bei der Betrachtung des schwachen Gesetzes der großen Zahlen zunächst nur wenige Elemente bzw. Konzepte als nicht relevant erachtet werden, weil eine Reflexion bezüglich der Grenzen in der Kategorie „Begrenztheiten" erfolgen wird.

Fraglich bleibt, ob beispielsweise der Beweis des schwachen Gesetzes der großen Zahlen relevant für das elementarisierte akademische Wissen von Lehrkräften ist.

In Tabelle 6.2 werden die relevanten Wissensinhalte für Lehrkräfte, angelehnt an die Schritte der Didaktisierung für das schwache Gesetz der großen Zahlen, überblicksartig zusammengefasst dargestellt. Diese Tabelle wird für die Betrachtung der Gemeinsamkeiten und Verschiedenheiten der mathematischen Teilinhalte herangezogen und in der Kategorie „Begrenztheiten" abschließend bewertet und eingeordnet.

Formulierung von Wissenselementen ausgehend von den Ergebnissen der Didaktisierung hinsichtlich des starken Gesetzes der großen Zahlen
In diesem Abschnitt werden die Konzepte und Elemente rund um das starke Gesetz der großen Zahlen beschrieben, die für Lehrkräfte von Bedeutung sind. Die einzelnen Schritte der Didaktisierung werden mit dem Ziel und der Zielgruppe der didaktisch orientierten Rekonstruktion verglichen.

Tabelle 6.2 Mögliche, relevante Wissenselemente für Lehrkräfte hinsichtlich des schwachen Gesetzes der großen Zahlen im Überblick, strukturiert nach den einzelnen Schritten der Didaktisierung

Schritte der Didaktisierung	Mögliche Wissenselemente
1. Mathematischer Kern des Inhalts	Lehrkräfte wissen über das schwache Gesetz der großen Zahlen, ...
	• wie der Satz formuliert ist.
	• was die Bedeutung von (p-) stochastischer Konvergenz ist.
	• dass es beweisbar ist.
	• dass die Tschebyscheff-Ungleichung im Beweis genutzt wird.
	• und sie können den Beweis nachvollziehen.
2. Integration des Bezugssystems	Lehrkräfte wissen über die Anwendung des schwachen Gesetzes der großen Zahlen, dass ...
	• typische Anwendungsfelder (statistische) Physik, Versicherungswesen (Sterbewahrscheinlichkeiten), Geburtenraten, die Echtheit einer Münze und Wahlprognosen sind.
	Lehrkräfte wissen über die historische Genese des schwachen Gesetzes der großen Zahlen, dass ...
	• es auf Jakob Bernoulli zurückgeht, welcher die Aussage des empirischen Gesetzes der großen Zahlen mathematisch präzisiert hat.
3. Benötigtes Vorwissen	Lehrkräfte verfügen für das Verständnis des schwachen Gesetzes der großen Zahlen über folgende Vorkenntnisse:
	• absolute und relative Häufigkeiten,
	• Aufbau eines Zufallsexperiments,
	• Wahrscheinlichkeiten bei Bernoulli-Ketten der Länge n,
	• (p-) stochastische Konvergenz.
	Lehrkräfte verfügen für das Verständnis des Beweises des Satzes über folgende Vorkenntnisse:
	• Zufallsvariablen,
	• Umgang mit Erwartungswert und Varianz,
	• Binomialverteilungen,
	• Kombinatorik,
	• Anwendung der Tschebyscheff-Ungleichung.
4. Verschiedene Darstellungsebenen und Grundvorstellungen	Lehrkräfte wissen hinsichtlich verschiedener Darstellungsebenen, dass ...
	• sie auf enaktiver Ebene Zufallsexperimente (beispielsweise mit einer Münze) mit unterschiedlichen Versuchszahlen durchführen können.
	• sie auf ikonischer Ebene die relativen Häufigkeiten von Zufallsexperimenten mit unterschiedlichen Versuchszahlen mit Tabellen und Diagrammen visualisieren können.
	• sie auf der symbolischen Ebene das schwache Gesetz der großen Zahlen verbalisieren können.

(Fortsetzung)

Tabelle 6.2 (Fortsetzung)

Schritte der Didaktisierung	Mögliche Wissenselemente
	• bzw. wie sie das schwache Gesetz der großen Zahlen auf Beispiele anwenden können.
	Lehrkräfte haben folgende Grundvorstellungen entwickelt:
	• Wahrscheinlichkeit als Maß für eine Erwartung,
	• Wahrscheinlichkeit als relative Häufigkeit,
	• Wahrscheinlichkeit als subjektives Vertrauen,
	• Kombinatorik als Grundvorstellung,
	• Wahrscheinlichkeitsraum als Grundvorstellung (implizit),
	• Zufallsgrößen als Funktion,
	• Relative Häufigkeiten als Schwankung.
5. Grundlegende didaktische Konzepte	Lehrkräfte wissen über das Konzept, dass...
	• es der OECD-*big idea* „data and chance" zugeordnet ist.
	• es der vorrangigen Leitidee „Daten und Zufall" zugeordnet ist.
	• es den *big ideas* „Zufall und Unsicherheit" zugeordnet ist.
	Lehrkräfte verfügen über Kenntnisse, die den folgenden fundamentalen Ideen entsprechen:
	• Fundamentale Idee 1: Zufälligkeit,
	• Fundamentale Idee 2: Ereignisse und Ereignisraum,
	• Fundamentale Idee 6: Kombinatorik,
	• Fundamentale Idee 8: Zufallsvariable,
	• Fundamentale Idee 9: (Stochastische) Konvergenz und Gesetze der großen Zahlen,
	• Fundamentale Idee 10: Stichprobe und ihre Verteilung.
	Lehrkräfte verfügen über die folgenden Wahrscheinlichkeitsbegriffe:
	• Frequentistischer Wahrscheinlichkeitsbegriff,
	• Propensity-Konzept,
	• axiomatischer Wahrscheinlichkeitsbegriff.

Mathematischer Kern des Inhalts

Bei der Betrachtung des mathematischen Kerns des Inhalts des starken Gesetzes der großen Zahlen zeigt sich auch hier, dass der Satz mathematisierbar und beweisbar ist. Lehrkräfte wissen also, wie dieser Satz formuliert ist. Sie kennen die Bedeutung von (p-) fast sicherer Konvergenz und können den Beweis des starken Gesetzes der großen Zahlen nachvollziehen.

In der Kategorie „Begrenztheiten" erfolgt die Bewertung, ob der Beweis zum tatsächlich benötigten elementarisierten akademischen Fachwissen gehört. Prinzipiell ist das starke Gesetz der großen Zahlen den fachwissenschaftlichen Theorien zugeordnet und gehört nicht zur täglichen Praxis von Lehrkräften. Das Verständnis des Satzes kann aber durchaus vorausgesetzt werden. Der Beweis mit einer recht komplexen Durchführung ist wiederum kein Inhalt der Schulpraxis und wird hier deshalb zunächst nur als ein Nachvollziehen können bewertet.

Integration der Bezugssysteme sowie des Umfelds
Hinsichtlich der Integration der Bezugssysteme sowie des Umfelds lässt sich analog zum schwachen Gesetz der großen Zahlen feststellen, dass Lehrkräfte typische Anwendungsfelder kennen müssen. Diese sind (statistische) Physik, Versicherungswesen (z. B. Sterbewahrscheinlichkeiten), Geburtenraten, die Echtheit einer Münze sowie Wahlprognosen.

Über die historische Genese des schwachen Gesetzes der großen Zahlen wissen Lehrkräfte, dass dieser zunächst von Emile Borel formuliert und von Paolo Cantelli verallgemeinert wurde. Der Begriff „stark" fällt auf Aleksandr Jakowlewitsch Chintischin im Jahr 1928 zurück.

Benötigtes Vorwissen
Bei der Betrachtung des benötigten Vorwissens fällt auf, dass für ein Verständnis des starken Gesetzes der großen Zahlen Kenntnisse zu absoluten und relativen Häufigkeiten, Zufallsexperimenten, (diskreten) Wahrscheinlichkeitsräumen, (unkorrelierten) Zufallsvariablen, Varianz und Kovarianz sowie p-fast sicherer Konvergenz benötigt werden.

Für das Verständnis des Beweises werden darüber hinaus Kenntnisse der Rechenregeln von Varianz und Kovarianz, der Anwendung der Tschebyscheff-Ungleichung, der Anwendung des Satzes von Borel-Cantelli, über den klassischen Konvergenzbegriff, die De Morganschen Regeln, das Aufsummieren in Summen, Summen und Summenregeln verlangt.

Verschiedene Darstellungsebenen und Grundvorstellungen
Hinsichtlich verschiedener Darstellungsebenen lässt sich resümieren, dass es auf enaktiver, ikonischer und symbolischer Ebene Möglichkeiten zur Darstellung des starken Gesetzes der großen Zahlen gibt. Auf symbolischer Ebene hat dieser Satz die höchste Aussagekraft, weil die Berechnungen mit dem Satz auf dieser Ebene stattfinden. Auf enaktiver Ebene lassen sich Zufallsexperimente mit unterschiedlichen Versuchszahlen durchführen, um anschließend das starke Gesetz der großen Zahlen anwenden zu können. Relative Häufigkeiten von Zufallsexperimenten mit unterschiedlichen Versuchszahlen lassen sich auf ikonischer Ebene mit Tabellen und Diagrammen visualisieren. Auf der symbolisch-sprachlichen Ebene lässt sich

das starke Gesetz der großen Zahlen verbalisieren und auf Beispiele rechnerisch anwenden.

Wie schon für das schwache Gesetz der großen Zahlen haben Lehrkräfte folgende Grundvorstellungen entwickelt: *Wahrscheinlichkeit als Maß für eine Erwartung*, *Wahrscheinlichkeit als relative Häufigkeit* und *Wahrscheinlichkeit als subjektives Vertrauen*. Diese sind wichtig, um das starke Gesetz der großen Zahlen zu verstehen und Wahrscheinlichkeiten mithilfe des starken Gesetzes der großen Zahlen einordnen zu können. Ersteres basiert auf der Grundvorstellung *Wahrscheinlichkeit als relative Häufigkeiten*, Letzteres auf der Grundvorstellung *Wahrscheinlichkeit als subjektives Vertrauen*. Analog zum schwachen Gesetz der großen Zahlen sind folgende Grundvorstellungen nach Bender (1997) relevant:

- *Kombinatorik als Grundvorstellung*,
- *Wahrscheinlichkeitsraum als Grundvorstellung*,
- *Zufallsgrößen als Funktion*.

Eine weitere Grundvorstellung ist die *relative Häufigkeit als Schwankung* mit einer stärkeren Aussage gegenüber des schwachen Gesetzes der großen Zahlen. Die Aussage dahinter könnte Folgende sein: Die relative Häufigkeit schwankt fast nicht mehr.

Grundlegende didaktische Konzepte
Lehrkräfte wissen, dass das Konzept der OECD-*big idea* „data and chance", bzw. der vorrangigen Leitidee „Daten und Zufall" zugeordnet wird. Außerdem wissen sie, dass die *big ideas* von „Zufall und Unsicherheit" Teil des vorliegenden Konzepts sind.

Hinsichtlich der fundamentalen Ideen sollten Lehrkräfte über Kenntnisse von Zufälligkeit (Fundamentale Idee 1), Ereignisse und Ereignisraum (Fundamentale Idee 2), Kombinatorik (Fundamentale Idee 6), Zufallsvariable (Fundamentale Idee 8), (Stochastische) Konvergenz und Gesetze der großen Zahlen (Fundamentale Idee 9) sowie Stichprobe und Verteilung (Fundamentale Idee 10) verfügen. Als Konsequenz lassen sich aus diesen fundamentalen Ideen weitere fundamentale Ideen nach Borovcnik (1997) nennen (vgl. Abschnitt 2.4):

- Ausdruck von Informationen über eine unsichere Sache,
- Verdichtung von Information,
- Präzision von Information
- Repräsentativität partieller Informationen.

Weil die fundamentalen Ideen nach Borovcnik als zusammenfassende Elemente betrachtet werden, werden sie in der weiteren Betrachtung nicht mehr berücksichtigt.

Wie schon beim schwachen Gesetz der großen Zahlen verfügen Lehrkräfte über folgende Wahrscheinlichkeitsbegriffe: Für Lehrkräfte relevant ist der frequentistische Wahrscheinlichkeitsbegriff, weil dieser auf der Wahrscheinlichkeit als relativer Häufigkeit beruht. Hierbei kennen sie die p-fast sichere Konvergenz der relativen Häufigkeiten. Andererseits verfügen Lehrkräfte auch über ein Propensity-Konzept, welches als Erweiterung des frequentistischen Wahrscheinlichkeitsbegriffs verstanden wird, weil Wahrscheinlichkeiten theoretische Eigenschaften von Zufallsexperimenten sind. Die indirekte Messung von Wahrscheinlichkeiten durch die relativen Häufigkeiten entspricht wiederum der Aussage des starken Gesetzes der großen Zahlen. Außerdem wird der axiomatische Wahrscheinlichkeitsbegriff benötigt, weil er ein Satz ist, der sich im Wahrscheinlichkeitsraum bewegt.

Zusammenfassung zur Klärung der Relevanz hinsichtlich des starken Gesetzes der großen Zahlen
Anzumerken ist, dass bei der Betrachtung des starken Gesetzes der großen Zahlen zunächst nur wenige Elemente bzw. Konzepte als nicht relevant erachtet werden, weil eine Reflexion bezüglich der Grenzen in der Kategorie „Begrenztheiten" erfolgen wird. Als strengere Aussage des schwachen Gesetzes der großen Zahlen findet das starke Gesetz der großen Zahlen keine Anwendung in der Schule.

Im weiteren Verlauf wird analysiert, ob beispielsweise der Beweis des starken Gesetzes der großen Zahlen relevant für das elementarisierte akademische Wissen von Lehrkräften ist.

In Tabelle 6.3 werden die relevanten Wissensinhalte für Lehrkräfte, angelehnt an die Schritte der Didaktisierung für das starke Gesetz der großen Zahlen überblicksartig zusammengefasst dargestellt. Diese werden für die Gemeinsamkeiten und Verschiedenheiten der mathematischen Teilinhalte herangezogen und in der Kategorie „Begrenztheiten" abschließend bewertet und eingeordnet.

Gemeinsamkeiten und Verschiedenheiten
In diesem Abschnitt werden Gemeinsamkeiten und Verschiedenheiten nach den einzelnen Schritten der Didaktisierung analysiert. Der Vergleich der Gemeinsamkeiten und Verschiedenheiten kann auch separat betrachtet werden. Da es aber die gleichen zu betrachtenden Themenbereiche sind, werden die Ergebnisse des Vergleichs zusammengefasst. Dabei werden die Ergebnisse aus der Klärung der Relevanz des empirischen Gesetzes der großen Zahlen, des schwachen Gesetzes der großen Zahlen und des starken Gesetzes der großen Zahlen gegenübergestellt und

Tabelle 6.3 Mögliche, relevante Wissenselemente für Lehrkräfte hinsichtlich des starken Gesetzes der großen Zahlen im Überblick, strukturiert nach den einzelnen Schritten der Didaktisierung

Schritte der Didaktisierung	Mögliche Wissenselemente
1. Mathematischer Kern des Inhalts	Lehrkräfte wissen über das starke Gesetz der großen Zahlen, ...
	• wie der Satz formuliert wird.
	• was die Bedeutung von (p-) fast sicherer stochastischer Konvergenz ist.
	• dass es beweisbar ist.
	• dass die Tschebyscheff-Ungleichung und der Satz von Borel-Cantelli im Beweis genutzt werden.
	• und sie können den Beweis nachvollziehen.
2. Integration des Bezugssystems	Lehrkräfte wissen über die Anwendung des starken Gesetzes der großen Zahlen, dass ...
	• typische Anwendungsfelder (statistische) Physik, Versicherungswesen (Sterbewahrscheinlichkeiten), Geburtenraten, die Echtheit einer Münze und Wahlprognosen sind.
	Lehrkräfte wissen über die historische Genese des starken Gesetzes der großen Zahlen, dass ...
	• dies zunächst von Emile Borel formuliert und von Paolo Cantelli verallgemeinert wurde.
	• die Begrifflichkeit „stark" erst später auf Aleksandr Jakowlewitsch Chintischin zurückgeht.
3. Benötigtes Vorwissen	Lehrkräfte verfügen für das Verständnis des starken Gesetzes der großen Zahlen über folgende Vorkenntnisse:
	• absolute und relative Häufigkeiten,
	• Aufbau eines Zufallsexperiments,
	• diskrete Wahrscheinlichkeitsräume,
	• (unkorrelierte) Zufallsvariablen,
	• Varianz und Kovarianz,
	• p-fast sichere Konvergenz.
	Lehrkräfte verfügen für das Verständnis des Beweises des Satzes über folgende Vorkenntnisse:
	• Rechenregeln von Varianz und Kovarianz,
	• Anwendung der Tschebyscheff-Ungleichung,
	• Anwendung des Satzes von Borel-Cantelli,
	• klassicher Konvergenzbegriff,
	• De Morgansche Regeln,
	• Aufsummieren in Summen, Summen und Summenregeln.

(Fortsetzung)

Tabelle 6.3 (Fortsetzung)

Schritte der Didaktisierung	Mögliche Wissenselemente
4. Verschiedene Darstellungsebenen und Grundvorstellungen	Lehrkräfte wissen hinsichtlich verschiedener Darstellungsebenen, dass ...
	• sie auf enaktiver Ebene Zufallsexperimente (beispielsweise mit einer Münze) mit unterschiedlichen Versuchszahlen durchführen können,
	• sie auf ikonischer Ebene die relativen Häufigkeiten von Zufallsexperimenten mit unterschiedlichen Versuchszahlen mit Tabellen und Diagrammen visualisieren können,
	• sie auf der symbolischen Ebene das starke Gesetz der großen Zahlen verbalisieren können,
	• bzw. wie sie das starke Gesetz der großen Zahlen auf Beispiele anwenden können.
	Lehrkräfte haben folgende Grundvorstellungen entwickelt:
	• Wahrscheinlichkeit als Maß für eine Erwartung,
	• Wahrscheinlichkeit als relative Häufigkeit,
	• Wahrscheinlichkeit als subjektives Vertrauen,
	• Kombinatorik als Grundvorstellung,
	• Wahrscheinlichkeitsraum als Grundvorstellung,
	• Zufallsgrößen als Funktion,
	• Relative Häufigkeiten als Schwankung.
5. Grundlegende didaktische Konzepte	Lehrkräfte wissen über das Konzept, dass...
	• es der OECD-*big idea* „data and chance" zugeordnet ist,
	• es der vorrangigen Leitidee „Daten und Zufall" zugeordnet ist,
	• es den *big ideas* „Zufall und Unsicherheit" zugeordnet ist.
	Lehrkräfte verfügen über Kenntnisse, die den folgenden fundamentalen Ideen entsprechen:
	• Fundamentale Idee 1: Zufälligkeit,
	• Fundamentale Idee 2: Ereignisse und Ereignisraum,
	• Fundamentale Idee 6: Kombinatorik,
	• Fundamentale Idee 8: Zufallsvariable,
	• Fundamentale Idee 9: (Stochastische) Konvergenz und Gesetze der großen Zahlen,
	• Fundamentale Idee 10: Stichprobe und ihre Verteilung.
	Lehrkräfte verfügen über die folgenden Wahrscheinlichkeitsbegriffe:
	• Frequentistischer Wahrscheinlichkeitsbegriff,
	• Propensity-Konzept,
	• axiomatischer Wahrscheinlichkeitsbegriff.

unter Rücksichtnahme des Ziels und der Zielgruppen verglichen. Begonnen wird mit dem Kern des Inhalts, dann werden die Integration der Bezugssysteme, das benötigte Vorwissen, die verschiedenen Darstellungsebenen und Grundvorstellungen und die grundlegenden didaktischen Konzepte dargestellt. Der Vergleich hat das Ziel, verbindende Ideen und dadurch auch vernetzende Wissenselemente zu identifizieren, die für die Strukturierung im weiteren Verlauf hilfreich sein werden. Diese verbindenden Ideen und vernetzenden Wissenselemente werden im folgenden am Schluss dargestellt.

Im Anschluss werden die Ergebnisse der Kategorie „Klärung der Relevanz" sowie die „Gemeinsamkeiten" und „Verschiedenheiten" in der Kategorie „Begrenztheiten" bewertet.

Gemeinsamkeiten und Verschiedenheiten im Schritt „Kern des Inhalts"
Im Teilprozess *Didaktisierung* konnten allen drei mathematischen Teilbereichen Elemente bei dem Kern des Inhalts zugeordnet werden. Für die grundlegenden didaktischen Konzepte werden in allen drei Teilbereichen Elemente erfasst, welche für diesen Vergleich genutzt werden. In der Klärung der Relevanz wurde die Frage aufgeworfen, ob gewisse Anteile des mathematischen Kerns des Inhalts vom schwachen sowie starken Gesetz der großen Zahlen tatsächlich relevant für das elementarisierte akademische Fachwissen von Lehrkräften sind. Diese werden in den Kategorien „Gemeinsamkeiten" und „Verschiedenheiten" zunächst mit betrachtet.

In Tabelle 6.4 sind die Ergebnisse aus dieser Kategorie aufgeführt, um den Vergleich innerhalb des Schritts „Mathematischer Kern des Inhalts" durchführen zu können. Diese Tabelle dient der besseren Übersichtlichkeit und fasst die Ergebnisse aus der Klärung der Relevanz für die einzelnen mathematischen Teilbereiche zusammen und stellt sie einander gegenüber. Zunächst werden die Gemeinsamkeiten dargestellt und anschließend die Verschiedenheiten.

Gemeinsamkeiten
Alle hier betrachteten Gesetze der großen Zahlen beschreiben eine Stabilisierung bei steigender Versuchszahl. Dabei ist der Grad der Aussagekraft unterschiedlich. Beim empirischen Gesetz der großen Zahlen ist nur eine „naive" Vorstellung zur Stabilisierung vonnöten, weil es sich um eine Erfahrungstatsache handelt. Durch die Nutzung der stochastischen Konvergenz beim schwachen Gesetz der großen Zahlen können Aussagen hinsichtlich des Verbleibs von Wahrscheinlichkeiten innerhalb eines ϵ-Schlauchs getroffen werden. Im starken Gesetz der großen Zahlen gibt es nahezu keine Ausreißer mehr. Die Sicherheit, inwieweit sich relative Häufigkeiten stabilisieren, ist also unterschiedlich.

Tabelle 6.4 Übersicht der Ergebnisse der Klärung der Relevanz im Schritt „Kern des Inhalts" der Didaktisierung

Empirisches Gesetz der großen Zahlen	Schwaches Gesetz der großen Zahlen	Starkes Gesetz der großen Zahlen
Lehrkräfte wissen über das empirische Gesetz der großen Zahlen, dass …	Lehrkräfte wissen über das schwache Gesetz der großen Zahlen, …	Lehrkräfte wissen über das starke Gesetz der großen Zahlen, …
• sich die relative Häufigkeit eines beobachteten Ereignisses mit wachsender Versuchszahl stabilisiert.	• wie der Satz formuliert ist,	• wie der Satz formuliert wird,
• es nicht mathematisierbar ist und als Naturgesetz bzw. Erfahrungstatsache bezeichnet werden kann.	• was die Bedeutung von stochastischer Konvergenz ist,	• was die Bedeutung von fast sicherer stochastischer Konvergenz ist,
• es nicht beweisbar ist.	• dass es beweisbar ist,	• dass es beweisbar ist,
• es für die Verwendung, Wahrscheinlichkeiten zuzuordnen genutzt werden kann.	• dass die Tschebyscheff-Ungleichung im Beweis genutzt wird,	• dass die Tschebyscheff-Ungleichung und der Satz von Borel-Cantelli im Beweis genutzt werden,
	• und sie können den Beweis nachvollziehen.	• und sie können den Beweis nachvollziehen.

Im Gegensatz zum empirischen Gesetz der großen Zahlen sind das schwache und starke Gesetz der großen Zahlen mathematisierbar und nutzen beide Begriffe einer stochastischen Konvergenz, da p-fast sichere Konvergenz auch stochastische Konvergenz impliziert.

Sie sind beide beweisbar und in ihren Beweisen, die in dieser Arbeit abgebildet wurden, wird die Tschebyscheff-Ungleichung sowie die Varianz genutzt.

Verschiedenheiten
Bei der Betrachtung der Verschiedenheiten der drei Konzepte fallen die unterschiedlichen Konvergenzkonzepte auf. Beim empirischen Gesetz der großen Zahlen gibt es aufgrund der fehlenden Mathematisierbarkeit keinen Konvergenzbegriff, sondern nur eine „beobachtbare" Stabilisierung. Im schwachen Gesetz der großen Zahlen

wird die stochastische Konvergenz und im starken Gesetz der großen Zahlen die p-fast sichere Konvergenz genutzt. Beide unterscheiden sich vom analytischen Konvergenzbegriff.

Die mathematische Strenge im Sinne einer axiomatischen Vorgehensweise ist im Gegensatz zum empirischen Gesetz der großen Zahlen bei dem schwachen und starken Gesetz der großen Zahlen gegeben. Durch die axiomatische Vorgehensweise sind diese beiden Sätze auch beweisbar.

Die mathematische Aussagekraft ist bei allen drei Gesetzen der großen Zahlen eine andere und verstärkt sich. Während das Naturgesetz bei dem empirischen Gesetz der großen Zahlen im Vordergrund stand, wird mithilfe des schwachen Gesetzes der großen Zahlen eine Aussage getätigt, mit welcher Wahrscheinlichkeit die relativen Häufigkeiten gegen den Grenzwert konvergieren. Das starke Gesetz der großen Zahlen wiederum besagt, dass die relativen Häufigkeiten fast sicher gegen den Grenzwert konvergieren und es hat damit die höchste Aussagekraft.

Auch bei den Beweisen der drei Gesetze der großen Zahlen zeigen sich Verschiedenheiten. Einerseits ist das empirische Gesetz nicht beweisbar, die anderen beiden schon. Das schwache Gesetz der großen Zahlen lässt sich mit vergleichbar wenigen „Hürden" mithilfe der Tschebyscheff-Ungleichung beweisen. Das starke Gesetz der großen Zahlen zeigt eine komplexere Beweisführung auf, die den Satz von Borel-Cantelli, einen klassischen Konvergenzbegriff, die De Morganschen Regeln und den Umgang mit Summen nutzt.

Gemeinsamkeiten und Verschiedenheiten im Schritt „Integration der Bezugssysteme"

Im Teilprozess *Didaktisierung* konnten allen drei mathematischen Teilbereichen Elemente bei der Integration der Bezugssysteme zugeordnet werden. Für die grundlegenden didaktischen Konzepte werden in allen drei Teilbereichen Elemente erfasst, welche für diesen Vergleich genutzt werden.

In Tabelle 6.5 sind die Ergebnisse aus dieser Kategorie aufgeführt, um den Vergleich innerhalb des Schritts „Integration der Bezugssysteme" durchführen zu können. Diese Tabelle dient der besseren Übersichtlichkeit und fasst die Ergebnisse aus der Klärung der Relevanz für die einzelnen mathematischen Teilbereiche zusammen und stellt sie gegenüber. Zunächst werden die Gemeinsamkeiten dargestellt und anschließend die Verschiedenheiten.

Tabelle 6.5 Übersicht der Ergebnisse der Klärung der Relevanz im Schritt „Integration der Bezugssysteme" der Didaktisierung

Empirisches Gesetz der großen Zahlen	Schwaches Gesetz der großen Zahlen	Starkes Gesetz der großen Zahlen
Lehrkräfte wissen über die Anwendungen des empirischen Gesetzes der großen Zahlen, dass ...	Lehrkräfte wissen über die Anwendung des schwachen Gesetzes der großen Zahlen, dass ...	Lehrkräfte wissen über die Anwendung des starken Gesetzes der großen Zahlen, dass ...
• sie sich für Modellannahmen eignen, • typische Anwendungsfelder Experimente sind, die mit unterschiedlichen Versuchszahlen durchgeführt werden (mit dem Ziel, das Phänomen beobachtbar zu machen).	• typische Anwendungsfelder (statistische) Physik, Versicherungswesen (Sterbewahrscheinlichkeiten), Geburtenrate, die Echtheit einer Münze und Wahlprognosen sind.	• typische Anwendungsfelder (statistische) Physik, Versicherungswesen (Sterbewahrscheinlichkeiten), Geburtenrate, die Echtheit einer Münze und Wahlprognosen sind.
Lehrkräfte wissen über die historische Genese des empirischen Gesetzes der großen Zahlen, dass ...	Lehrkräfte wissen über die historische Genese des schwachen Gesetzes der großen Zahlen, dass ...	Lehrkräfte wissen über die historische Genese des starken Gesetzes der großen Zahlen, dass ...
• der Begriff „Wahrscheinlichkeit" als Limes der relativen Häufigkeiten in Anlehnung an die analytische Definition des Grenzwerts angenommen wurde, der Beweis aber nicht erfolgreich war.	• es auf Jakob Bernoulli zurückgeht, welcher die Aussage des empirischen Gesetzes der großen Zahlen mathematisch präzisiert hat.	• dies zunächst von Emile Borel formuliert und von Paolo Cantelli verallgemeinert wurde, • die Begrifflichkeit „stark" erst später auf Aleksandr Jakowlewitsch Chintischin zurückgeht.

Gemeinsamkeiten

Beim Vergleich der Integration der Bezugssysteme fallen gleiche Anwendungsfelder auf. Die hier betrachteten Gesetze der großen Zahlen lassen sich auf die gleichen Experimente anwenden. Die Aussagen, die aus der Anwendung der jeweiligen Gesetze der großen Zahlen resultieren, variieren hinsichtlich ihrer Relevanz.

Bei der historischen Genese wird klar, dass sie nicht zur selben Zeit entwickelt wurden, da sie zum Teil aufeinander aufbauen. Das schwache Gesetz der großen Zahlen ist eine mathematische Präzisierung des empirisches Gesetzes der großen

Zahlen und das starke Gesetz der großen Zahlen verwendet die Idee des schwachen Gesetzes der großen Zahlen.

Verschiedenheiten
Wie schon bei den Gemeinsamkeiten dargestellt, sind die Anwendungsfelder gleich, doch die Anwendung der Gesetze der großen Zahlen zeigen unterschiedlich starke Aussagen auf. Während das empirische Gesetz der großen Zahlen nur eine Beobachtung widerspiegelt, die auf ein Experiment angewendet werden kann, zeigt das schwache Gesetz der großen Zahlen eine stochastische Konvergenz und das starke Gesetz der großen Zahlen eine fast sichere Konvergenz.

Bei der historischen Genese fällt auf, dass die Entwicklung der Gesetze der großen Zahlen nahezu linear verläuft. Dies kann als klassisches Beispiel gesehen werden, wie die historische Genese in der (Fach-) Mathematik verlaufen kann. Das empirische Gesetz der großen Zahlen als Erfahrungstatsache konnte damals nicht bewiesen werden. Bernoulli wies eine mathematische Präzisierung des empirischen Gesetzes der großen Zahlen durch die Verwendung von Bernoulli-Ketten der Länge n nach. Zu Lebzeiten Bernoullis existierten die Kolmogorov-Axiome nicht. Emile Borel und Paolo Cantelli bewiesen das starke Gesetz der großen Zahlen rund 200 Jahre nach dem Auftreten des schwachen Gesetzes der großen Zahlen.

Gemeinsamkeiten und Verschiedenheiten im Schritt „Benötigtes Vorwissen"
Im Teilprozess *Didaktisierung* konnten allen drei mathematischen Teilbereichen Elemente des benötigten Vorwissens zugeordnet werden. Für die grundlegenden didaktischen Konzepte werden in allen drei Teilbereichen Elemente erfasst, welche für diesen Vergleich genutzt werden.

In Tabelle 6.6 sind die Ergebnisse aus dieser Kategorie aufgeführt, um den Vergleich innerhalb des Schritts „Benötigtes Vorwissen" durchführen zu können. Diese Tabelle dient der besseren Übersichtlichkeit und fasst die Ergebnisse aus der Klärung der Relevanz für die einzelnen mathematischen Teilbereiche zusammen und stellt sie gegenüber. Zunächst werden die Gemeinsamkeiten dargestellt und anschließend die Verschiedenheiten.

Gemeinsamkeiten
Gemeinsame Elemente im benötigten Vorwissen der drei hier betrachteten Gesetze der großen Zahlen sind die absoluten und relativen Häufigkeiten sowie Kenntnisse über den Aufbau eines Zufallsexperiments. Die relativen Häufigkeiten sind das zentrale Element und absolute Häufigkeiten sind Bestandteil von relativen Häufigkeiten. Der Aufbau eines Zufallsexperiments ist eine weitere Gemeinsamkeit, weil diese den Kontext geben für lange Versuchsreihen und relative Häufigkeiten.

Tabelle 6.6 Übersicht der Ergebnisse der Klärung der Relevanz im Schritt „Benötigtes Vorwissen" der Didaktisierung

Empirisches Gesetz der großen Zahlen	Schwaches Gesetz der großen Zahlen	Starkes Gesetz der großen Zahlen
Lehrkräfte verfügen für das Verständnis des empirischen Gesetzes der großen Zahlen über folgende Vorkenntnisse:	Lehrkräfte verfügen für das Verständnis des schwachen Gesetzes der großen Zahlen über folgende Vorkenntnisse:	Lehrkräfte verfügen für das Verständnis des starken Gesetzes der großen Zahlen über folgende Vorkenntnisse:
• absolute und relative Häufigkeiten,	• absolute und relative Häufigkeiten,	• absolute und relative Häufigkeiten,
• Aufbau eines Zufallsexperiments,	• Aufbau eines Zufallsexperiments,	• Aufbau eines Zufallsexperiments,
• „naives" Verständnis der Stabilisierungsidee.	• Wahrscheinlichkeiten bei Bernoulli-Ketten der Länge n,	• diskrete Wahrscheinlichkeitsräume,
	• (p-) stochastische Konvergenz.	• (unkorrelierte) Zufallsvariablen,
		• Varianz und Kovarianz,
		• p-fast sichere Konvergenz.
	Lehrkräfte verfügen für das Verständnis des Beweises des Satzes über folgende Vorkenntnisse:	Lehrkräfte verfügen für das Verständnis des Beweises des Satzes über folgende Vorkenntnisse:
	• Zufallsvariablen,	• Rechenregeln von Varianz und Kovarianz,
	• Umgang mit Erwartungswert und Varianz,	• Anwendung der Tschebyscheff-Ungleichung,
	• Binomialverteilungen,	• Anwendung des Satzes von Borel-Cantelli,
	• Kombinatorik,	• klassischer Konvergenzbegriff,
	• Anwendung der Tschebyscheff-Ungleichung.	• De Morgansche Regeln,
		• Aufsummieren in Summen, Summen und Summenregeln.

Beim schwachen sowie starken Gesetz der großen Zahlen ist aufgrund einer indirekten bzw. direkten axiomatischen Vorgehensweise erforderlich, dass Lehrkräfte das Konzept von Wahrscheinlichkeitsräumen kennen.

Bei der Betrachtung des benötigten Vorwissens für die Beweisführung vom schwachen und starken Gesetzes der großen Zahlen fällt auf, dass in Beiden Varianzen sowie die Tschebyscheff-Ungleichung genutzt werden. Weitere Gemeinsamkeiten hinsichtlich des benötigten Vorwissens für die Beweisführung sind nicht ersichtlich.

Verschiedenheiten
Da das benötigte Vorwissen des empirischen Gesetzes der großen Zahlen auch für das Verständnis der anderen hier betrachteten Gesetze der großen Zahlen genutzt wird, wird sich hier auf die Unterschiede zwischen dem schwachen und starken Gesetz der großen Zahlen beschränkt. Bei diesen zeigen sich Verschiedenheiten zwischen den unterschiedlichen Gesetzen der großen Zahlen.

Für das Verständnis des schwachen Gesetzes der großen Zahlen werden darüber hinaus Wahrscheinlichkeiten bei Bernoulli-Ketten der Länge n sowie die stochastische Konvergenz benötigt. Das starke Gesetz der großen Zahlen setzt wiederum diskrete Wahrscheinlichkeitsräume, (unkorrelierte) Zufallsvariablen, Varianz und Kovarianz sowie fast sichere Konvergenz. Damit wird für Letzteres mehr und komplexeres Vorwissen benötigt. Dies zeigt sich auch in dem benötigten Vorwissen für die Beweisführung. Beim schwachen Gesetz der großen Zahlen brauchen Lehrkräfte Wissen über Binomialverteilungen und Kombinatorik und müssen die Tschebyscheff-Ungleichung anwenden können. Letzteres ist auch vorauszusetzendes Vorwissen beim starken Gesetz der großen Zahlen. Darüber hinaus werden die Rechenregeln von Varianz, Kovarianz, die Anwendung des Satzes von Borel-Cantelli, der klassische Konvergenzbegriff, die De Morganschen Regeln, das Aufsummieren in Summen, Summen sowie Summenregeln benötigt.

Gemeinsamkeiten und Verschiedenheiten im Schritt „Verschiedene Darstellungsebenen und Grundvorstellungen"
Im Teilprozess *Didaktisierung* konnten allen drei mathematischen Teilbereichen Elemente der verschiedenen Darstellungsebenen und Grundvorstellungen zugeordnet werden. Für die grundlegenden didaktischen Konzepte werden in allen drei Teilbereichen Elemente erfasst, welche für diesen Vergleich genutzt werden.

In Tabelle 6.7 sind die Ergebnisse aus dieser Kategorie aufgeführt, um den Vergleich innerhalb des Schritts „Verschiedene Darstellungsebenen und Grundvorstellungen" führen zu können. Diese Tabelle dient der besseren Übersichtlichkeit und fasst die Ergebnisse aus der Klärung der Relevanz für die einzelnen mathematischen Teilbereiche zusammen und stellt sie gegenüber. Zunächst werden die Gemeinsamkeiten dargestellt und anschließend die Verschiedenheiten.

Tabelle 6.7 Übersicht der Ergebnisse der Klärung der Relevanz im Schritt „Verschiedene Darstellungsebenen und Grundvorstellungen" der Didaktisierung

Empirisches Gesetz der großen Zahlen	Schwaches Gesetz der großen Zahlen	Starkes Gesetz der großen Zahlen
Lehrkräfte wissen hinsichtlich verschiedener Darstellungsebenen, dass ...	Lehrkräfte wissen hinsichtlich verschiedener Darstellungsebenen, dass ...	Lehrkräfte wissen hinsichtlich verschiedener Darstellungsebenen, dass ...
• sie auf enaktiver Ebene Zufallsexperimente (beispielsweise mit einer Münze) mit unterschiedlichen Versuchszahlen durchführen können,	• sie auf enaktiver Ebene Zufallsexperimente (beispielsweise mit einer Münze) mit unterschiedlichen Versuchszahlen durchführen können,	• sie auf enaktiver Ebene Zufallsexperimente (beispielsweise mit einer Münze) mit unterschiedlichen Versuchszahlen durchführen können,
• sie auf ikonischer Ebene die relativen Häufigkeiten von Zufallsexperimenten mit unterschiedlichen Versuchszahlen mit Tabellen und Diagrammen visualisieren können,	• sie auf ikonischer Ebene die relativen Häufigkeiten von Zufallsexperimenten mit unterschiedlichen Versuchszahlen mit Tabellen und Diagrammen visualisieren können,	• sie auf ikonischer Ebene die relativen Häufigkeiten von Zufallsexperimenten mit unterschiedlichen Versuchszahlen mit Tabellen und Diagrammen visualisieren können,
• sie auf ikonischer Ebene visualisieren können, warum das empirische Gesetz der großen Zahlen nicht beweisbar ist,		
• sie auf symbolischer Ebene das empirische Gesetz der großen Zahlen verbalisieren können,	• sie auf der symbolischen Ebene das schwache Gesetz der großen Zahlen verbalisieren können,	• sie auf der symbolischen Ebene das starke Gesetz der großen Zahlen verbalisieren können,
• sie auf symbolischer Ebene begründen können, warum das empirische Gesetz der großen Zahlen nicht beweisbar ist.	• bzw. wie sie das schwache Gesetz der großen Zahlen auf Beispiele anwenden können.	• bzw. wie sie das starke Gesetz der großen Zahlen auf Beispiele anwenden können.
Lehrkräfte haben folgende Grundvorstellungen entwickelt:	Lehrkräfte haben folgende Grundvorstellungen entwickelt:	Lehrkräfte haben folgende Grundvorstellungen entwickelt:
• Wahrscheinlichkeit als Maß für eine Erwartung,	• Wahrscheinlichkeit als Maß für eine Erwartung,	• Wahrscheinlichkeit als Maß für eine Erwartung,

(Fortsetzung)

Tabelle 6.7 (Fortsetzung)

Empirisches Gesetz der großen Zahlen	Schwaches Gesetz der großen Zahlen	Starkes Gesetz der großen Zahlen
• Wahrscheinlichkeit als relative Häufigkeit,	• Wahrscheinlichkeit als relative Häufigkeit,	• Wahrscheinlichkeit als relative Häufigkeit,
• Wahrscheinlichkeit als subjektives Vertrauen.	• Wahrscheinlichkeit als subjektives Vertrauen,	• Wahrscheinlichkeit als subjektives Vertrauen,
	• Kombinatorik als Grundvorstellung,	• Kombinatorik als Grundvorstellung,
	• Wahrscheinlichkeitsraum als Grundvorstellung (implizit),	• Wahrscheinlichkeits-raum als Grundvorstellung,
	• Zufallsgrößen als Funktion,	• Zufallsgrößen als Funktion,
	• Relative Häufigkeiten als Schwankung.	• Relative Häufigkeiten als Schwankung.

Gemeinsamkeiten bei den verschiedenen Darstellungsebenen
Bei der Betrachtung der drei Gesetze der großen Zahlen hinsichtlich der verschiedenen Darstellungsebenen zeigen sich Möglichkeiten der Durchführung von Zufallsexperimenten (beispielsweise mit einer Münze) auf enaktiver, also handelnder Ebene. Auf ikonischer Ebene können relative Häufigkeiten von Zufallsexperimenten mit unterschiedlichen Versuchszahlen mit Tabellen und Diagrammen visualisiert werden. Auf symbolischer Ebene können alle Gesetze der großen Zahlen verbalisiert werden. Beim schwachen sowie starken Gesetz der großen Zahlen können diese auf symbolischer Ebene angewendet werden, indem konkrete Beispiele berechnet und damit Aussagen über die Wahrscheinlichkeit getätigt werden können.

Verschiedenheiten bei den unterschiedlichen Darstellungsebenen
Verschiedenheiten ergeben sich im Detail der einzelnen Gesetze der großen Zahlen. Die fehlende Beweisbarkeit des empirischen Gesetzes der großen Zahlen hat Auswirkungen auf ikonischer und symbolischer Ebene. Einerseits kann auf ikonischer Ebene visualisiert werden, dass das empirische Gesetz nicht beweisbar ist (s. 6.3). Auf symbolischer Ebene kann außerdem begründet werden, warum das empirische Gesetz der großen Zahlen nicht beweisbar ist. Die angeführten Anwendungen des schwachen und starken Gesetzes der großen Zahlen lassen sich nicht auf das empirische Gesetz der großen Zahlen übertragen, da sich jenes nicht mit einem mathematischen Sachverhalt äußern lässt.

Gemeinsamkeiten in den Grundvorstellungen
Folgende Grundvorstellungen sollten Lehrkräfte hinsichtlich der drei Gesetze der großen Zahlen entwickelt haben:

- *Wahrscheinlichkeit als Maß für eine Erwartung,*
- *Wahrscheinlickeit als relative Häufigkeit,*
- *Wahrscheinlichkeit als subjektives Vertrauen.*

Für das schwache Gesetz der großen Zahlen und das starke Gesetz der großen Zahlen werden des Weiteren die Grundvorstellungen *Kombinatorik, Zufallsgrößen als Funktion* und *Relative Häufigkeiten als Schwankung* benötigt, aber bezüglich letzterem in einem anderen Ausprägungsgrad, welcher im nächsten Abschnitt behandelt wird.

Verschiedenheiten in den Grundvorstellungen
Es ergeben sich auch hier Verschiedenheiten bei der Betrachtung der entwickelten Grundvorstellungen zu den einzelnen Teilbereichen. Diese gehören auch zu der in dieser Arbeit vorgeschlagenen Grundvorstellung, da zu diesem Thema keine weiteren Grundvorstellungen formuliert wurden.

Für das schwache und starke Gesetz der großen Zahlen kommt die Grundvorstellung *Relative Häufigkeit als Schwankung* hinzu. Wie in Abschnitt 6.2 erläutert, wird diese Grundvorstellung vorgeschlagen, um der Abnahme der Variation bzw. Streuung der relativen Häufigkeit bei steigender Versuchszahl gerecht zu werden. Dabei besagt das schwache Gesetz der großen Zahlen, dass die Streuung abnimmt und es nur noch wenige Ausreißer gibt. Das starke Gesetz der großen Zahlen besagt, dass Ausreißer kaum noch vorkommen. Dieser Trichtergedanke kann also als Grundvorstellung für das Verständnis dieser beiden mathematischen Konzepte unterstützen. Auch bei der Grundvorstellung *Wahrscheinlichkeitsraum* ist eine unterschiedliche Ausprägung erkennbar. Beim schwachen Gesetz der großen Zahlen wird diese Grundvorstellung implizit und beim starken Gesetz der großen Zahlen explizit benötigt (vgl. 6.3).

Gemeinsamkeiten und Verschiedenheiten im Schritt „Grundlegende didaktische Konzepte"
Im Teilprozess *Didaktisierung* konnten allen drei mathematischen Teilbereichen Elemente der grundlegenden didaktischen Konzepte zugeordnet werden. Für die grundlegenden didaktischen Konzepte werden in allen drei Teilbereichen Elemente erfasst, welche für diesen Vergleich genutzt werden.

In Tabelle 6.8 sind die Ergebnisse aus dieser Kategorie aufgeführt, um den Vergleich innerhalb des Schritts „Grundlegende didaktische Konzepte" durchführen zu können. Diese Tabelle dient der besseren Übersichtlichkeit und fasst die Ergebnisse aus der Klärung der Relevanz für die einzelnen mathematischen Teilbereiche zusammen und stellt sie gegenüber. Zunächst werden die Gemeinsamkeiten dargestellt und anschließend die Verschiedenheiten.

Gemeinsamkeiten bezüglich der OECD-big ideas von OECD (2019) *und* Gal *sowie der vorrangigen Leitidee*
Die Gemeinsamkeiten überwiegen hinsichtlich der OECD-*big ideas* und der vorrangigen Leitidee. In allen hier betrachteten drei Gesetzen der großen Zahlen sollten Lehrkräfte über die Zuordnungen zu diesen wissen. Insbesondere die *big ideas* nach Gal zeigen die Verbindung zu den Begriffen des Zufalls und der Unsicherheit. Diese beiden Konzepte sind zentral für das Themengebiet der Stochastik und letzteres gilt es, mit den Gesetzen der großen Zahlen zu thematisieren.

Verschiedenheiten bezüglich der OECD-big ideas, von Gal *sowie der vorrangigen Leitidee*
Unterschiede gibt es primär in der Betrachtung der Unsicherheit und der entsprechenden Aussagekraft der Gesetze der großen Zahlen, um die Unsicherheit zu thematisieren. Das schwache Gesetz der großen Zahlen zeigt eine geringere als das empirische Gesetz der großen Zahlen, doch auch hier können lange 6er-Reihen bei Würfelwürfen auftreten. Dies unterstützt das Konzept der Unsicherheit in der Wahrscheinlichkeitsrechnung. Beim starken Gesetz der großen Zahlen wird von einer fast sicheren Wahrscheinlichkeit der Stabilisierung der relativen Häufigkeiten gesprochen. Aber auch hier spielt durch das „fast sicher" die Unsicherheit von Zufallsexperimenten eine Rolle.

Gemeinsamkeiten hinsichtlich fundamentaler Ideen
Lehrkräfte verfügen über Kenntnisse, die den fundamentalen Ideen der Zufälligkeit (Fundamentale Idee 1) und der (stochastischen) Konvergenz und Gesetze der großen Zahlen (Fundamentale Idee 9) entsprechen.

Verschiedenheiten hinsichtlich fundamentaler Ideen
Bei der Betrachtung der Verschiedenheiten hinsichtlich fundamentaler Ideen fällt auf, dass je nach mathematischem Komplexitätsgrad mehr fundamentale Ideen hinzukommen. Das schwache und starke Gesetz der großen Zahlen setzt Kenntnisse voraus, die den folgenden fundamentalen Ideen entsprechen:

Tabelle 6.8 Übersicht der Ergebnisse der Klärung der Relevanz im Schritt „Grundlegende didaktische Konzepte" der Didaktisierung

Empirisches Gesetz der großen Zahlen	Schwaches Gesetz der großen Zahlen	Starkes Gesetz der großen Zahlen
Lehrkräfte wissen über das Konzept, dass ...	Lehrkräfte wissen über das Konzept, dass ...	Lehrkräfte wissen über das Konzept, dass ...
• es der OECD-*big idea* „data and chance" zugeordnet ist,	• es der OECD-*big idea* „data and chance" zugeordnet ist,	• es der OECD-*big idea* „data and chance" zugeordnet ist,
• es der vorrangigen Leitidee „Daten und Zufall" zugeordnet ist,	• es der vorrangigen Leitidee „Daten und Zufall" zugeordnet ist,	• es der vorrangigen Leitidee „Daten und Zufall" zugeordnet ist,
• es den *big ideas* „Zufall und Unsicherheit" zugeordnet ist.	• es den *big ideas* „Zufall und Unsicherheit" zugeordnet ist.	• es den *big ideas* „Zufall und Unsicherheit" zugeordnet ist.
Lehrkräfte verfügen über Kenntnisse, die den folgenden fundamentalen Ideen entsprechen:	Lehrkräfte verfügen über Kenntnisse, die den folgenden fundamentalen Ideen entsprechen:	Lehrkräfte verfügen über Kenntnisse, die den folgenden fundamentalen Ideen entsprechen:
• Fundamentale Idee 1: Zufälligkeit	• Fundamentale Idee 1: Zufälligkeit	• Fundamentale Idee 1: Zufälligkeit
• Fundamentale Idee 9: (Stochastische) Konvergenz und Gesetze der großen Zahlen	• Fundamentale Idee 2: Ereignisse und Ereignisraum	• Fundamentale Idee 2: Ereignisse und Ereignisraum
	• Fundamentale Idee 6: Kombinatorik	• Fundamentale Idee 6: Kombinatorik
	• Fundamentale Idee 8: Zufallsvariable	• Fundamentale Idee 8: Zufallsvariable
	• Fundamentale Idee 9: (Stochastische) Konvergenz und Gesetze der großen Zahlen	Fundamentale Idee 9: (Stochastische) Konvergenz und Gesetze der großen Zahlen
	• Fundamentale Idee 10: Stichprobe und ihre Verteilung	• Fundamentale Idee 10: Stichprobe und ihre Verteilung
Lehrkräfte verfügen über die folgenden Wahrscheinlichkeitsbegriffe:	Lehrkräfte verfügen über die folgenden Wahrscheinlichkeitsbegriffe:	Lehrkräfte verfügen über die folgenden Wahrscheinlichkeitsbegriffe:
• Frequentistischer Wahrscheinlichkeitsbegriff	• Frequentistischer Wahrscheinlichkeitsbegriff	• Frequentistischer Wahrscheinlichkeitsbegriff
• Propensity-Konzept	• Propensity-Konzept	• Propensity-Konzept
	• axiomatischer Wahrscheinlichkeitsbegriff	• axiomatischer Wahrscheinlichkeitsbegriff

- Fundamentale Idee 2: Ereignis und Ereignisraum
- Fundamentale Idee 6: Kombinatorik
- Fundamentale Idee 8: Zufallsvariable
- Fundamentale Idee 10: Stichprobe und Verteilung

Gemeinsamkeiten hinsichtlich der Wahrscheinlichkeitsbegriffe
Alle Gesetze der großen Zahlen setzen den frequentistischen Wahrscheinlichkeitsbegriff und das Propensity-Konzept voraus.

Verschiedenheiten hinsichtlich der Wahrscheinlichkeitsbegriffe
Für das Verständnis des schwachen und starken Gesetzes der großen Zahlen sollten Lehrkräfte über den axiomatischen Wahrscheinlichkeitsbegriff verfügen, welches für das empirische Gesetz der großen Zahlen nicht nötig ist.

Übersicht der Gemeinsamkeiten und Verschiedenheiten
Zusammenfassend lässt sich feststellen, dass es zu jedem Teilschritt der *Didaktisierung* Gemeinsamkeiten und Verschiedenheiten zwischen den drei Gesetzen der großen Zahlen gibt. Das empirische, schwache und starke Gesetz der großen Zahlen ist verbunden durch vernetzende Wissenselemente, die in diesem Abschnitt beschrieben wurden und in der Tabelle 6.9 zusammenfassend dargestellt sind. Nicht nur vernetzende Wissenselemente sind generiert worden, sondern auch vernetzende Ideen bzw. Themen konnten zusammengetragen werden. Diese werden nun erläutert.

In Abbildung 6.4 werden die oben beschriebenen Gemeinsamkeiten und Unterschiede graphisch dargestellt. Dies ist eine exemplarische Darstellung und erhebt kein Anspruch auf Vollständigkeit. Die Abbildung umfasst spaltenweise die hier behandelten Gesetze der großen Zahlen und zeilenweise die Schritte der Didaktisierung. Vernetzende Ideen sind in Rechtecken dargestellt und beinhalten eine Beschreibung. Wenn das Rechteck grau hinterlegt ist, dann zeigen die Gesetze der großen Zahlen Unterschiede in Bezug auf die vernetzende Idee auf und sind dadurch verbunden. Ein weißer Hintergrund weist auf Gemeinsamkeiten hin.

Auffallend sind die vielen Gemeinsamkeiten zwischen dem schwachen und starken Gesetz der großen Zahlen, insbesondere im mathematischen Kern des Inhalts und beim benötigten Vorwissen. Das kann an dem fehlenden mathematischen Sachverhalt beim empirischen Gesetz der großen Zahlen liegen, welches eine Erfahrungstatsache ist. Im anschließenden Abschnitt werden die bisher behandelten Wissenselemente jeweils einer Wissensdimension und Wissensart zugeordnet, um anschließend Wissensnetze exemplarisch aufzuzeigen. Bei diesen Wissensnetzen werden

Tabelle 6.9 Mögliche vernetzende Wissenselemente für Lehrkräfte als Resümee aus dem Vergleich des empirischen (EmpGGZ), schwachen (SchwGGZ) und starken (StarkGGZ) Gesetzes der großen Zahlen, strukturiert nach den einzelnen Schritten der Didaktisierung

Schritte der Didaktisierung	Mögliche Wissenselemente
1. Mathematischer Kern des Inhalts	Lehrkräfte wissen über die Gesetze der großen Zahlen, dass ...
	• alle Gesetze der großen Zahlen eine Form der Stabilisierung beschreiben,
	• das EmpGGZ im Gegensatz zu den anderen GGZ nicht mathematisierbar und beweisbar ist,
	• das SchwGGZ und StarkGGZ stochastische Konvergenz beinhalten,
	• stochastische Konvergenz weniger Aussagekraft als fast sichere Konvergenz hat,
	• die Beweise des SchwGGZ und StarkGGZ eine unterschiedliche Komplexität aufweisen.
2. Integration des Bezugssystems	Lehrkräfte wissen über die Anwendung der Gesetze der großen Zahlen, dass ...
	• der Grad der Möglichkeiten von experimentellen Zugängen variiert,
	• das SchwGGZ und StarkGGZ gleiche typische Anwendungsmöglichkeiten haben.
	Lehrkräfte wissen über die historische Genese der Gesetze der großen Zahlen, dass ...
	• die drei Gesetze der großen Zahlen historisch aufeinander folgen.
3. Benötigtes Vorwissen	Lehrkräfte benötigen...
	• für ein Verständnis aller GGZ Kenntnisse zu absoluten und relativen Häufigkeiten und dem Aufbau von Zufallsexperimenten,
	• für das Verständnis vom SchwGGZ und StarkGGZ komplexeres Vorwissen als für das EmpGGZ.
4. Verschiedene Darstellungsebenen und Grundvorstellungen	Lehrkräfte wissen hinsichtlich der Gesetze der großen Zahlen, dass ...
	• die Darstellungsmöglichkeiten auf enaktiver Ebene vom EmpGGZ über das schwache GGZ hin zum starken GGZ abnehmen,

(Fortsetzung)

Tabelle 6.9 (Fortsetzung)

Schritte der Didaktisierung	Mögliche Wissenselemente
	• die Darstellungsmöglichkeiten auf ikonischer Ebene vom EmpGGZ über das schwache GGZ hin zum starken GGZ abnehmen,
	• die Darstellungsmöglichkeiten auf enaktiver Ebene vom EmpGGZ über das schwache GGZ hin zum starken GGZ zunehmen.
	Lehrkräfte müssen wissen, dass folgende Grundvorstellungen relevant sind:
	• „Wahrscheinlichtkeit als relative Häufigkeit"und „ Wahrscheinlichkeit als subjektives Vertrauen",
	• „Kombinatorik", „Wahrscheinlichkeitsraum", „Zufallsgrößen" beim Umgang mit dem schwachen und starken Gesetz,
	• beim schwGGZ und starkGGZ die Grundvorstellung „Relative Häufigkeit als Schwankung".
5. Grundlegende didaktische Konzepte	Lehrkräfte wissen, dass ...
	• alle GGZ der OECD-*big idea* „data and chance" zugeordnet sind,
	• alle GGZ der vorrangigen Leitidee „Daten und Zufall" zugeordnet sind,
	• alle der *big ideas* „Zufall und Unsicherheit" zugeordnet sind.
	Lehrkräfte wissen über die GGZ, dass ...
	• die benötigten fundamentalen Ideen vom EmpGGZ hin zu den anderen GGZ zunehmen,
	• die fundamentalen Ideen Zufälligkeit sowie (stochastische) Konvergenz und Gesetze der großen Zahlen über alle GGZ hinweg benötigt werden,
	• für das schwGGZ und starkGGZ weitere fundamentale Ideen nötig werden.
	Lehrkräfte wissen über die Konzepte, dass...
	• für alle GGZ der frequentistische Wahrscheinlichkeitsbegriff sowie das Propensity-Konzept relevant sind,
	• für das Verständnis vom SchwGGZ und StarkGGZ der axiomatische Wahrscheinlichkeitsbegriff benötigt wird.

die vernetzenden Ideen und die hier ausdifferenzierten Wissenselemente genutzt, um Wissenselemente zu strukturieren und Elemente miteinander zu verbinden.

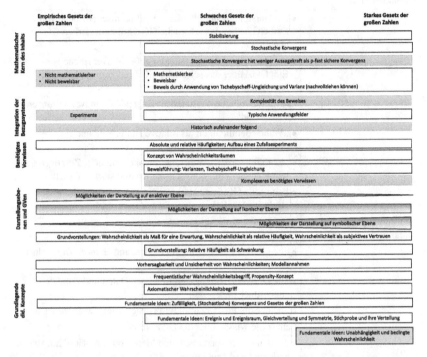

Abbildung 6.4 Überblick über Gemeinsamkeiten und Verschiedenheiten: Die Elemente mit weißem Hintergrund und schwarzer Umrandung indizieren Gemeinsamkeiten zweier oder aller Gesetze der großen Zahlen. Ein grauer Hintergrund weist auf Verschiedenheiten hin. Es besteht hier kein Anspruch auf Vollständigkeit

Begrenztheiten

In diesem Abschnitt werden die bisher gewonnenen Erkenntnisse hinsichtlich ihrer Einsatzmöglichkeiten und ihrer Grenzen diskutiert. Dafür werden die in Kapitel 4 aufgeführten Wissensdimensionen und Wissensarten für eine Zuordnung genutzt. Eine Reflexion erfolgt anhand folgender Leitfragen:

- Welche Einsatzmöglichkeiten mit den Ausprägungen Schulfachwissen, schulbezogenes Fachwissen und akademisches Fachwissen können den Konzepten bzw. Elementen zugeordnet werden?

- Welche Wissensarten können den Konzepten bzw. Elementen zugeordnet werden?
- Welche Grenzen sind erkennbar?

Für die Wissensdimensionen werden die in Kapitel 4 aufgezeigten Ausprägungen in der folgenden Tabelle 6.10 dargestellt.

Die zuvor formulierten Wissenselemente werden also in einem ersten Schritt den Wissensdimensionen und anschließend einer Wissensart zugeordnet. Die hier genutzten Wissensarten sind die nach Neuweg (2011) und in Tabelle 6.11 zu finden.

Im Anschluss an die Zuordnung werden exemplarisch Wissensnetze aufgezeigt, indem die Wissenselemente zu den einzelnen Gesetzen der großen Zahlen durch die vernetzenden Ideen und Wissenselemente aus der Kategorie „Gemeinsamkeiten und Verschiedenheiten" aus Abschnitt 6.3 verbunden werden. Die Arbeit hat nicht den Anspruch, alle Wissenselemente miteinander zu vernetzen. Es sollen exemplarisch Wissensnetze und dadurch Begrenztheiten aufgezeigt werden. Die Vorgehensweise ist also wie folgt: Einzelne Wissenselemente werden mithilfe von vernetzenden Wissenselementen miteinander verbunden. Unter Berücksichtigung der Einsatzmöglichkeiten und Wissensarten soll dahingehend reflektiert werden, welche der Wissenselemente in diesem Wissensnetz für ein fundiertes Fachwissen im Bereich Wahrscheinlichkeitsrechnung benötigt werden.

Darstellung der Einsatzmöglichkeiten bzw. Wissensdimensionen und Wissensarten

Die oben beschriebene Vorgehensweise wird nun für die exemplarische Darstellung der Begrenztheiten im Gebiet Wahrscheinlichkeitsrechnung auf das Beispiel der Gesetze der großen Zahlen in diesem Teilabschnitt angewendet. Die explizierten Wissensdimensionen und Wissensarten werden nun auf die einzelnen Wissenselemente angewendet. Die Ergebnisse sind in Tabelle 6.12 dargestellt. Dabei wird bei einer Zuordnung zum Objektwissen nicht weiter in deklaratives und prozedurales Wissen ausdifferenziert, weil dies nicht immer trennscharf zu beurteilen ist. Im Folgenden werden beispielhaft einzelne Einordnungen von Wissenselementen zu den Wissensdimensionen und -arten beschrieben und begründet.

Wie in Tabelle 6.12 dargestellt, werden die einzelnen Wissenselemente den Einsatzmöglichkeiten und den Wissensarten zugeordnet. Die Tabelle ist nach den Gesetzen der großen Zahlen und vernetzenden Wissenselementen sortiert. Pro Zeile sind ein Wissenselement und dessen Zuordnung zu Wissensdimensionen und Wissensarten gelistet.

Tabelle 6.10 Ausdifferenzierung der unterschiedlichen Wissensdimensionen

Name	Definition	Charakterisierung	Theoretische Belege
Schulfachwissen (SW)	SW ist das Fachwissen, welches in der Schule unter Berücksichtigung von Lernzielen gelehrt wird.	The contents of learning mathematics are not just simplifications of mathematics as it is taught in universities. The school subjects have a „life of their own" with their own logic; that is, the meaning of the concepts taught cannot be explained simply from the logic of the respective scientific disciplines. [...] Rather, goals about school (e.g. concepts of general education) are integrated into the meanings of the subject-specific concepts. (Bromme, 1994, S. 74)	Brommes Schulfachwissen
Schulbezogenes Fachwissen (SRCK)	SRCK ist ein berufsbezogenes Fachwissen, das auf Zusammenhänge zwischen Mathematik als Schulfach und Mathematik als wissenschaftliche Disziplin abzielt (Dreher et al., 2018).	We understand SRCK [School related content knowledge] as a special kind of mathematical CK about interrelations between academic and school mathematics, and thus this CK component comprises knowledge of elements of academic and school mathematics as well as of their relations. SRCK clearly differs from academic CK as well as from pedagogical content knowledge (PCK), and goes beyond school mathematics. (Dreher et al., 2018, S. 329 f.)	SRCK nach Dreher et al. (2018)
Akademisches Fachwissen (AW)	AW ist das Fachwissen, welches für eine akademische Laufbahn in der Mathematik benötigt wird.	Charakterisiert durch reines Universitätswissen, das vom Curriculum losgelöst ist (z. B. Galoistheorie, Funktionalanalysis) und welches kein SRCK ist.	Dreher et al. (2018), Ebene 4 von COACTIV (Krauss et al., 2011)

Tabelle 6.11 Ausdifferenzierung der Wissensarten von Lehrkräften

Name	Charakterisierung
Objektwissen	Es umfasst sowohl einzelne Fakten als auch komplexes Zusammenhangswissen (deklarativ) oder beschreibt die Fähigkeit deklaratives Wissen anzuwenden und wird meist als Können bezeichnet(prozedural).
Metawissen	Es umfasst wissenschaftstheoretisches Wissen, „going beyond knowledge of the facts or concepts" (L. S. Shulman, 1986b), z. B. Struktur der Disziplin, Paradigmen, Methodologie.

Diese Zuordnungen werden im Folgenden beispielhaft aufgezeigt. Dabei wird auf die Nummer des Wissenselements verwiesen, das Wissenselement und seine Zuordnungen kurz genannt und im Anschluss begründet. Die dargestellten Elemente können als ausgewählte Beispiele bezeichnet werden, weil diese exemplarisch für weitere Beispiele stehen. Dabei werden die Beispiele permutiert nach Wissensdimension und Wissensart.

Nr. 1: Wissen über die Stabilisierung der relativen Häufigkeiten eines beobachteten Ereignisses mit wachsender Versuchszahl (Schulfachwissen – Objektwissen)
Dieses Wissenselement wurde dem *Schulfachwissen* zugeordnet, weil sich das empirische Gesetz der großen Zahlen zumindestens indirekt in den Bildungsstandards wiederfinden lässt, und es also den Kriterien der Kategorie *Schulfachwissen* entspricht. Dieses Wissenselement ist *Objektwissen*, da es sich um Wissen zu den Inhalten handelt und Fakten umfasst.

Nr. 23: Kennen den frequentistischen Wahrscheinlichkeitsbegriff (Schulfachwissen – Metawissen
Somit wird Kennen des frequentistischen Wahrscheinlichkeitsbegriffs dem *Schulfachwissen* zugeordnet. Der frequentistische Wahrscheinlichkeitsbegriff beschreibt das Phänomen einer Konvergenz relativer Häufigkeiten. Dieses Konzept wird in der Schule vermittelt. Es ist außerdem *Metawissen*, weil dieser Wahrscheinlichkeitsbegriff auch Wissen über eine a posteriori-Bestimmung beschreibt, also in die Methodologie der Mathematik einzuordnen ist.

Tabelle 6.12 Übersicht über die Ergebnisse der Kategorie der Begrenztheiten

Nr.	Wissenselement	Wissensdimension	Wissensart
Wissenselemente zum empirischen Gesetz der großen Zahlen			
1	Wissen über die Stabilisierung der relativen Häufigkeiten eines beobachteten Ereignisses mit wachsender Versuchszahl	SW	Objektwissen
2	Wissen über die fehlende Mathematisierbarkeit und Bezeichnung als Naturgesetz	SW	Metawissen
3	Wissen über die fehlende Beweisbarkeit	SRCK	Objektwissen
4	Wissen	SW	Objektwissen
5	Eignung des EmpGGZ für Modellannahmen	SW	Objektwissen
6	Kenntnisse über typische Anwendungsfelder	SW	Objektwissen
7	Kenntnisse über historische Genese	SRCK	Metawissen
8	Vorkenntnisse über absolute und relative Häufigkeiten	SW	Objektwissen
9	Vorkenntnisse über den Aufbau eines Zufallsexperiments	SW	Objektwissen
10	Wissen über Zufallsexperimente auf enaktiver Ebene zur Verdeutlichung	SRCK	Objektwissen
11	Wissen über Visualisierungsmöglichkeiten auf ikonischer Ebene	SRCK	Objektwissen
12	Wissen über Visualisierung zur fehlenden Beweisbarkeit	SRCK	Objektwissen
13	Fähigkeit der Verbalisierung des EmpGGZ	SW	Objektwissen
14	Begründen können, warum das EmpGGZ nicht beweisbar ist	SRCK	Objektwissen
15	GV: Wahrscheinlichkeit als Maß für eine Erwartung	SRCK	Metawissen
16	GV: Wahrscheinlichkeit als relative Häufigkeit	SRCK	Metawissen
17	GV: Wahrscheinlichkeit als subjektives Vertrauen	SRCK	Metawissen
18	Wissen über die Zuordnung zur OECD-*big idea* „data and chance"	SRCK	Objektwissen

(Fortsetzung)

Tabelle 6.12 (Fortsetzung)

Nr.	Wissenselement	Wissensdimension	Wissensart
19	Wissen über die Zuordnung zur vorrangigen Leitidee „Daten und Zufall"	SW	Objektwissen
20	Wissen über Zuordnung zu den *big ideas* „Zufalls und Unsicherheit"	SW	Objektwissen
21	Verfügen über FI 1: Zufälligkeit	SW	Objektwissen
22	Verfügen über FI 9: (Stochastische) Konvergenz und Gesetze der großen Zahlen	SRCK	Objektwissen
23	Kennen den frequentistischen Wahrscheinlichkeitsbegriff	SW	Metawissen
24	Kennen das Propensity-Konzept	SW	Metawissen
Wissenselemente zum schwachen Gesetz der großen Zahlen			
25	Wissen über die Existenz des SchwGGZ	SRCK	Objektwissen
26	Wissen über die Formulierung des SchwGGZ	AW	Objektwissen
27	Wissen über die Bedeutung von (p-) stochastischer Konvergenz	AW	Objektwissen
28	Wissen über die Beweisbarkeit des SchwGGZ	SRCK	Metawissen
29	Wissen über die Nutzung der Tschebyscheff-Ungleichung im Beweis	SRCK	Objektwissen
30	Nachvollziehen des Beweises vom SchwGGZ	AW	Objektwissen
31	Kenntnisse über Anwendungsfelder	SRCK	Metawissen
32	Kenntnisse über historische Genese	SRCK	Metawissen
33	Vorkenntnisse über absolute und relative Häufigkeiten	SW	Objektwissen
34	Vorkenntnisse über den Aufbau eines Zufallsexperiments	SW	Objektwissen
35	Vorkenntnisse zu Wahrscheinlichkeiten bei Bernoulli-Ketten der Länge n	SW	Objektwissen
36	Vorkenntnisse zur (p-) stochastischen Konvergenz	SRCK	Objektwissen
37	Vorkenntnisse zu Zufallsvariablen	SRCK	Objektwissen
38	Vorkenntnisse zum Umgang mit Erwartungswert und Varianz	SRCK	Objektwissen
39	Vorkenntnisse zu Binomialverteilungen	SW	Objektwissen

(Fortsetzung)

Tabelle 6.12 (Fortsetzung)

Nr.	Wissenselement	Wissensdimension	Wissensart
40	Vorkenntnisse zu Kombinatorik	SW	Objektwissen
41	Vorkenntnisse zur Anwendung der Tschebyscheff-Ungleichung	SW	Objektwissen
42	Wissen über Zufallsexperimente auf enaktiver Ebene zur Verdeutlichung	SRCK	Objektwissen
43	Wissen über Visualisierungsmöglichkeiten auf ikonischer Ebene	SRCK	Objektwissen
44	Fähigkeit der Verbalisierung des SchwGGZ	AW	Objektwissen
45	Fähigkeit der Anwendung des SchwGGZ auf symbolischer Ebene	AW	Objektwissen
46	GV: Wahrscheinlichkeit als Maß für eine Erwartung	SRCK	Metawissen
47	GV: Wahrscheinlichkeit als relative Häufigkeit	SRCK	Metawissen
48	GV: Wahrscheinlichkeit als subjektives Vertrauen	SRCK	Metawissen
49	GV: Kombinatorik	SRCK	Metawissen
50	GV: Wahrscheinlichkeitsraum	SRCK	Metawissen
51	GV: Zufallsgröße als Funktion	SRCK	Metawissen
52	GV: Relative Häufigkeiten als Schwankung	SRCK	Metawissen
53	OECD-Wissen über die Zuordnung zur *big idea* „data and chance"	SRCK	Metawissen
54	Wissen über die Zuordnung zur vorrangigen Leitidee „Daten und Zufall"	SW	Objektwissen
55	Wissen über Zuordnung zu den *big ideas* „Zufalls und der Unsicherheit"	SW	Objektwissen
56	Verfügen über FI 1: Zufälligkeit	SW	Objektwissen
57	Verfügen über FI 2: Ereignisse und Ereignisraum	SRCK	Objektwissen
58	Verfügen über FI 6: Kombinatorik	SW	Objektwissen
59	Verfügen über FI 8: Zufallsvariable	SRCK	Objektwissen
60	Verfügen über FI 9: (Stochastische) Konvergenz und Gesetze der großen Zahlen	SRCK	Objektwissen

(Fortsetzung)

Tabelle 6.12 (Fortsetzung)

Nr.	Wissenselement	Wissensdimension	Wissensart
61	Verfügen über FI 10: Stichprobe und Verteilung	SRCK	Objektwissen
62	Kennen den frequentistischen Wahrscheinlichkeitsbegriff	SW	Objektwissen
63	Kennen das Propensity-Konzept	SRCK	Objektwissen
64	Verfügen über einen axiomatischen Wahrscheinlichkeitsbegriff	SRCK	Objektwissen
Wissenselemente zum starken Gesetz der großen Zahlen			
65	Wissen über die Existenz des StarkGGZ	SRCK	Objektwissen
66	Wissen über die Formulierung des StarkGGZ	AW	Objektwissen
67	Wissen über die Bedeutung von (p-) fast sicherer Konvergenz	AW	Objektwissen
68	Wissen über die Beweisbarkeit des StarkGGZ	SRCK	Objektwissen
69	Nachvollziehen des Beweises des StarkGGZ	AW	Objektwissen
70	Kenntnisse über typische Anwendungsfelder	SRCK	Metawissen
71	Kenntnisse über historische Genese	SRCK	Metawissen
72	Vorkenntnisse über absolute und relative Häufigkeiten	SW	Objektwissen
73	Vorkenntnisse über den Aufbau eines Zufallsexperiments	SW	Objektwissen
74	Vorkenntnisse zu (diskreten) Wahrscheinlichkeitsräumen	SW	Objektwissen
75	Vorkenntnisse zu (unkorrelierten) Zufallsvariablen	SW	Objektwissen
76	Vorkenntnisse zu Varianz und Kovarianz	SW	Objektwissen
77	Vorkenntnisse zur (p-) fast sicheren Konvergenz	AW	Objektwissen
78	Vorkenntnisse zu Rechenregeln von Varianz und Kovarianz	SW	Objektwissen
79	Vorkenntnisse zur Anwendung der Tschebyscheff-Ungleichung	AW	Objektwissen
80	Vorkenntnise zur Anwendung des Satzes von Borel-Cantelli	AW	Objektwissen

(Fortsetzung)

Tabelle 6.12 (Fortsetzung)

Nr.	Wissenselement	Wissensdimension	Wissensart
81	Vorkenntnisse zum klassischen Konvergenzbegriff	SW	Objektwissen
82	Vorkenntnisse zu den De Morganschen Regeln	AW	Objektwissen
83	Vorkenntnisse zum Umgang mit Summen	AW	Objektwissen
84	Wissen über Zufallsexperimente auf enaktiver Ebene zur Verdeutlichung	SW	Objektwissen
85	Wissen über Visualisierungsmöglichkeiten auf ikonischer Ebene	SRCK	Objektwissen
86	Fähigkeit der Verbalisierung des StarkGGZ	AW	Objektwissen
87	Fähigkeit der Anwendung des StarkGGZ auf symbolischer Ebene	AW	Objektwissen
88	GV: Wahrscheinlichkeit als Maß für eine Erwartung	SRCK	Metawissen
89	GV: Wahrscheinlichkeit als relative Häufigkeit	SRCK	Metawissen
90	GV: Wahrscheinlichkeit als subjektives Vertrauen	SRCK	Metawissen
91	GV: Kombinatorik	SRCK	Metawissen
92	GV: Wahrscheinlichkeitsraum	SRCK	Metawissen
93	GV: Zufallsgröße als Funktion	SRCK	Metawissen
94	GV: Relative Häufigkeiten als Schwankung	SRCK	Metawissen
95	OECD-Wissen über die Zuordnung zur *big idea* „data and chance"	SRCK	Metawissen
96	Wissen über die Zuordnung zur vorrangigen Leitidee „Daten und Zufall"	SW	Objektwissen
97	Wissen über Zuordnung zu den *big ideas* „Zufalls und der Unsicherheit"	SW	Objektwissen
98	Verfügen über FI 1: Zufälligkeit	SW	Objektwissen
99	Verfügen über FI 2: Ereignisse und Ereignisraum	SRCK	Objektwissen
100	Verfügen über FI 6: Kombinatorik	SW	Objektwissen

(Fortsetzung)

Tabelle 6.12 (Fortsetzung)

Nr.	Wissenselement	Wissensdimension	Wissensart
101	Verfügen über FI 8: Zufallsvariable	SRCK	Objektwissen
102	Verfügen über FI 9: (Stochastische) Konvergenz und Gesetze der großen Zahlen	SRCK	Objektwissen
103	Verfügen über FI 10: Stichprobe und Verteilung	SRCK	Objektwissen
104	Kennen den frequentistischen Wahrscheinlichkeitsbegriff	SW	Objektwissen
105	Kennen das Propensity-Konzept	SRCK	Objektwissen
106	Kennen den axiomatischen Wahrscheinlichkeitsbegriff	SRCK	Objektwissen
Vernetzende Wissenselemente zwischen den drei mathematischen Teilbereichen			
107	Alle Gesetze der großen Zahlen beschreiben eine Form der Stabilisierung	SRCK	Objektwissen
108	Das EmpGGZ ist im Gegensatz zu den anderen GGZ nicht mathematisierbar und beweisbar	SRCK	Metawissen
109	SchwGGZ und StarkGGZ beinhalten stochastische Konvergenz	SRCK	Objektwissen
110	Stochastische Konvergenz hat weniger Aussagekraft als fast sichere Konvergenz	SRCK	Metawissen
111	Unterschiedliche Komplexität der Beweise des SchwGGZ und StarkGGZ	SRCK	Metawissen
112	Der Grad der Möglichkeiten von experimentellen Zugängen variiert.	SRCK	Metawissen
113	Das SchwGGZ und StarkGGZ haben gleiche typische Anwendungsmöglichkeiten	SRCK	Metawissen
114	Die drei Gesetze der großen Zahlen sind historisch aufeinander folgend	SRCK	Metawissen
115	Die GGZ benötigen für ein Verständnis Kenntnisse zu absoluten und relativen Häufigkeiten sowie dem Aufbau eines Zufallsexperiments.	SRCK	Metawissen
116	Für das Verständnis vom SchwGGZ und StarkGGZ wird ein komplexeres Vorwissen benötigt.	SRCK	Metawissen

(Fortsetzung)

Tabelle 6.12 (Fortsetzung)

Nr.	Wissenselement	Wissensdimension	Wissensart
117	Die Möglichkeiten der Darstellungen auf enaktiver Darstellungsebene nimmt vom EmpGGZ über das SchwGGZ hin zum StarkGGZ ab.	SRCK	Metawissen
118	Die Möglichkeiten der Darstellungen auf ikonischer Darstellungsebene nimmt vom EmpGGZ über das SchwGGZ hin zum StarkGGZ ab.	SRCK	Metawissen
119	Die Möglichkeiten der Darstellungen auf symbolischer Darstellungsebene nimmt vom EmpGGZ über das SchwGGZ hin zum StarkGGZ zu.	SRCK	Metawissen
120	Die Grundvorstellungen „Wahrscheinlichkeit als Maß für eine Erwartung", „Wahrscheinlichkeit als relative Häufigkeit", „Wahrscheinlichkeit als subjektives Vertrauen" müssen bei Lehrkräften für alle GGZ vorhanden sein.	SRCK	Metawissen
121	Die Grundvorstellungen „Kombinatorik", „Wahrscheinlichkeitsraum" und „Zufallsgrößen" müssen beim Umgang mit dem SchwGGz und StarkGGZ vorhanden sein.	SRCK	Metawissen
122	Die Grundvorstellung „Rel. Häufigkeit als Schwankung" mit dem Trichtergedanken muss für ein Verständnis vom SchwGGZ und StarkGGZ vorhanden sein.	SRCK	Metawissen
123	Wissen, dass alle GGZ der OECD-*big idea* „data and chance" zugeordnet sind	SRCK	Metawissen
124	Wissen, dass alle GGZ der vorrangigen Leitidee „Daten und Zufall" zugeordnet sind	SRCK	Metawissen
125	Wissen, dass alle GGZ den *big ideas* „Zufall und Unsicherheit" zugeordnet sind	SRCK	Metawissen
126	Wissen, dass die Anzahl der benötigten fundamentalen Ideen vom EmpGGZ hin zu den anderen GGZ zunehmen	SRCK	Metawissen

(Fortsetzung)

Tabelle 6.12 (Fortsetzung)

Nr.	Wissenselement	Wissensdimension	Wissensart
127	Fundamentale Ideen für alle drei GGZ sind Zufälligkeit, (Stochastische) Konvergenz und Gesetze der großen Zahlen	SRCK	Metawissen
128	Für das SchwGGZ und StarkGGZ sind weitere fundamentale Ideen relevant.	SRCK	Metawissen
129	Für alle GGZ sind der frequentistische Wahrscheinlichkeitsbegriff sowie das Propensity-Konzept relevant	SRCK	Metawissen
130	Für das Verständnis vom StarkGGZ wird der axiomatische Wahrscheinlichkeitsbegriff benötigt	SRCK	Metawissen

Nr: 25: Wissen über die Existenz vom schwachen Gesetz der großen Zahlen (Schulbezogenes Fachwissen – Objektwissen)
Im Gegensatz zu den Wissenselementen Nummer 1 und Nummer 22 lässt sich dieses Wissenselement in das *schulbezogene Fachwissen* einordnen, weil es einerseits über das Schulfachwissen hinausgeht und andererseits ein Verbindungsglied zum akademischen Fachwissen ist. Es ist *Objektwissen*, weil es den Fakt der Existenz beschreibt.

Nr. 7/32/71: Kenntnisse über historische Genese (Schulbezogenes Fachwissen – Metawissen)
Dieses Wissenselement wurde dem *schulbezogenen Fachwissen* zugeordnet, weil es weder der schulischen noch der akademischen Mathematik zuzuordnen ist, sondern Zusammenhänge zwischen den verschiedenen Gesetzen der großen Zahlen auf einer Metaebene aufzeigt. Es ist *Metawissen*, weil ein Beispiel der Struktur der Disziplin aufzeigt. Mathematik hat sich historisch entwickelt und Konzepte bauen teilweise aufeinander auf.

Nr. 66: Wissen über die Formulierung des starken Gesetzes der großen Zahlen (Akademisches Fachwissen – Objektwissen)
Dieses Wissenselement wird als *akademisches Fachwissen* charakterisiert. Das Wissen über die Formulierung des starken Gesetzes der großen Zahlen ist weder dem schulischen noch dem schulspezifischen Fachwissen zuzuordnen, da es weit über

Kenntnisse der Schule hinausgeht. Es ist *Objektwissen*, weil es Faktenwissen zu einem mathematischen Satz ist.

Ein Wissenselement, welches zugleich dem *akademischen Fachwissen* und dem *Metawissen* zugeordnet ist, konnte in dieser Analyse nicht gefunden werden.

In diesem Abschnitt wurden die einzelnen Wissenselemente den Wissensdimensionen, also Einsatzmöglichkeiten, und den Wissensarten zugeordnet. Für fast jede Kombination zwischen Wissensdimension und Wissensart wurden Beispiele aufgezeigt. Eine Auswahl bildet dabei die Kombination von *Akademischem Wissen* und *Metawissen*. Die Zuordnung dieser Beispiele wurde begründet. Im Anschluss sollen beispielhaft Wissenselemente miteinander vernetzt und in Abbildungen dargestellt werden, um Grenzen des benötigten Fachwissens von Lehrkräften auf normativer Ebene ziehen und das elementarisierte akademische Fachwissen von Lehrkräften aufspannen zu können.

Wissensnetze zur Bestimmung von Grenzen des benötigten Wissens von Lehrkräften

Dieses Kapitel erörtert mögliche Grenzen für das Fachwissen von Lehrkräften. Dafür werden an dieser Stelle exemplarisch drei Wissensnetze präsentiert, die aus der Rekonstruktion herausgearbeitet wurden. Diese Herausarbeitung ist aus der Kumulation der bisherigen Abschnitte in diesem Kapitel entstanden. Die Wissenselemente wurden innerhalb der Eigenheiten formuliert. Bei der Betrachtung der Gemeinsamkeiten und Verschiedenheiten wurden vernetzende Ideen geprägt und die Zuordnung zu Wissensdimensionen und -arten gibt Indizien für das benötigte Fachwissen für Lehrkräfte der Sekundarstufe I und II in der Wahrscheinlichkeitsrechnung, insbesondere bezüglich der Gesetze der großen Zahlen.

Die folgenden drei Wissensnetze stellen vernetztes Wissen graphisch dar und dienen der Betrachtung der letzten Leitfrage nach den Grenzen des elementarisierten akademischen Fachwissens. Zunächst wird die Wahl der vernetzenden Ideen begründet. Danach wird zunächst die Vorgehensweise des Erstellens der Abbildungen der Wissensnetze und die einzelnen verwendeten Elemente beschrieben. Anschließend werden die einzelnen Wissensnetze präsentiert und erläutert.

Für die exemplarische Darstellung von Wissensnetzen wurden drei Ideen ausgewählt. Diese Ideen scheinen nach der Durchführung der Didaktisierung sowie der Betrachtung von Gemeinsamkeiten und Verschiedenheiten eine große Bedeutung in diesem Teilbereich der Wahrscheinlichkeitsrechnung zu haben.

- Zunächst wird ein Wissensnetz hinsichtlich der vernetzenden Idee der Stabilisierung gezeichnet. Die Stabilisierung ist die große Gemeinsamkeit der drei Gesetze der großen Zahlen, sodass Verbindungen „leicht" zu ziehen sind. Darüber hinaus kann diese vernetzende Idee der Stabilisierung innerhalb der verschiedenen Schritte der Didaktisierung, wie beispielsweise im mathematischen Kern des Inhalts sowie auch in den Darstellungsebenen und Grundvorstellungen gezeigt werden. Deutungen einer Stabilisierung sind auch im Bereich der Wahrscheinlichkeitsbegriffe oder der fundamentalen Ideen (beides in Schritt 5 der Didaktisierung behandelt) zu sehen. Die Wahl für dieses Wissensnetz ist auf den mathematischen Kern des Inhalts gefallen, weil das Konzept der Stabilisierung zunächst ein mathematisches ist.

- Für das zweite Wissensnetz wurde die Beweisbarkeit als vernetzende Idee gewählt. Diese vernetzende Idee findet sich primär im ersten Schritt der Didaktisierung wieder. Die Vernetzung findet hier wiederum über Verschiedenheiten statt. Die Beweisbarkeit und damit auch die Mathematisierbarkeit ist beim empirischen Gesetz der großen Zahlen nicht gegeben, während ersteres bei den anderen beiden Gesetzen der großen Zahlen verschiedene Ausprägungen in ihrem Schwierigkeitsgrad und ihren Voraussetzungen zeigt.
- Das dritte Wissensnetz behandelt die vernetzende Idee der historischen Genese. Es wird also der zweite Schritt der Didaktisierung betrachtet. Diese vernetzende Idee wurde gewählt, weil sie sich gegenüber den anderen vernetzenden Ideen nicht im mathematischen ausdrückt und als Wissensdimension ausschließlich auf Ebene des schulspezifischen Fachwissens (SRCK) befindet.

Nun folgt die Darstellungserklärung der einzelnen Elemente in den Darstellungen 6.5, 6.7 und 6.9. Es wird unterschieden zwischen Wissenselementen innerhalb eines mathematischen Teilbereichs (also der Gesetze der großen Zahlen) und vernetzenden Wissenselementen. Erstere stehen in schwarz umrandeten Kästen, bei Letzteren ist kein schwarzer Rand. Die Füllung dieser Kästen deutet die Wissensdimension, also die Einsatzmöglichkeit des Wissensinhalts an. Eine weiße Füllung bedeutet eine Zuordnung zum Schulfachwissen, eine hellgraue zum schulspezifischen Fachwissen und eine dunkelgraue zum akademischen Fachwissen. Es gibt einerseits Verbindungen mit und ohne Beschriftungen. Verbindungen mit Beschriftungen zeigen eben jene Verbindungen, welche die unterschiedlichen Gesetze miteinander in Beziehung setzen. Dies geschieht immer über ein vernetzendes Wissenselement. Verbindungen ohne Beschriftung sind eine direkte Konsequenz aus der Analyse des gleichen Inhalts und bedürfen aufgrund dessen keiner weiteren Verbindung, da der Inhalt die Verbindung darstellt. Die Kästen mit hellgrauer Füllung und abgerundeten Kanten zeigen die Struktur der Teilbereiche des mathematischen Inhalts auf. Damit wird der Einteilung in einzelne Teilbereiche gefolgt, wie zu Beginn dieses Kapitels begründet.

Wissensnetz hinsichtlich der vernetzenden Idee der Stabilisierung

Zunächst wird sich dem Wissensnetz hinsichtlich der vernetzenden Idee der Stabilisierung gewidmet. Die Abbildung 6.5 zeigt Zusammenhänge zwischen den einzelnen Wissenselementen auf. Beim empirischen Gesetz der großen Zahlen finden sich Wissenselement Nr. 1 und 2 wieder. Ersteres beschreibt das Wissen über die Stabilisierung im empirischen Gesetz der großen Zahlen und Zweiteres das Wissen über die fehlende Mathematisierbarkeit und Beweisbarkeit. Diese beiden Wissensnetze sind aufgrund desselben Themengebiets miteinander verbunden. Wissen über die fehlende Mathematisierbarkeit kann mithilfe des Wissenselements über mathematisierbare Aussagen für Stabilisierung (Nr. 107) Verbindungen zum Wissen der Existenz vom schwachen Gesetz der großen Zahlen (Nr. 25) und starken Gesetz der großen Zahlen (Nr. 65) aufgezeigt werden. Das Wissen über die Existenz vom schwachen Gesetz der großen Zahlen (Nr. 25) ist innerhalb des Themenbereichs des schwachen Gesetzes der großen Zahlen mit dem Wissen über die Formulierung des schwachen Gesetzes der großen Zahlen (Nr. 26) und dem Wissen über die Bedeutung von (p-) stochastischer Konvergenz (Nr. 27) durch den gleichen mathematischen Teilbereich verbunden. Analog findet dies mit dem Wissen über die Existenz des starken Gesetzes der großen Zahlen (Nr. 65), dem Wissen über die Formulierung des starken Gesetzes der großen Zahlen (Nr. 66) und dem Wissen über die Bedeutung (p-) fast sicherer Kompetenz und die Nutzung im starken Gesetz der großen Zahlen (Nr. 67) im Teilbereich des starken Gesetzes der großen Zahlen statt. Die Wissenselemente Nummer 28 und 62 sind wiederum durch zwei vernetzende Wissenelemente verbunden, dem Wissen über die unterschiedlichen Konvergenzbegriffe und ihre unterschiedlichen Aussagegrade (Nr. 109 und Nr. 110).

Wie oben erwähnt deuten die Füllungen der Kästen um die Wissensinhalte auf ihre Einsatzmöglichkeiten hin. Nur ein Wissenselement (Nr. 1) ist dem Schulfachwissen zugeordnet. Es gibt fünf Wissenselemente, die zu dem schulspezifischen Fachwissen lokalisiert werden können. Diese sind Wissen über die fehlende Mathematisierbarkeit (Nr. 2), Wissen über die Existenz vom schwachen Gesetz der großen Zahlen (Nr. 25), Wissen über die Existenz des starken Gesetzes der großen Zahlen (Nr. 63) und Wissen über mathematisierbare Aussagen für Stabilisierung (Nr. 107; hier besteht eine doppelte Verbindung). Die restlichen Wissenselemente Wissen über die Formulierung des schwachen Gesetzes der großen Zahlen (Nr. 26), Wissen über die Bedeutung von (p-) stochastischer Konvergenz (Nr. 26), Wissen über die Formulierung des starken Gesetzes der großen Zahlen (Nr. 66), Wissen über die Bedeutung von (p-) fast sicherer Konvergenz und ihrem Nutzen im starken Gesetz der großen Zahlen (Nr. 67) und Wissen über die unterschiedlichen Wahrscheinlichkeitsbegriffe und ihrem unterschiedlichen Aussagegrad (Nr. 109, 110) werden im akademischen Fachwissen verortet und sind somit kein elementarisiertes akademisches Wissen.

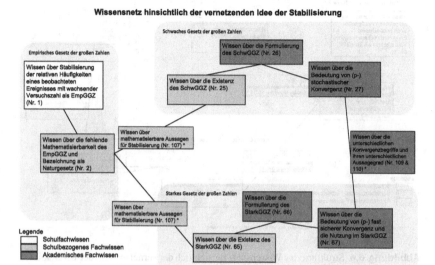

Abbildung 6.5 Strukturiertes Wissensnetz hinsichtlich der vernetzenden Idee der Stabilisierung, bei der die Wissenselemente ihren Wissensdimensionen zugeordnet sind und entsprechende Verbindungen gezogen wurden

In Abbildung 6.6 wird das elementarisierte akademische Fachwissen für Lehrkräfte dargestellt, welches für diese vernetzende Idee der Stabilisierung identifiziert wurde. Dieses basiert auf dem Wissensnetz in Abbildung 6.5. Die nicht relevanten Wissenselemente wurden ausgegraut. Die ausgegrauten Wissenselemente sind nicht elementarisiertes akademisches Fachwissen, welches für Mathematiker*innen relevant ist, für die Unterrichtspraxis aber nicht. Hier sind nur das Schulfachwissen und das schulspezifische Fachwissen relevant.

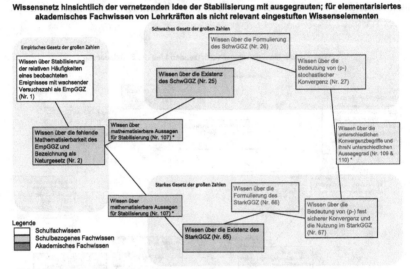

Wissensnetz hinsichtlich der vernetzenden Idee der Stabilisierung mit ausgegrauten; für elementarisiertes akademisches Fachwissen von Lehrkräften als nicht relevant eingestuften Wissenselementen

Abbildung 6.6 Strukturiertes Wissensnetz hinsichtlich der vernetzenden Idee der Stabilisierung, bei der die Wissenselemente ihren Wissensdimensionen zugeordnet sind und entsprechende Verbindungen gezogen wurden. Die ausgegrauten Wissenselemente sind diejenigen, die keinem elementarisierten, akademischen Fachwissen zugeordnet werden

Wissensnetz hinsichtlich der vernetzenden Idee der Beweisbarkeit

Eine weitere vernetzende Idee ist wie oben beschrieben die Beweisbarkeit. Hier lassen sich Wissenselemente zu jedem mathematischen Teilbereich finden (Abbildung 6.7).

Im mathematischen Teilbereich des empirischen Gesetzes der großen Zahlen werden das Wissen über die fehlende Mathematisierbarkeit und Bezeichnung als Naturgesetz (Nr. 2) und das Wissen über die fehlende Beweisbarkeit (Nr. 3) verortet. Diese beiden Wissenselemente sind miteinander verbunden aufgrund des gleichen mathematischen Teilbereichs und der direkten Folgerung, dass auf die fehlende Beweisbarkeit auch die fehlende Mathematisierbarkeit folge und umgekehrt. Das Wissen über die fehlende Beweisbarkeit ist mit dem Wissen über die Existenz des schwachen Gesetzes der großen Zahlen (Nr. 25) und des starken Gesetzes der großen Zahlen (Nr. 65) durch das Wissenselement mit dem Wissen, dass das empirische Gesetz der großen Zahlen im Gegensatz zum schwachen und starken Gesetz der großen Zahlen nicht beweisbar ist (Nr. 108), verbunden. Beide Wissens-

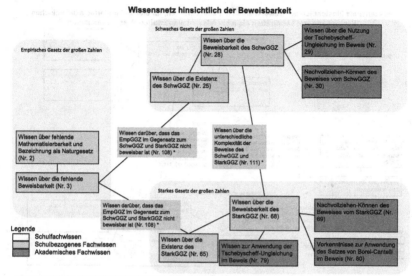

Abbildung 6.7 Strukturiertes Wissensnetz hinsichtlich der vernetzenden Idee der Beweisbarkeit, bei der die Wissenselemente ihrer Wissensdimensionen zugeordnet sind und entsprechende Verbindungen gezogen wurden

elemente der Existenz der jeweiligen Gesetze der großen Zahlen dienen als Zwischenschritt zum Wissen über die Beweisbarkeit (schwach: Nr. 28; stark: Nr. 68), weil Lehrkräfte von der Existenz wissen müssen, um Kenntnisse zur Beweisbarkeit zu haben. Diese beiden Wissenselemente zur Beweisbarkeit des jeweiligen Gesetzes der großen Zahlen sind verbunden durch das Wissen über die unterschiedliche Komplexität der Beweise (Nr. 108). Das Element des Wissens über die Beweisbarkeit des schwachen Gesetzes der großen Zahlen ist außerdem mit dem Wissen über die Nutzung der Tschebyscheff-Ungleichung im Beweis (Nr. 29) und über das Nachvollziehen-Können des Beweises vom Beweis (Nr. 29) verbunden. Das Wissen über die Beweisbarkeit des starken Gesetzes der großen Zahlen kann wiederum mit drei Wissenselementen assoziiert werden: Das Wissen zur Anwendung der Tschebyscheff-Ungleichung im Beweis (Nr. 78), die Vorkenntnisse zur Anwendung des Satzes von Borel-Cantelli im Beweis (Nr. 79) sowie das Nachvollziehen-Können des Beweises (Nr. 68).

In diesem Wissensnetz hinsichtlich der Beweisbarkeit sind im Gegensatz zum Wissensnetz hinsichtlich der Stabilisierung nur Wissenselemente aus dem schulspe-

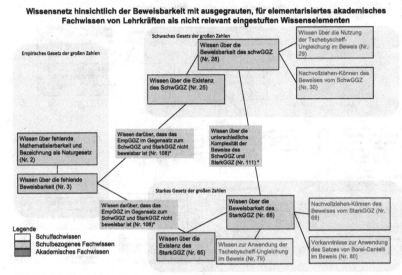

Abbildung 6.8 Bewertetes, strukturiertes Wissensnetz hinsichtlich der vernetzenden Idee der Stabilisierung, bei der die Wissenselemente ihren Wissensdimensionen zugeordnet sind und entsprechende Verbindungen gezogen wurden. Die ausgegrauten Wissenselemente sind diejenigen, die keinem elementarisierten, akademischen Fachwissen zugeordnet werden

zifischen und akademischen Fachwissen aufgeführt. Alle Elemente des empirischen Gesetzes der großen Zahlen sind mit dem schulspezifischen Fachwissen zugeordnet. Die Verbindungen zwischen drei mathematischen Teilbereichen sowie das Wissen über die Existenz und die Beweisbarkeit des schwachen und starken Gesetzes der großen Zahlen sind dem schulspezifischen Fachwissen assoziiert. Die dem akademischen Fachwissen zugeordneten Wissenselemente sind auch in dieser Abbildung ausgegraut, weil sie sich nicht in Hinsicht auf Lehrkräfte der Sekundarstufe I und II elementarisieren lassen (Abbildung 6.8).

Wissensnetz hinsichtlich der vernetzenden Idee der historischen Genese
Die Abbildung 6.9 zeigt das elementarisierte akademische Fachwissen von Lehrkräften für die Sekundarstufe I und II hinsichtlich der historischen Genese. Zu jedem Gesetz der großen Zahlen lassen sich Wissenselemente finden. Die Besonderheit dieses Wissensnetzes ist die Zuordnung der Wissenselemente zum Metawissen. Damit sind Wissenselemente primär in den Verbindungen zu finden. Die Kästen

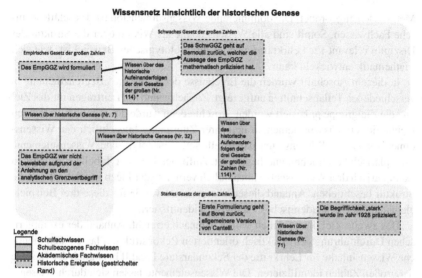

Abbildung 6.9 Strukturiertes Wissensnetz hinsichtlich der vernetzenden Idee der historischen Genese, bei der die Wissenselemente ihrer Wissensdimensionen zugeordnet sind und entsprechende Verbindungen gezogen wurden

sind in diesem Fall gestrichelt, weil sie historische Entwicklungspunkte zeigen. Sie folgen aufeinander. Zunächst wurde das empirische Gesetz der großen Zahlen formuliert und anschließend erfolglos versucht durch Anlehnung an einen analytischen Grenzwertbegriff (Nr. 7) zu beweisen. Diese beiden Ereignisse werden über das Wissenselement Wissen über historische Genese (Nr. 114) miteinander verbunden. Die mathematische Präzisierung durch Bernoulli brachte im Anschluss das schwache Gesetz der großen Zahlen hervor und wird mit dem Wissen über historische Genese (Nr. 32) hinsichtlich des schwachen Gesetzes der großen Zahlen mit der fehlenden Beweisbarkeit in Verbindung gebracht. Eine weitere historische Entwicklung geht auf Borel zurück, der das starke Gesetz der großen Zahlen zunächst formuliert hat und auf Cantelli, der eine allgemeinere Formulierung des gleichen Gesetzes entwickelte. Der Begriff „stark" wurde dem starken Gesetz der großen Zahlen erst im Jahr 1928 zugeschrieben. Die mathematischen Teilbereiche sind durch das vernetzende Wissenselement „Die drei Gesetze der großen Zahlen folgen historisch aufeinander" (Nr. 114) verbunden und werden durch fett markierte Verbindungen gekennzeichnet. Alle Wissenselemente sind wie zuvor erwähnt dem

Metawissen zugeordnet. Die dominierende Wissensdimension ist das schulspezifische Fachwissen. Somit sind alle Wissensinhalte als Wissen über die Struktur der Disziplin relevant für Lehrkräfte, weil es ein prototypisches Beispiel ist, wie sich Mathematik entwickeln kann.

In diesem Abschnitt wurden die Ergebnisse der Kategorie „Begrenztheiten" in verschiedenen Teilabschnitten aufgezeigt. Zunächst sind die Leitfragen für das Ziel und die Zielgruppe präzisiert worden. Anschließend wurde die Tabelle 6.12 mit den identifizierten Wissenselementen und ihrer Zuordnung hinsichtlich der Wissensdimensionen und Wissensarten dargestellt sowie prototypische Wissenselemente exemplarisch beschrieben und begründet. Aufbauend auf der Tabelle 6.12 wurden exemplarisch drei Wissensnetze hinsichtlich vernetzender Ideen gezeichnet und die Struktur beschrieben. Anhand dieser Wissensnetze wurde für diese drei Beispiele elementarisiertes akademisches Fachwissen identifiziert.

Das zweite Ziel dieser Arbeit wurde demnach erreicht. Anhand der exemplarischen Durchführung der didaktisch orientierten Rekonstruktion lassen sich mögliche Wissensinhalte für Lehrkräfte der Sekundarstufe I und II bezüglich der Gesetze der großen Zahlen identifizieren. Die Wissenselemente lassen sich durch Wissensnetze strukturieren und vernetzende Wissenselemente lassen sich herausarbeiten. Es konnten Grenzen elementarisierten akademischen Fachwissens für Lehrkräfte der Sekundarstufe I und II ermittelt werden. Normative Entscheidungen konnten offengelegt werden.

Im nächsten Kapitel werden die Ergebnisse der Systematisierung der Methode sowie die exemplarische Anwendung der Methode „didaktisch orientierte Rekonstruktion" zunächst diskutiert. Im Anschluss daran werden mögliche Implikationen für Forschung und Praxis entwickelt.

Diskussion 7

Im folgenden Kapitel werden die Ergebnisse dieser Arbeit dargestellt und diskutiert. Dafür werden die Ziele und die zugrunde liegende Vorgehensweise dargestellt, der eigene Beitrag präsentiert und die Ergebnisse diskutiert. Im Anschluss werden Limitationen beschrieben und Folgerungen für die Wissenschaft und die Praxis gezogen.

7.1 Diskussion zur Systematisierung der didaktisch orientierten Rekonstruktion

Das erste Ziel war die Systematisierung einer didaktisch orientierten Rekonstruktion (als eine stoffdidaktische Analyse) zur Strukturierung eines mathematischen Inhalts ausgehend vom Kern des Inhalts mit dem Ziel, normative Aussagen über Wissensinhalte für Lehrkräfte generieren zu können. Sichtbar gemacht wurde selten der Prozess einer stoffdidaktischen Methode. In vielen Arbeiten wurden anstattdessen die Ergebnisse der Durchführung präsentiert, sodass die Methoden nicht offengelegt wurden. Deshalb wurde ausgehend von Kirschs (1977) Elementen des Zugänglichmachens bzw. des Elementarisierens ein Vorschlag zu einer stoffdidaktischen Methode gemacht, welche Biehler und Blum (2016) folgend *didaktisch orientierte Rekonstruktion* genannt wurde. Die Elemente des Elementarisierens wurden expliziert, erweitert, aktualisiert und theoretisch fundiert. Zunächst einmal wurde die didaktisch orientierte Rekonstruktion um die Beschreibung des Ziels und der Zielgruppe und um eine mögliche Einteilung des mathematischen Inhalts erweitert. Diese ermöglicht es, die Methode mit Blick auf das Ziel und die Zielgruppe durchzuführen.

© Der/die Autor(en) 2024
J. Huget, *Die Methode der didaktisch orientierten Rekonstruktion*, Bielefelder Schriften zur Didaktik der Mathematik 11,
https://doi.org/10.1007/978-3-658-42642-2_7

Anschließend wurden die Elemente von Kirsch (1977) genutzt, um dem Teilprozess der Didaktisierung eine Struktur zu geben. Der erste Schritt betrachtet den *mathematischen Kern des Inhalts*. Dieser Schritt wurde durch die Beschreibung der Vorgehensweise ergänzt und exemplarisch mit theoretischen Bezügen belegt. Analog wurde bei der *Integration des Bezugssystems* (Schritt 2) und der Betrachtung des *benötigten Vorwissens* (Schritt 3) verfahren. Im vierten Schritt wurden die verschiedenen Darstellungsebenen durch das Miteinbeziehen der Grundvorstellungen aktualisiert und erweitert, die Vorgehensweise wurde beschrieben und mit theoretischen Bezügen belegt. Die *grundlegenden didaktischen Konzepte* (Schritt 5) wurden von Kirsch (1977) nicht näher beschrieben. Dieser Schritt gibt der durchführenden Person die Möglichkeit, themen-, zeit- und kulturspezifisch didaktische Konzepte hinzuzufügen, um diese kontextabhängig zu betrachten. Exemplarisch wurden Beispiele theoretischer Bezüge hinzugefügt, um die Vielfalt didaktischer Möglichkeiten aufzeigen zu können.

Für den Teilprozess der *Rekonstruktion* wurden Elemente der didaktischen Rekonstruktion nach Kattmann et al. (1997) übertragen. Deren Kategorien der didaktischen Strukturierung wurden für die Methode der *didaktisch orientierten Rekonstruktion* adaptiert, sodass die Methode zunächst ohne erhobene Vorstellungen der Zielgruppe auskommt. Eine Anschlussfähigkeit zu den Kategorien von Kattmann et al. (1997) wurde trotzdem hergestellt, indem Vorstellungen beispielsweise bei der Betrachtung des benötigten Vorwissens miteinbezogen werden können. Diese didaktisch orientierte Rekonstruktion kann also genutzt werden, um ausgehend von einem mathematischen Sachverhalt zu didaktisieren und zu rekonstruieren. Mathematische Sachverhalte können also für verschiedene Ziele (wie z. B. Generierung von Wissenselementen) aufbereitet werden.

Es lassen sich folgende Ergebnisse auch unter Berücksichtigung der durchgeführten exemplarischen, didaktisch orientierten Rekonstruktion festhalten:

(1) Eine stoffdidaktische Methode wurde systematisiert.
Durch die Beschreibung der Vorgehensweise und der exemplarischen, theoretischen Belege konnte eine Systematik hergestellt werden. Eine Systematisierung stoffdidaktischer Analysen in dieser Form mit theoretischen Belegen ist neu. Die genutzte Strukturgebung durch die Arbeiten von Kirsch wurde mit didaktischen Konzepten aktualisiert, erweitert und mit theoretischen Bezügen belegt sowie um einen rekonstruierenden Teilprozess erweitert. Kirschs (1977) Arbeiten wurden zuvor für Analysezwecke herangezogen, um einzelne Aspekte der Mathematikdidaktik zu analysieren (s. dazu u. a. Biehler & Blum, 2016; Buchholtz, Schwarz & Kaiser, 2016; Allmendinger, 2016). Der Ansatz in der vorliegenden Arbeit zielt wiederum

darauf ab, eine universelle stoffdidaktische Methode zu systematisieren, welcher als gelungen bezeichnet werden kann.

(2) Mithilfe der didaktisch orientierten Rekonstruktion lassen sich normative Aussagen generieren.
Die didaktisch orientierte Rekonstruktion eröffnet Möglichkeiten in einer strukturierten Art und Weise normative Aussagen zu generieren. Dafür wird abhängig von der Zielsetzung und -gruppe die *Didaktisierung* durchgeführt, um einen Überblick über den zu betrachtenden mathematischen Inhalt zu erhalten. Mithilfe dieses Überblicks können innerhalb des Teilprozesses der *Rekonstruktion* im Anschluss unter Berücksichtigung der Kategorien normative Aussagen getroffen und begründet werden.

(3) Der Prozess innerhalb einer stoffdidaktischen Analyse ist offengelegt. Der Prozess normativer Entscheidungen lässt sich transparenter darstellen.
Wie in Kapitel 4 dargestellt, werden stoffdidaktische Methoden für verschiedene Zwecke, u. a. auch Konzeptualisierungen von Professionswissen für (angehende) Lehrkräfte genutzt. Diese zumeist normativen Entscheidungen wurden scheinbar nicht offengelegt und sind somit unzugänglich für weitere Analysen. Der Vorgehensweise der didaktisch orientierten Rekonstruktion zu folgen, bedeutet eine Offenlegung des Forschungsprozesses. Es wird dadurch nachvollziehbarer, welches Ziel verfolgt wird, auf welche Zielgruppe fokussiert wird und welche fachdidaktischen Grundlagen berücksichtigt werden. Außerdem wird ersichtlicher, welche *normativen* Entscheidungen im Verlauf der Durchführung getroffen werden. Die Offenlegung der Prozesse innerhalb einer stoffdidaktischen Methode ist demzufolge gelungen.

(4) Die Art der Festlegung und Begründung sowie die Ergebnisse einer didaktisch orientierten Rekonstruktion scheinen abhängig von Thema, Zeit des Durchführens und Entstehens sowie der Kultur der durchführenden Person(en) zu sein. Die Anwendung der Methode ist also kontextabhängig.
Diese Erkenntnis stellt sich bei der Betrachtung der Zielsetzung und beider Teilprozesse *Didaktisierung* und *Rekonstruktion* ein. Bei der Zielsetzung können oben genannte Faktoren eine Rolle spielen, indem sie die Wahl des Ziels, die Zielgruppe, aber auch die Einteilung des mathematischen Inhalts beeinflussen. Wenn ein vergleichsweise grober (in Form von großer) mathematischer Inhalt gewählt und er nicht in sehr kleine mathematische Teilbereiche verfeinert wird, weil sich die durchführende Person für eben jenes große Thema zu interessieren scheint, können andere Ergebnisse generiert werden, als wenn feinere mathematische Inhaltsberei-

che gewählt werden. Die Art der Begründung und Festlegung des Themas scheint auch von der Zeit der Durchführung abhängig zu sein. Existieren neuere didaktische Konzepte, so finden andere eventuell keine Berücksichtigung mehr. Die Intention dieser Systematisierung war es indes auch, eine gewisse Offenheit zu gewähren, um individuellere Analysen zu ermöglichen. Je nach dem, wie viele Forschungsarbeiten zu dem jeweiligen Inhaltsbereich existieren, können unterschiedliche Ergebnisse erzielt werden. Die Methode an sich ist aber unabhängig davon. Eine Replizierbarkeit bzw. Reproduktion der Ergebnisse ist in diesem Fall fraglich, obwohl die Offenlegung der Vorgehensweise sowie die der transparenteren normativen Entscheidungen zu einer Replizierbarkeit beitragen könnten.

Die in diesem Abschnitt diskutierten Ergebnisse beziehen sich auf das erste Ziel und entsprechen einer wissenschaftstheoretischen Arbeitsweise. Das erste Ziel ist also erreicht. Diese Diskussion betont das Erkenntnisinteresse hinsichtlich der Methode und bezieht sich nur implizit auf die Durchführbarkeit, welche das zweite Ziel exemplarisch hervorhob. Darum soll es im nächsten Abschnitt gehen.

7.2 Diskussion zur exemplarischen Durchführung der didaktisch orientierten Rekonstruktion

Das zweite Ziel war die *exemplarische* Durchführung der didaktisch orientierten Rekonstruktion, um einen Kanon möglicher Wissenselemente anhand der Gesetze der großen Zahlen identifizieren zu können. Die Methode wurde erprobt. Dazu wurde die didaktisch orientierte Rekonstruktion exemplarisch auf drei Gesetze der großen Zahlen angewendet. Zunächst wurde das Ziel des elementarisierten akademischen Fachwissens für Lehrkräfte im Bereich der Wahrscheinlichkeitsrechnung am Beispiel der Gesetze der großen Zahlen formuliert und in kleinere mathematische Inhalte unterteilt. Auf den ersten Blick könnte zunächst angenommen werden, dass die Gesetze der großen Zahlen keine hohe Relevanz für Lehrkräfte besitzen, weil nur das empirische Gesetz der großen Zahlen in der Schule thematisiert wird und das schwache und starke Gesetz der großen Zahlen keine Anwendung in der Schule finden. Die Gesetze der großen Zahlen wurden als mathematischer Inhalt gewählt, weil hier zwischen schulischer und akademischer Mathematik unterschieden werden kann. Des Weiteren befinden sich die Gesetze der großen Zahlen an der Schnittstelle zwischen schulischer und akademischer Mathematik und sie wurden bisher nur begrenzt fachdidaktisch untersucht. Dies hat die Auswahl des Themas dieser Arbeit beeinflusst, weil somit eine Elementarisierung akademischer Mathematik gezeigt werden konnte. In diesem Fall wurden also das empirische, das schwache und das starke Gesetz der großen Zahlen zunächst separat betrachtet.

Anschließend erfolgten drei Durchgänge der *Didaktisierung*, um zunächst eine strukturierte und ungewichtete Auflistung der Inhalte bezüglich der Gesetze der großen Zahlen zu generieren. Im Anschluss wurde auf Grundlage der Ergebnisse der *Didaktisierung* die *Rekonstruktion* durchgeführt. Mit Hilfe der Kategorien wurden die möglichen Wissenselemente formuliert und eine erste Zuordnung zur schulischen Theorie und akademischen Theorie erfolgte. Anschließend wurden die Ergebnisse der Didaktisierungsdurchgänge miteinander verglichen, um Gemeinsamkeiten und Verschiedenheiten zu identifizieren. Dies hatte zum Ziel, verbindende Ideen und vernetzende Wissenselemente zu generieren. Innerhalb der letzten Kategorie der Grenzen wurden diese Wissenselemente den Wissensdimensionen und -arten zugeordnet. Im Anschluss daran wurden mögliche Netze, wie die einzelnen Wissenselemente verbunden werden könnten, *exemplarisch* anhand von verbindenden Ideen aufgezeigt. Das zweite Ziel ist somit ebenfalls erreicht. Es lässt sich Folgendes resümieren:

(5) Anhand der exemplarischen Durchführung der didaktisch orientierten Rekonstruktion lassen sich mögliche Wissensinhalte für Lehrkräfte der Sekundarstufe I und II bezüglich der Gesetze der großen Zahlen identifizieren.
In Kapitel 6 zeigt sich, dass sich für alle Gesetze der großen Zahlen Wissenselemente identifizieren lassen. Von der Didaktisierung ausgehend wurden Wissenselemente formuliert und der schulischen oder akademischen Mathematik zugeordnet. In diesem Prozess ließen sich bei den Gesetzen der großen Zahlen viele Wissenselemente der akademischen Mathematik zuordnen. Dies verwundert nicht, weil zwei der drei Gesetze der großen Zahlen nicht im Mathematikunterricht in der Schule thematisiert werden. Weiter wurden die Wissenselemente miteinander verglichen und anschließend zu Wissensdimensionen und -arten zugeordnet. Hier zeigt sich, dass diese Zuordnung möglich ist.

(6) Die Wissenselemente lassen sich durch Wissensnetze strukturieren und vernetzende Wissenselemente lassen sich identifizieren.
Anhand der Untersuchung auf Gemeinsamkeiten und Verschiedenheiten ließen sich verbindende Ideen und vernetzende Wissenselemente identifizieren. Somit war die Entwicklung von Wissensnetzen anhand verbindender Ideen möglich. Die Verbindungen zwischen Wissenselementen erfolgte entweder durch die Thematik (weil sie dem gleichen Gesetz der großen Zahlen zugeordnet waren) oder durch die vernetzenden Wissenselemente über die einzelnen Gesetze der großen Zahlen hinaus.

(7) **Es konnten Grenzen elementarisierten akademischen Fachwissens für Lehrkräfte der Sekundarstufe I und II ermittelt werden.**
Mithilfe der Zuordnung zu Wissensdimensionen und -arten sowie der Wissensnetze konnte elementarisiertes akademisches Fachwissen identifiziert und strukturiert werden. Dies heißt im Umkehrschluss, dass auch akademisches Fachwissen, welches sich nicht elementarisieren ließ bzw. nicht relevant zu sein schien, ausgeschlossen werden konnte. Es lässt sich weiterhin zusammenfassen:

(8) **Die Erprobung zeigt die Durchführbarkeit der Methode.**
In Kapitel 6 wurde gezeigt, dass die Didaktisierung umgesetzt werden konnte und eine ungewichtete Auflistung ergab. In der Rekonstruktion wurden Wissenselemente identifiziert und anhand von Wissensnetzen strukturiert. Letztere konnte Grenzen elementarisierten akademischen Fachwissens aufzeigen und es zeigt sich, dass die Methode durchführbar ist.

(9) **Normative Entscheidungen wurden offengelegt und weisen Transparenz auf.**
Normative Entscheidungen wurden, wenn möglich, transparent dargestellt und begründet. Es zeigten sich aber Grenzen der Transparenz, die für die Offenlegung nur eine geringe Rolle spielen. Insbesondere in der Kategorie „Grenzen" wurden intransparente normative Entscheidungen getroffen, weil die Zuordnung zu Wissensdimensionen und Wissensarten nicht ausreichend begründet werden konnte. Dieses Ergebnis der exemplarischen Durchführung der didaktisch orientierten Rekonstruktion deutet auf Limitationen hin, welche im nächsten Abschnitt dargestellt werden.

7.3   Limitationen dieser Arbeit

Die zentralen Limitationen der vorliegenden Arbeit ergeben sich aus dem normativen Charakter stoffdidaktischer Methoden. Die didaktisch orientierte Rekonstruktion als stoffdidaktische Methode unterliegt dieser Normativität ebenfalls. Dies zeigt sich insbesondere in Abschnitt 6.3 der Begrenztheiten, bei denen die Charakteristik der Zuordnung zu Wissensarten und -dimensionen nicht begründet und somit nicht offengelegt werden konnte. Insbesondere sind die Grenzen zwischen schulbezogenem Fachwissen und akademischem Fachwissen diffus. Auch eine klare Abgrenzung zwischen schulbezogenem Fachwissen und fachdidaktischem Wissen scheint nicht immer möglich. Eine Ausschärfung diesbezüglich wäre wünschenswert. Auch die Offenlegung kann bedingt durch die durchführende Person und ihren Kompetenzen variieren, in dem sie ihre Ergebnisse nicht ausreichend begründet. Die

Ergebnisse können durch die Kontextabhängigkeit der didaktisch orientierten Rekonstruktion beeinflusst werden. Diese Kontextabhängigkeit insbesondere der Personen- und Zeitabhängigkeit, kann überprüft werden mit einer Expert*innenstudie, bei der Expert*innen gebeten werden, die Methode mit der gleichen Zielsetzung und -gruppe durchzuführen.

Insgesamt fehlt es an empirischer Validität, um normative Entscheidungen festigen bzw. dementsprechend empirisch begründen zu können. Der Miteinbezug empirischer Daten kann die Ergebnisse der didaktisch orientierten Rekonstruktion beeinflussen. Deshalb rät Griesel (1971) zur „gegenseitigen Begrenzung und Stützung ihrer verschiedenen Teile" (S.80) und begründet dies wie folgt:

> In einer mathematischen Analyse mag man sehr feine und tiefsinnige Unterscheidungen vorgenommen haben. In einer nachfolgend empirischen Untersuchung mag man aber feststellen, daß diese Unterscheidung für den mathematischen Lernprozeß bedeutungslos ist. Würde man also die empirische Untersuchung auslassen, so würde man ungerechtfertigten Aufwand betreiben. (S. 80)

Die Wissenselemente könnten zu detailliert für eine empirische Betrachtung sein, sodass diese gegebenenfalls noch einmal angepasst werden müssten. Weiterer Forschungsbedarf ergibt sich also im Vergleich der hier aufgeführten theoretischen Ergebnisse mit empirischen Ergebnissen.

7.4 Implikationen für die Wissenschaft

Ausgehend von der Diskussion und den Limitationen lassen sich Implikationen für die Wissenschaft ableiten. In der vorliegenden Arbeit wurde eine Methode systematisiert, die basierend auf theoretischen Bezügen einen mathematischen Inhalt elementarisieren und strukturieren soll. Dieses Vorgehen wurde auf die Gesetze der großen Zahlen mit dem Ziel der Identifikation eines Wissenskanons für Lehrkräfte angewandt. Daraus ergibt sich eine erste Implikation:

Qualitative und quantitative Untersuchungen des Fachwissens von Lehrkräften bezüglich der Wahrscheinlichkeitsrechnung und insbesondere zu den Gesetzen der großen Zahlen auf Basis der hier durchgeführten didaktisch orientierten Rekonstruktion
Ausgehend von dem in dieser Arbeit beruhenden Ergebnissen zu einem Wissenskanon könnte eine Expertenstudie durchgeführt werden, um den Wissenskanon (theoretisch) zu validieren. Anschließend könnten Interviews mit praktizierenden

Lehrkräften geführt werden, um deren Fachwissen in Erfahrung zu bringen. Dies entspricht einem bottom-up-Ansatz, bei dem sich ausgehend von den Aufgaben und dem Fachwissen der Lehrkräfte einer Wissenskonzeptualisierung angenähert wird. Im Vergleich dieser Herangehensweise mit dem hier vorliegenden top-bottom-Ansatz können etwaige Wissenselemente adaptiert, verworfen oder neu aufgenommen werden. Ausgehend von diesem Wissenskanon wäre auch eine quantitative Untersuchung denkbar, in der der Wissenskanon im Rahmen einer Konzeptualisierung operationalisiert werden könnte. Diese qualitativen und quantitativen Maßnahmen könnten also Einfluss auf den Wissenskanon für Lehrkräfte haben. Mit dieser Implikation ist eine allgemeinere Implikation denkbar:

Die Verankerung von Empirie in der Methode und ihrer Beschreibung
Diese Implikation beschreibt eine mögliche Veränderung der Methode, um vorhandene Empirie einfließen zu lassen. Zu bedenken ist allerdings, dass schon zu diesem Zeitpunkt empirische Ergebnisse in die didaktisch orientierte Rekonstruktion einfließen können. Dies ist insbesondere an der Stelle des benötigten Vorwissens (Schritt 3 der Didaktisierung), der Grundvorstellungen (Teil des vierten Schritts der Didaktisierung) sowie bei den grundlegenden didaktischen Konzepten (Schritt 5 der Didaktisierung) denkbar, weil ab Schritt 3 die Zielgruppe explizit mit einbezogen wird, um beispielsweise das benötigte Vorwissen adressatenorientiert beschreiben zu können. Auch in der Rekonstruktion sind nach weiterer Adaption Vergleiche von Lernendenvorstellungen und Ergebnissen der Didaktisierung denkbar, was der Struktur nach Kattmann et al. (1997) ähneln würde.

Anwendung der didaktisch orientierten Rekonstruktion auf weitere Themenbereiche
In Kapitel 6 wurde die Methode exemplarisch auf die Gesetze der großen Zahlen mit dem Ziel, Wissenselemente für Lehrkräfte zu identifizieren, angewendet. Eine Anwendung auf weitere mathematische Inhalte ist denkbar, um einerseits die Methode zu verifizieren oder zu adaptieren. Andererseits können Themenbereiche, welche fachdidaktisch aufbereiteter sind, andere Ergebnisse liefern als bei den Gesetzen der großen Zahlen. Ein Grund könnten Forschungsergebnisse zu Lernendenperspektiven sein, sodass die Einbindung von Empirie erfolgen könnte. Ein Blick auf verschiedene Funktionsklassen wäre sicher interessant. Die Betrachtung dieser Ergebnisse könnte eine Adaption der Methode im Hinblick auf die Didaktisierung nach sich ziehen.

Offener Diskurs innerhalb der Fachcommunity
Diese Arbeit rückt die Stoffdidaktik in den Fokus. Sie wirft mit ihrer Methoden-beschreibung Perspektiven für die Wissenschaft auf, indem Vorgehensweisen für zukünftige Projekte offengelegt werden können. Die in Kapitel 3 thematisierten Konzeptualisierungen und ihre Operationalisierungen könnten sich mit der systematischen Herangehensweise der didaktisch orientierten Rekonstruktion überprüfen lassen und so den wissenschaftlichen Diskurs öffnen. Eine solche Herangehensweise schlägt Griesel (1971) vor, der Folgendes schreibt: „Die Lernziele sind ohne eine mathematischen Analyse nicht klar formulierbar. Alle Versuche, dies ohne mathematische Analyse zu tun, sind sehr unzureichend. Die Lernzielformulierungen sind dann zu vage und ungenau" (S. 80). Dementsprechend könnte ein nachträglicher Vergleich zum Erkenntnisinteresse beitragen für zukünftige Forschung. Sobald also normative Entscheidungen getroffen werden, ist die Durchführung der didaktisch orientierten Rekonstruktion sicher lohnenswert.

7.5 Implikationen für die Lehrer*innenausbildung

Aus der vorliegenden Arbeit können wiederum auch Implikationen für die Praxis, vor allem für die Lehrer*innenausbildung gezogen werden. Der Wissenskanon kann Aufschluss darüber geben, wie die Lehrer*innenausbildung verändert werden könnte. Aber auch aus methodischer Sicht können Folgerungen für die Praxis gezogen werden.

Strukturierung der Fachinhalte der ersten Lehramtsausbildungsphase
In der ersten Lehramtsausbildungsphase findet die fachliche Ausbildung von Lehrkräften der Sekundarstufen I und II statt. Die Vorlesungen sind wie in Abschnitt 2.1 beschrieben von formal-axiomatischer, deduktiver Struktur mit einem definitorischen Begriffserwerb. Realitätsbezüge spielen zumeist keine essentielle Rolle. Angehende Lehrkräfte für die Sekundarstufe II besuchen die Grundlagenveranstaltungen meistens gemeinsam mit den fachwissenschaftlichen Studierenden. Die formal-axiomatische, deduktive Struktur muss nicht aufgeweicht werden. Die Ergebnisse der didaktisch orientierten Rekonstruktion können aber Aufschluss darüber geben, welche Fachinhalte Lehrkräfte für ihre spätere Praxis benötigen. Das starke Gesetz der großen Zahlen mit der komplexen Beweisführung könnte beispielsweise nur angerissen werden, damit für den frequentistischen Aspekt des Wahrscheinlichkeitsbegriffs die theoretischen Grundlagen legitimiert werden, der Inhalt der Veranstaltung dadurch aber vereinfacht werden könnte. Auch die verbindenden Ideen könnten in die Fachveranstaltung mit aufgenommen werden, damit Bezüge

zwischen den verschiedenen Gesetzen der großen Zahlen mit aufgenommen werden. Eine vertiefte Analyse der Strukturierung der Fachinhalte könnte dementsprechend Aufschluss darüber geben, wie die Fachveranstaltung zugänglicher für Lehramtsstudierende gemacht werden und somit der doppelten Diskontinuität in der Lehrer*innenausbildung entgegengewirkt werden könnte.

Das Verstehen stoffdidaktischer Analysen in der Fachdidaktik der Lehrer*innenausbildung fördern
Stoffdidaktische Analysen wurden zu vielen Themenbereichen der Mathematikdidaktik durchgeführt und fungieren als Basis für die Entwicklung verschiedener fachdidaktischer Konzepte. Griesel verfasst dazu ein Lernziel für die Ausbildung der Lehramtsstudierenden: „Erfassen und selbst[st]ändiges Durchdenken der Analyse und des mathematischen Hintergrunds des Schulstoffes" (Griesel, 1971, S. 81). Das heißt, dass durchgeführte didaktisch orientierte Rekonstruktionen für die fachdidaktische Lehrer*innenausbildung genutzt werden können, damit Lehramtsstudierende einen vertieften Blick auf solche Analysen und den mathematischen Hintergrund erhalten. Diese Art von Analysen befassen sich mit Elementarisierungen vom akademischen Kern des Inhalts, sodass Studierende die Verbindungen zwischen akademischer und schulischer Mathematik greifen können und somit die schulische Mathematik weniger losgelöst von der akademischen Mathematik steht. Auch dieses Vorgehen könnte einer doppelten Diskontinuität in der Lehrer*innenausbildung entgegenwirken. Den Studierenden wird einerseits ein Bereich der Forschung sichtbar gemacht und andererseits könnte dies eine Vorübung für die zweite Lehramtsausbildungsphase sein.

Die Didaktisierung als strukturgebendes Mittel für Sachanalysen bzw. stoffdidaktischen Analysen innerhalb von Unterrichtsentwürfen in der zweiten Lehramtsausbildungsphase
In der zweiten Lehramtsausbildungsphase, dem Referendariat, werden von angehenden Lehrkräften für ihre Unterrichtsbesuche entsprechende Unterrichtsentwürfe verlangt, in denen sie die geplante Unterrichtsstunde in die Unterrichtssequenz einordnen, einen Plan für die Stunde erstellen und begründen sowie (stoffdidaktische) Sachanalysen schreiben. Letzteren kann durch die Didaktisierung eine Struktur gegeben werden, in dem die angehenden Lehrkräfte den fünf Schritten der Didaktisierung mit Blick auf ihre Zielgruppe und ihrem Ziel folgen können. Diese Herangehensweise bietet also eine Gliederung für etwaige Sachanalysen an, ohne den Anspruch einer Ausführlichkeit, wie es in dieser Arbeit dargestellt wurde.

Die didaktisch orientierte Rekonstruktion als Mittel zur Planung von Unterrichtssequenzen

Als weitere Folgerung kommt die didaktisch orientierte Rekonstruktion als Mittel zur Planung von Unterrichtssequenzen in Frage. Hierfür könnten Lehrkräfte (exemplarisch) den zu behandelnden mathematischen Inhalt strukturieren und mögliche Anwendungsbeispiele herausdifferenzieren, die den mathematischen Inhalt mit seinen Realitätsbezügen zugänglicher machen. Des Weiteren bietet die Methode Ansatzpunkte, um tieferliegende Schwierigkeiten von Lernenden zu identifizieren, weil mit der fortschreitenden Didaktisierung des mathematischen Inhalts auch Lernendenperspektiven aufgefasst werden können.

Fazit und Ausblick

8

In dieser Arbeit wurden zwei Ziele verfolgt. Das erste Ziel war die Systematisierung einer didaktisch orientierten Rekonstruktion zur Strukturierung eines mathematischen Inhalts ausgehend vom Kern des Inhalts mit dem Ziel, normative Aussagen über Wissensinhalte für Lehrkräfte zu generieren. Darauf resultierte das zweite Ziel, welches die Erprobung der Methode war. Hier war das Ziel, einen Kanon möglicher Wissenselemente anhand der Gesetze der großen Zahlen innerhalb der Wahrscheinlichkeitsrechnung *exemplarisch* mithilfe der didaktisch orientierten Rekonstruktion zu identifizieren. Es lässt sich resümieren, dass beide Ziele erreicht wurden.

Eine Systematisierung der didaktisch orientierten Rekonstruktion ist gelungen. Dazu wurden zwei Teilprozesse beschrieben und mit theoretischen Bezügen belegt. Von hoher Relevanz ist die Berücksichtigung von Zielsetzung und Zielgruppe, welche vor den Teilprozessen der Methode beschrieben werden sollten. Dieser Beschreibung der Zielsetzung und -gruppe wurde um die Einteilung größerer mathematische Inhaltsbereiche ergänzt, sodass die Schritt 1–5 mit kleineren Bereichen durchgeführt werden konnten. Der Teilprozess *Didaktisierung* zeigt Möglichkeiten auf, ausgehend vom Kern des mathematischen Inhalts, diesen im weiteren Verlauf zu didaktisieren und eine ungewichtete Auflistung fachlicher und fachdidaktischer Aspekte zu einem mathematischen Teilbereich zu erhalten. Dafür werden im mathematischen Kern des Inhalts die mathematischen Konzepte betrachtet, in der Integration der Bezugssysteme mögliche Anwendungen und -felder und das benötigte Vorwissen analysiert. Anschließend werden verschiedene Darstellungsebenen und Grundvorstellungen mit einbezogen. Im letzten Schritt werden weitere grundlegende fachdidaktische Aspekte analysiert. Für jeden mathematischen Teilbereich wird ein eigener Durchgang durchgeführt, um jeweils strukturierte Auflistungen zu erhalten. Im Teilprozess *Rekonstruktion* werden diese dann strukturiert bewertet, indem der

© Der/die Autor(en) 2024
J. Huget, *Die Methode der didaktisch orientierten Rekonstruktion*, Bielefelder Schriften zur Didaktik der Mathematik 11,
https://doi.org/10.1007/978-3-658-42642-2_8

Zielgruppe und -setzung entsprechend die Auflistung mithilfe von Kategorien relevante Wissenselemente identifiziert werden können. Ziel dieser Kategorien sind
die Formulierung von Wissenselementen ausgehend von der ungewichteten Auflistung aus der Didaktisierung, der Vergleich der jeweiligen Wissenselemente sowie
die Identifikation von Grenzen. Mithilfe der didaktisch orientierten Rekonstruktion lassen sich normative Aussagen erzeugen. Diese Methode ist neuartig, da die
strukturgebende Komponente eine Offenlegung des Prozesses zu jedem Punkt der
Durchführung ermöglicht. Normative Aussagen bzw. Entscheidungen sind transparenter, weil diese zu ihrem Zeitpunkt des Eintretens klar sind. Diese Transparenz
hat aber ihre Grenzen, weil nicht jede normative Entscheidung zu jedem Zeitpunkt
begründet werden kann. Ein weiteres zentrales Ergebnis ist, dass die Generierung
von normativen Aussagen kontextabhängig ist. Diese Kontextabhängigkeit ergibt
sich aus folgenden Faktoren:

- Themenbereich (z. B. der Forschungs- bzw. Datenlage);
- Kultur, in der sich die durchführende Person bewegt;
- Zeitpunkt des Entstehens.

Die Methode an sich ist aber nicht kontextabhängig, sondern kann individuell eingesetzt werden, um verschiedene Aspekte zugänglich zu machen bzw. zu elementarisieren.

  Für das Erreichen des zweiten Ziels wurde die didaktisch orientierte Rekonstruktion im Hinblick auf die Gesetze der großen Zahlen innerhalb der Wahrscheinlichkeitsrechnung angewandt. Die Zielsetzung war die Identifikation von Wissenselementen. Die Zielgruppe waren Lehrkräfte der Sekundarstufen I und II, also einem
gymnasialen Lehramt mit Mathematikunterricht in der Oberstufe. Die Gesetze der
großen Zahlen wurden in das empirische Gesetz der großen Zahlen, das schwache Gesetz der großen Zahlen und das starke Gesetz der großen Zahlen eingeteilt.
Anschließend wurden Durchgänge der *Didaktisierung* zu den einzelnen Gesetzen
der großen Zahlen durchgeführt. Als Ergebnis gab es drei strukturierte, aber ungewichtete Auflistungen relevanter fachlicher und fachdidaktischer Aspekte bezüglich der Gesetze der großen Zahlen. Auf Grundlage dieser Auflistung wurde die
Rekonstruktion durchgeführt, in der die einzelnen Kategorien angewandt wurden.
Zunächst wurde die Auflistung der Ergebnisse der Didaktisierungsdurchgänge in
mögliche Wissenselemente übertragen. Anschließend wurde reflektiert, inwiefern
die Wissenselemente zu schulischen Theorien oder zu universitären Theorien zugeordnet werden können. Innerhalb der zweiten Kategorie wurden nun die Wissenselemente strukturiert miteinander verglichen, um verbindende Ideen und vernetzende
Wissenselemente zu identifizieren. Zuletzt wurden die Wissenselemente zu den

Wissensdimensionen und Wissensarten zugeordnet und Wissensnetze bzgl. verbindender Ideen exemplarisch dargestellt. Es ließ sich ein Wissenskanon (s. Tabelle 6.12) identifizieren und eine Strukturierung wurde exemplarisch durch Wissensnetze dargestellt. Darüber hinaus ließen sich Grenzen elementarisierten akademischen Fachwissens für Lehrkräfte der Sekundarstufe I und II ermitteln und somit ließ sich auch nicht elementarisierbares Fachwissen identifizieren. Die normativen Entscheidungen, die in dieser Erprobung getroffen wurden, weisen Transparenz auf. Die vorliegende Arbeit trägt auf mehreren Ebenen zur Forschung bei:

- Aus wissenschaftstheoretischer Sicht wurde aufgezeigt, wie normative Entscheidungen transparenter gemacht werden und die Durchführung einer stoffdidaktischen Methode offengelegt werden kann. Sie zeigt also Möglichkeiten auf, wie ein Entscheidungsprozess transparent gestaltet und dadurch der Dialog in der Forschung gefördert werden kann. Diese Systematisierung einer stoffdidaktischen Methode ist neuartig in der Hinsicht, dass stoffdidaktische Methoden schon zuvor durchgeführt werden, aber nur selten der Entstehungsprozess offengelegt wurde. Professionswissen von Lehrkräften kann dadurch näher an fachlichen Inhalten konzeptualisiert werden. Damit wurde eine top-bottom-Herangehensweise offengelegt. Die Wissensnetze stellen exemplarisch die Grenzen von elementarisiertem akademischem Fachwissen visuell dar.
- Auf Praxisebene tragen die Ergebnisse der Durchführung zur Lehrer*innenausbildung und der Fachdidaktikdisziplin bei. Wie in Kapitel 2 dargestellt, begegnen Lehrkräfte zahlreichen Herausforderungen in ihrer Ausbildung und in ihrer Praxis. Die schulische und akademische Mathematik gilt es zu verbinden, um der Losgelöstheit beider Ebenen entgegenzuwirken. Die didaktisch orientierte Rekonstruktion kann bei der Überwindung der doppelten Diskontinuität helfen. Die in Kapitel 6 dargestellten Ausführungen zeigen elementarisiertes akademisches Fachwissen. Dabei werden auch fachdidaktische Konzepte wie die verschiedenen Darstellungsebenen, Grundvorstellungen, Wahrscheinlichkeitsbegriffe und fundamentale Ideen berücksichtigt. Daraus lässt sich folgern, dass auch fachliche Hürden hinter den fachdidaktischen Konzepten miteinbezogen werden können. Die Ergebnisse der didaktisch orientierten Rekonstruktion können auch für die Überarbeitung der fachlichen und fachdidaktischen Veranstaltungen genutzt werden. Einerseits ergeben sich Folgerungen für Fachvorlesungen, in denen zum Beispiel das starke Gesetz der großen Zahlen nur am Rande betrachtet werden könnte. Andererseits können die herausgearbeiteten verbindenden Ideen nicht nur in der Fachveranstaltung, sondern auch in der Didaktik der Stochastik thematisiert werden. Das Fachwissen, welches Lehrkräfte durch eine veränderte Lehrer*innenausbildung generieren würden, könnte wiederum

auch Auswirkung auf ihren Stochastikunterricht haben, in dem die Idee der Stabilisierung durchdrungen wird. Mit der vorliegenden Arbeit wird Aufschluss über ein zu erwerbendes fachliches Professionswissen von Lehrkräften in der Stochastik gegeben, auch wenn nur ein kleiner Teilbereich betrachtet wurde.

Die Diskussion der Ergebnisse führt zu der Frage, inwieweit es Übereinstimmungen von Expert*innen bezüglich der Zuordnung zu Wissensdimensionen und Wissensarten gibt und inwieweit diese Ergebnisse dann replizierbar sind. Weiterer Forschungsbedarf ergibt sich aus einem Vergleich zwischen dem Wissenskanon und den fachlichen Aufgaben (angelehnt an den bottom-up-Ansatz von Loewenberg Ball et al., 2008, S.400) im Stochastikunterricht. Auf Grundlage der dargestellten Ergebnisse kann die didaktisch orientierte Rekonstruktion mit dem Ziel, *fachdidaktische* Wissenselemente für Lehrkräfte zu identifizieren, durchgeführt werden. Dadurch könnte sich die Gelegenheit ergeben, die Trennschärfe vom schulfachbezogenen Fachwissen zu fachdidaktischem Wissen zu erhöhen. Folgende weiterführende Forschungsfragen ließen sich anschließen:

- Inwieweit lassen sich die Netze weiter theoretisch und empirisch fundieren?
- Inwieweit stimmt der hier aufgeführte Wissenskanon mit dem Beitrag zu den Gesetzen der großen Zahlen von Stohl (2005) überein?
- Inwieweit sind Teile der verbindenden Ideen fundamental?

Insbesondere die letzte Frage scheint von stoffdidaktischer Bedeutung zu sein, weil es eine Aktualisierung von fundamentalen Ideen in der Stochastik bedeuten kann. Es ergeben sich aber auch offene Fragen auf methodischer Ebene. Auf Grundlage der dargestellten Ergebnisse hinsichtlich der Transparenz und Offenlegung wäre zu fragen, inwieweit normative Entscheidungen und ihre potentielle Intransparenz minimiert werden könnten und der Forschungsprozess noch offener gestaltet werden könnte. Eine Integration und Abgrenzung der didaktisch orientierten Rekonstruktion vom und zum Verfahrensrahmen von Salle und Clüver (2021) steht noch aus. In der Methodenbeschreibung wurden die Aspekte des Vereinfachens aktualisiert und erneuert. Denkbar wäre der Miteinbezug weiterer didaktischer Konzepte, insbesondere eine weitere Ausdifferenzierung von Darstellungsebenen wie zum Beispiel Sprachregister nach Prediger und Wessel (2012).

Das Potential stoffdidaktischer Forschung konnte in der vorliegenden Arbeit nachgewiesen werden. Die Methodik konnte systematisiert und erprobt werden. Aspekte innerhalb der Methode können sich mit anderen Schwerpunkten in der Zielsetzung ändern. Die Methode und ihr logisch strukturierter Aufbau ändert sich dabei nicht.

Literaturverzeichnis

Ableitinger, C. (2013). Demonstrationsaufgaben im Projekt „Mathematik besser verstehen". In C. Ableitinger, J. Kramer & S. Prediger (Hrsg.), *Zur doppelten Diskontinuität in der Gymnasiallehrerbildung: Ansätze zu Verknüpfungen der fachinhaltlichen Ausbildung mit schulischen Vorerfahrungen und Erfordernissen* (S. 17–38). Wiesbaden: Springer Fachmedien Wiesbaden. doi: https://doi.org/10.1007/978-3-658-01360-8-2

Allmendinger, H. (2014). „Über die Notwendigkeit regelmäßiger Vorlesungen zur Elementarmathematik". Lehramtsspezifische Vorlesungen Anfang des 20. Jahrhunderts. In A. Jantowski, R. Tobies, M. Fothe & Schmitz, M. (Hrsg.), *Mathematik und Anwendungen*. Bad Berka: Thillm.

Allmendinger, H. (2015). *Felix Kleins „Elementarmathematik vom höheren Standpunkte aus". Eine Analyse aus historischer und mathematikdidaktischer Sicht*. Siegen: Universitätsbibliothek der Universität Siegen. Zugriff auf https://nbn-resolving.org/urn:nbn:de:hbz:467-9172; http://d-nb.info/1071991973/34; http://dokumentix.ub.uni-siegen.de/opus/volltexte/2015/917/

Allmendinger, H. (2016). Die Didaktik in Felix Kleins „Elementarmathematik vom höheren Standpunkte aus". *Journal für Mathematik-Didaktik, 37* (1) 209–237. https://doi.org/10.1007/s13138-016-0089-1

Ausubel, D. P. & Robinson, F. G. (1971). *School Learning: An Introduction to Educational Psychology*. Holt, Rinehart and Winston. Zugriff auf https://books.google.de/books?id=cBYwuwEACAAJ

Ball, D. L., Hill, H. C. & Bass, H. (2005). Knowing Mathematics for Teaching. *MERICAN EDUCATOR, 2005, 29, 3, 14*.

Bass, H. (2005). Mathematics, mathematicians, and mathematics education. *Bulletin (New Series) of the American Mathematical Society, 42*. Zugriff am 2022-12-10 auf https://www.ams.org/journals/bull/2005-42-04/S0273-0979-05-01072-4/S0273-0979-05-01072-4.pdf doi: https://doi.org/10.1090/S0273-0979-05-01072-4

Batanero, C. (2013). Teaching and learning probability. In S. Lerman (Hrsg), *Encyclopedia of mathematics education* (S. 491–496). Dordrecht: Springer Reference.

Batanero, C., Arteaga, P., Serrano, L. & Ruiz, B. (2014). Prospective Primary School Teachers' Perception of Randomness. In E. J. Chernoff & B. Sriraman (Hrsg.), *Probabilistic Thinking* (S. 345–366). Dordrecht: Springer Netherlands. doi: https://doi.org/10.1007/978-94-007-7155-0_19

Batanero, C., Begué, N., Álvarez-Arroyo, R. & Valenzuela-Ruiz, S. M. (2021). Prospective Mathematics Teachers Understanding of Classical and Frequentist Probability. *Mathematics, 9* (19). Zugriff auf https://www.mdpi.com/2227-7390/9/19/2526 doi: https://doi.org/10.3390/math9192526

Batanero, C. & Borovcnik, M. (2016). *Statistics and Probability in High School.* Rotterdam: SensePublishers. https://doi.org/10.1007/978-94-6300-624-8

Batanero, C., Chernoff, E. J., Engel, J., Lee, H. S. & Sánchez, E. (2016). Research on Teaching and Learning Probability. In *Research on Teaching and Learning Probability* (S. 1–33). Cham: Springer International Publishing. doi: https://doi.org/10.1007/978-3-319-31625-3_1

Batanero, C. & Díaz, C. (2007). The Meaning and Understanding of Mathematics. In K. François & J. P. van Bendegem (Hrsg.), *Philosophical Dimensions in Mathematics Education* (S. 107–127). Boston, MA: Springer US. doi: https://doi.org/10.1007/978-0-387-71575-9_6

Batanero, C. & Diaz, C. (2012). Training school teachers to teach probability: reflections and challenges. *Chilean Journal of Statistics, 3* (1), 3–13. Zugriff am 2021-08-26 https://www.soche.cl/chjs/volumes/03/01/Batanero_Diaz(2012).pdf

Baumert, J. & Kunter, M. (2006). Stichwort: Professionelle Kompetenz von Lehrkräften. *Zeitschrift für Erziehungswissenschaft, 9* (4), 469–520. https://doi.org/10.1007/s11618-006-0165-2

Baumert, J. & Kunter, M. (2011). Das Kompetenzmodell von COACTIV. In M. Neubrand (Hrsg), *Professionelle Kompetenz von Lehrkräften* (S. 29–53). Münster u. a.: Waxmann.

Baumert, J., Kunter, M., Blum, W., Klusmann, U., Krauss, S. & Neubrand, M. (2011). Professionelle Kompetenz von Lehrkräften, kognitiv aktivierender Unterricht und die mathematische Kompetenz von Schülerinnen und Schülern (COACTIV) – Ein Forschungsprogramm. In M. Neubrand (Hrsg), *Professionelle Kompetenz von Lehrkräften* (S. 7–25). Münster u. a.: Waxmann.

Bender, P. (1997). Grundvorstellungen und Grundverständnisse für den Stochastikunterricht. *Stochastik in der Schule, 17* (1), 8–33.

Ben-Zvi, D. & Makar, K. (Hrsg.). (2016). *The Teaching and Learning of Statistics: International Perspectives.* Cham: Springer International Publishing.

Beutelspacher, A., Danckwerts, R. & Nickel, G. (2010). Mathematik Neu Denken: Empfehlungen zur Neuorientierung der universitären Lehrerbildung im Fach Mathematik für das gymnasiale Lehramt. Bonn.

Bewersdorff, J. (2021). *Statistik – wie und warum sie funktioniert.* Berlin, Heidelberg: Springer Berlin Heidelberg. https://doi.org/10.1007/978-3-662-63712-8

Biehler, R. & Blum, W. (2016). Didaktisch orientierte Rekonstruktion von Mathematik als Basis von Schulmathematik und Lehrerbildung – Editorial. *Journal für Mathematik-Didaktik, 37* (1), 1–4. https://doi.org/10.1007/s13138-016-0101-9

Biehler, R. & Engel, J. (2015). Stochastik: Leitidee Daten und Zufall. In R. Bruder, L. Hefendehl-Hebeker, B. Schmidt-Thieme & H.-G. Weigand (Hrsg.), Handbuch der Mathematikdidaktik (S. 221–251). Berlin, Heidelberg: Springer Berlin Heidelberg. doi: https://doi.org/10.1007/978-3-642-35119-8_8

Biehler, R., Hänze, M., Hochmuth, R., Becher, S., Fischer, E., Püschl, J. & Schreiber, S. (o.J.). *Lehrinnovation in der Studieneingangsphase „Mathematik im Lehramtsstudium" – Hochschuldidaktische Grundlagen, Implementierung und Evaluation: Gesamtabschlussbericht des BMBF-Projekts LIMA 2013 – Reprint mit Anhängen.* Kassel. Zugriff am 2022-11-22 auf https://nbn-resolving.de/urn:nbn:de:hebis:34-2018092556

Biermann, H. R. (2010). *Praxis des Mathematikunterrichts 1750–1930 Längsschnittstudie zur Implementation und geschichtlichen Entwicklung des Mathematikunterrichts am Ratsgymnasium Bielefeld.* Berlin: Logos. http://deposit.d-nb.de/cgi-bin/dokserv?id=3494086& prov=M&dok_var=1&dok_ext=htm

Bigalke, H.-G. (1974). Sinn und Bedeutung der Mathematikdidaktik. *ZDM, 6,* 109–115.

Blömeke, S., Kaiser, G. & Lehmann, R. (2010). TEDS-M-2008 Sekundarstufe I: Ziele, Untersuchungsanlage und zentrale Ergebnisse. In R. Lehmann (Hrsg), *TEDS-M 2008* (S. 11–37). Münster: Waxmann.

Blömeke, S., Kaiser, G., Lehmann, R., König, J., Döhrmann, M., Buchholtz, C. & Hacke, S. (2009). TEDS-M: Messung von Lehrerkompetenzen im internationalen Vergleich. In O. Zlatkin-Troitschanskaia, K. Beck, D. Sembill, R. Nickolaus & R. Mulder (Hrsg.), *Lehrprofessionalität. Bedingungen, Genese, Wirkungen und ihre Messung* (S. 181–209). Weinheim u. a.: Beltz.

Blum, W. (1979). Zum vereinfachten Grenzwertbegriff in der Differentialrechnung. *Der Mathematikunterricht* (3) 42–50.

Blum, W. (2012). Einführung. In O. Köller (Hrsg), *Bildungsstandards Mathematik: konkret* (S. 14–32). Berlin: Cornelsen.

Blum, W. & Kirsch, A. (1979). Anschaulichkeit und Strenge in der Analysis IV. *Der Mathematikunterricht, 25* (3).

Borovcnik, M. (1992). *Stochastik im Wechselspiel von Intuitionen und Mathematik.* Mannheim [u. a.]: Wissenschaftsverlag.

Borovcnik, M. (1997). Fundamentale Ideen als Organisationsprinzip in der Mathematik-Didaktik. *Schriftenreihe zur Didaktik der Mathematik der Österreichischen Mathematischen Gesellschaft (ÖMG), (27),* 17–25. Zugriff am https://www.oemg.ac.at/ DK/Didaktikhefte/1997%20Band%2027/Borovcnik1997.pdf auf https://www.oemg.ac. at/DK/Didaktikhefte/1997%20Band%2027/Borovcnik1997.pdf

Brinkmann, A. (2002). *Über Vernetzungen im Mathematikunterricht.* Zugriff auf http:// digitale-objekte.hbz-nrw.de/storage2/2018/02/08/file_72/7530901.pdf

Bromme, R. (1992). *Der Lehrer als Experte: Zur Psychologie des professionellen Wissens.* Bern etc.: H. Huber.

Bromme, R. (1994). Beyond subject matter: A psychological topology of teachers' professional knowledge. In R. Biehler, R. W. Scholz, R. Sträßer& B. Winkelmann (Hrsg.), Didactics of Mathematics as a Scientific Discipline (S. 73–88). Dordrecht u. a.: Kluwer.

Bromme, R., Rheinberg, F., Minsel, B., Winteler, A. & Weidenmann, B. (2006). Die Erziehenden und die Lehrenden. In A. Krapp & B. Weidenmann (Hrsg.), Pädagogische Psychologie (S. 269–356). Weinheim u. a.]: Beltz PVU.

Bruner, J. S. (1960). *The Process of Education.* New York: Vintage Books.

Bruner, J. S. (1964). The course of cognitive growth. *American Psychologist, 19* (1), 1–15. https://doi.org/10.1037/h0044160

Bruner, J. S. (1976). *Der Prozess der Erziehung* (4. Aufl. Aufl., Bd. 4). Berlin: Berlin-Verl. [u. a.].

Buchholtz, N., Schwarz, B. & Kaiser, G. (2016). Eine Analyse der sogenannten Schlussrechnung – Die Relevanz der Ansätze von Arnold Kirsch für aktuelle Lernprozesse in der Lehrerausbildung. *Journal für Mathematik-Didaktik, 37* (1), 31–53. https://doi.org/10.1007/s13138-016-0090-8

Büchter, A. & Henn, H.- W. (2007). *Elementare Stochastik: Eine Einführung in die Mathematik der Daten und des Zufalls* (Zweite, überarbeitete und erweiterte Auflage Aufl.). Berlin, Heidelberg: Springer-Verlag Berlin Heidelberg. Zugriff auf http://site.ebrary.com/lib/alltitles/docDetail.action?docID=10186904 doi: https://doi.org/10.1007/978-3-540-45382-6

Bundesministerium für Bildung und Forschung (2016). Neue Wege in der Lehrerbildung: Die Qualitätsoffensive Lehrerbildung. Zugriff am 2022-11-22 https://www.qualitaetsoffensive-lehrerbildung.de/lehrerbildung/shareddocs/downloads/files/bmbf-neue_wege_in_der_lehrerbildung_barrierefrei.pdf?__blob=publicationFile&v=1

Carnap, R. (1950). *Logical foundations of probability*. Chicago: University of Chicago Press.

Di Bernado, R., Mellone, M., Minichini, C. & Ribeiro, M. (2019). Subjective approach to probability for accessing prospective teachers' specialized knowledge. In M. Graven, H. Venkat, A. Essien & Vale, P. (Hrsg.), *Proceedings of the 43rd Conference of the International Group for the Psychology of Mathematics Education* (S. 177–184).

Dienes, Z. P. (1961). *Building Up Mathematics*. Hutchinson Educational. Zugriff auf https://books.google.de/books?id=9DY6AAAAMAAJ

Dienes, Z. P. & Jeeves, M. A. (1965). *Thinking in Structures*. Hutchinson Educational. Zugriff auf https://books.google.de/books?id=J1t-AAAAMAAJ

Döhrmann, M., Kaiser, G. & Blömeke, S. (2010). Messung des mathematischen und mathematikdidaktischen Wissens: Theoretischer Rahmen und Teststruktur. In R. Lehmann (Hrsg.), *TEDS-M 2008* (S. 169–194). Münster: Waxmann.

Drechsel, B., Prenzel, M. & Seidel, T. (2020). Nationale und internationale Schulleistungsstudien. In E. Wild & J. Möller (Hrsg.), *Pädagogische Psychologie* (S. 349–374). Berlin, Heidelberg: Springer Berlin Heidelberg. doi: https://doi.org/10.1007/978-3-662-61403-7_15

Dreher, A., Lindmeier, A., Heinze, A. & Niemand, C. (2018). What Kind of Content Knowledge do Secondary Mathematics Teachers Need? *Journal für Mathematik-Didaktik, 39* (2), 319–341. https://doi.org/10.1007/s13138-018-0127-2

Eichler, A. (2013). Stochastik verständlich unterrichten. In H. Allmendinger, K. Lengnink, A. Vohns & G. Wickel (Hrsg.), *Mathematik verständlich unterrichten: Perspektiven für Unterricht und Lehrerbildung* (S. 99–113). Wiesbaden: Springer Fachmedien Wiesbaden. doi: https://doi.org/10.1007/978-3-658-00992-2_7

Eichler, A. & Vogel, M. (2011). *Leitfaden Stochastik: Für Studierende und Ausübende des Lehramts*. Wiesbaden: Vieweg+Teubner Verlag / Springer Fachmedien Wiesbaden GmbH Wiesbaden. Zugriff auf http://dx.doi.org/10.1007/978-3-8348-9909-5

Eichler, A. & Vogel, M. (2014). *Leitidee Daten und Zufall für die Sekundarstufe II: Von konkreten Beispielen zur Didaktik der Stochastik* (Aufl. 2014 Aufl.). Wiesbaden: Springer Fachmedien Wiesbaden GmbH.

Fischer, R. (1982). Sinn mathematischer Inhalte und Begriffsentwicklungen im Analysisunterricht. *Journal für Mathematik-Didaktik, 3* (3), 265–294. https://doi.org/10.1007/BF03338667

Fleischer, J., Koeppen, K., Kenk, M., Klieme, E. & Leutner, D. (2013). Kompetenzmodellierung: Struktur, Konzepte und Forschungszugänge des DFG-Schwerpunktprogramms.

Zeitschrift für Erziehungswissenschaft, 16 (1), 5–22. https://doi.org/10.1007/s11618-013-0379-z

Franklin, C. A. (2007). *Guidelines for assessment and instruction in statistics education (GAISE) report: A pre-K-12 curriculum framework.* Alexandria, VA: American Statistical Association.

Freudenthal, H. (1973). *Mathematik als pädagogische Aufgabe 1* (1. Aufl. Aufl.).

Gal, I. (2002). Adults' statistical literacy: Meanings, components, responsibilities (with discussion). *International Statistical Review, 70* (1), 1–51.

Gal, I. (2005). Towards „Probability Literacy" for all Citizens: Building Blocks and Instructional Dilemmas. In G. A. Jones (Hrsg.), *Exploring Probability in School* (Bd. 40, S. 39–63). New York: Springer-Verlag. doi: https://doi.org/10.1007/0-387-24530-8_3

Garfield, J. B., Ben-Zvi, D., Chance, B., Medina, E., Roseth, C. & Zieffler, A. (2008). *Developing StudentsStatistical Reasoning: Connecting Research and Teaching Practice* (1. Aufl. Aufl.). s.l.: Springer Netherlands. Zugriff auf http://site.ebrary.com/lib/alltitles/docDetail.action?docID=10252235

Georgii, H.-O. (2009). *Stochastik: Einführung in die Wahrscheinlichkeitstheorie und Statistik* (4., überarb. und erw. Aufl. Aufl.). Berlin: de Gruyter. Zugriff auf http://www.reference-global.com/doi/book/10.1515/9783110215274 doi: https://doi.org/10.1515/9783110215274

Greefrath, G., Oldenburg, R., Siller, H.-S., Ulm, V. & Weigand, H.-G. (2016). *Didaktik der Analysis.* Berlin, Heidelberg: Springer Berlin Heidelberg. https://doi.org/10.1007/978-3-662-48877-5

Griesel, H. (1968). Eine Analyse und Neubegründung der Bruchrechnung. *Mathematisch-Physikalische Semesterberichte, XV* (1), 48–68.

Griesel, H. (1971). Die mathematische Analyse als Forschungsmittel in der Didaktik der Mathematik. In *Beiträge zum Mathematikunterricht* (S. 72–81).

Griesel, H. (1974). Überlegungen zur Didaktik der Mathematik. *ZDM, 6,* 115–119.

Griesel, H., vom Hofe, R. & Blum, W. (2019). Das Konzept der Grundvorstellungen im Rahmen der mathematischen und kognitionspsychologischen Begrifflichkeit in der Mathematikdidaktik. *Journal für Mathematik-Didaktik, 40* (1), 123–133. https://doi.org/10.1007/s13138-019-00140-4

Hartig, J. & Klieme, E. (2006). Kompetenz und Kompetenzdiagnostik. In K. Schweizer (Hrsg.), *Leistung und Leistungsdiagnostik* (S. 127–143). Berlin, Heidelberg: Springer Berlin Heidelberg. doi: https://doi.org/10.1007/3-540-33020-8_9

Heather C. Hill. (2007). Mathematical Knowledge of Middle School Teachers: Implications for the No Child Left Behind Policy Initiative. *Educational Evaluation and Policy Analysis, 29* (2) 95–114. https://doi.org/10.3102/0162373707301711

Hefendehl-Hebeker, L. (2013). Doppelte Diskontinuität oder die Chance der Brückenschläge. In C. Ableitinger, J. Kramer & S. Prediger (Hrsg.), *Zur doppelten Diskontinuität in der Gymnasiallehrerbildung: Ansätze zu Verknüpfungen der fachinhaltlichen Ausbildung mit schulischen Vorerfahrungen und Erfordernissen* (S. 1–15). Wiesbaden: Springer Fachmedien Wiesbaden. doi: https://doi.org/10.1007/978-3-658-01360-8_1

Heimann, P. .-. (1979). *Unterricht Analyse und Planung* (10., unveränd. Aufl. Aufl.). Hannover u. a.: Schroedel.

Heintz, B. (2000). *Die Innenwelt der Mathematik: Zur Kultur und Praxis einer beweisenden Disziplin: Teilw. zugl.: Berlin, Freie Univ., Habil.-Schr., 1995/96.* Wien: Springer. Zugriff auf https://www.hsozkult.de/publicationreview/id/rezbuecher-495

Heinze, A., Dreher, A., Lindmeier, A. & Niemand, C. (2016). Akademisches versus schulbezogenes Fachwissen – ein differenzierteres Modell des fachspezifischen Professionswissens von angehenden Mathematiklehrkräften der Sekundarstufe. *Zeitschrift für Erziehungswissenschaft, 19* (2) 329–349. https://doi.org/10.1007/s11618-016-0674-6

Heitele, D. (1975). An epistemological view on fundamental stochastic ideas. *Educational Studies in Mathematics, 6* (2) 187–205. https://doi.org/10.1007/BF00302543

Henze, N. (2017). Stochastik für Einsteiger. Wiesbaden: Springer Fachmedien Wiesbaden. https://doi.org/10.1007/978-3-658-14739-6

Hoth, J., Jeschke, C., Dreher, A., Lindmeier, A. & Heinze, A. (2020). Ist akademisches Fachwissen hinreichend für den Erwerb eines berufsspezifischen Fachwissens im Lehramtsstudium? Eine Untersuchung der Trickle-down-Annahme. *Journal für Mathematik-Didaktik, 41* (2) 329–356. https://doi.org/10.1007/s13138-019-00152-0

Jacobbe, T. (2010). Preparing elementary school teachers to teach statistics: an international dilemma. In C. Reading (Hrsg.), *Data and context in statistics education: Towards an evidence-based society.* Voorburg, The Netherlands: International Statistical Institut. Zugriff am 2021-10-08 auf https://icots.info/icots/8/cd/pdfs/invited/ICOTS8_3B2_JACOBBE.pdf

Jones, G. A. (Hrsg.). (2005a). Exploring Probability in School. New York: Springer-Verlag. doi: https://doi.org/10.1007/b105829

Jones, G. A. (2005b). Introduction. In G. A. Jones (Hrsg.), *Exploring Probability in School* (S. 1–14). New York: Springer-Verlag.

José Carrillo-Yañez, Nuria Climent, Miguel Montes, Luis C. Contreras, Eric Flores-Medrano, Dinazar Escudero-Ávila & M. Cinta Muñoz-Catalán. (2018). The mathematics teacher's specialised knowledge (MTSK) model*. *Research in Mathematics Education, 20* (3), 236–253. https://doi.org/10.1080/14794802.2018.1479981

Kattmann, U. (2007). Didaktische Rekonstruktion – eine praktische Theorie. In D. Krüger & H. Vogt (Hrsg.), *Theorien in der biologiedidaktischen Forschung: Ein Handbuch für Lehramtsstudenten und Doktoranden* (S. 93–104). Berlin, Heidelberg: Springer Berlin Heidelberg. https://doi.org/10.1007/978-3-540-68166-3_9

Kattmann, U., Duit, R., Gropengießer, H. & Komorek, M. (1997). Das Modell der Didaktischen Rekonstruktion – Ein Rahmen für naturwissenschaftsdidaktische Forschung und Entwicklung. *Zeitschrift für Didaktik der Naturwissenschaften, 3* (3), 3–18. Zugriff auf https://web.archive.org/web/20200907015340/ftp://ftp.rz.uni-kiel.de/pub/ipn/zfdn/1997/Heft3/S.3-18_Kattmann_Duit_Gropengiesser_Komorek_97_H3.pdf

Keynes, J. M. (1921). *A treatise on probability* (Bd. 3). New York: Macmillan.

Kirsch, A. (1960). Ein geometrischer Zugang zu den Grundbegriffen der Differentialrechnung . *MU, 6* (2), 5–21.

Kirsch, A. (1969). Eine Analyse der sogenannten Schlußrechnung. *Mathematisch-Physikalische Semesterberichte, XVI* (1), 41–55.

Kirsch, A. (1977). Aspekte des Vereinfachens im Mathematikunterricht. *Westermanns Pädagogische Beiträge, 29* (4), 151–157.

Kirsch, A. (2000). Aspects of Simplification in Mathematics Teaching. In I. Westbury, S. Hopmann & K. Riquarts (Hrsg.), *Teaching as reflective practice* (S. 267–284). Mahwah: Lawrence Erlbaum Associates.

Klafki, W. (1995). Didactic analysis as the core of preparation of instruction. *Journal of Curriculum Studies, 27* (1), 13.

Klein, F. (1908). *Elementarmathematik vom höheren Standpunkte aus: Teil I: Arithmetik, Algebra, Analysis.* Leipzig: Teubner.

Klein, F. (1921). Über die Arithmetisierung der Mathematik. In F. Klein (Hrsg.), *Gesammelte mathematische Abhandlungen* (Bd. II, S. 232–240). Berlin: Julius Springer.

Klein, F. (1929). *Präzisions- und Approximationsmathematik* (3. Aufl., Bd. III). Berlin: Julius Springer.

Klein, F. (1933). *Arithmetik, Algebra, Analysis* (4. Aufl., Bd. I). Berlin: Julius Springer.

Kleine, M. 2012. *Lernen fördern: Mathematik ; Unterricht in der Sekundarstufe I.* Seelze: Klett/Kallmeyer.

Kleine, M. (2021). Mathematische Grundbildung als Baustein einer demokratischen Meinungsbildung: 113–121 / PraxisForschungLehrer*innenBildung. Zeitschrift für Schul- und Professionsentwicklung., Bd. 3 Nr. 3 (2021): Demokratiebildung als (hoch-)schulische Querschnittsaufgabe und demokratisch-politische Bildung als Prinzip der Lehrer*innen-Bildung. https://doi.org/10.11576/pflb-4957

Klieme, E., Avenarius, H., Blum, W., Döbrich, P., Gruber, H., Prenzel, M. & Vollmer, H. J. (2003). *Zur Entwicklung nationaler Bildungsstandards. Eine Expertise.* Bonn, Berlin: BMBF. Zugriff auf https://www.pedocs.de/volltexte/2020/20901/ doi: https://doi.org/10.25656/01:20901

Klieme, E. & Hartig, J. (2008). Kompetenzkonzepte in den Sozialwissenschaften und im erziehungswissenschaftlichen Diskurs. In M. Prenzel, I. Gogolin & H.-H. Krüger (Hrsg.), Kompetenzdiagnostik: Zeitschrift für Erziehungswissenschaft (S. 11–29). Wiesbaden: VS Verlag für Sozialwissenschaften. doi: 10.1007/978-3-531-90865-6_2

Klieme, E. & Leutner, D. (2006). Kompetenzmodelle zur Erfassung individueller Lernergebnisse und zur Bilanzierung von Bildungsprozessen. Beschreibung eines neu eingerichteten Schwerpunktprogramms der DFG. *Zeitschrift für Pädagogik 52*, (6), 876–903. Zugriff am 2020-11-17 auf https://www.pedocs.de/volltexte/2011/4493/pdf/ZfPaed_2006_Klieme_Leutner_Kompetenzmodelle_Erfassung_Lernergebnisse_D_A.pdf

KMK. (2003). *Bildungsstandards im Fach Mathematik für den Mittleren Schulabschluss: Beschluss vom 4.12.2003.* Zugriff am 2022-12-09 auf https://www.kmk.org/fileadmin/veroeffentlichungen_beschluesse/2003/2003_12_04-Bildungsstandards-Mathe-Mittleren-SA.pdf

KMK. (2008). *Ländergemeinsame inhaltliche Anforderungen für die Fachwissenschaften und Fachdidaktiken in der Lehrerbildung: Beschluss der Kultusministerkonferenz vom 16.10.2008 i. d. F. vom 16.05.2019.* Zugriff auf https://www.kmk.org/fileadmin/Dateien/veroeffentlichungen_beschluesse/2008/2008_10_16-Fachprofile-Lehrerbildung. pdf

KMK. (2012). Bildungsstandards im Fach Mathematik für die Allgemeine Hochschulreife: Beschluss der Kultusministerkonferenz vom 18.10.2012. Zugriff am 2021-10-06 auf https://www.kmk.org/fileadmin/Dateien/veroeffentlichungen_beschluesse/2012/2012_10_18-Bildungsstandards-Mathe-Abi.pdf

KMK. (2022). *Bildungsstandards im Fach Mathematik für den Mittleren Schulabschluss: Beschluss vom 15.10.2004 und vom 04.12.2003, i. d. F. vom 23.06.2022.* Zugriff auf https://www.kmk.org/fileadmin/veroeffentlichungen_beschluesse/2022/2022_06_23-Bista-ESA-MSA-Mathe.pdf

Krauss, S., Blum, W., Brunner, M., Neubrand, M., Baumert, J., Kunter, M. & Elsner, J. (2011). Konzeptualisierung und Testkonstruktion zum fachbezogenen Professionswissen von Mathematiklehrkräften. In M. Neubrand (Hrsg.), *Professionelle Kompetenz von Lehrkräften.* Münster u. a.: Waxmann.

Krengel, U. (2005). *Einführung in die Wahrscheinlichkeitstheorie und Statistik: Für Studium, Berufspraxis und Lehramt* (8., erw. Aufl. Aufl.). Wiesbaden: Vieweg. Zugriff auf http://dx.doi.org/10.1007/978-3-663-09885-0 10.1007/978-3-663-09885-0

Krüger, K., Sill, H.- D. & Sikora, C. (2015). *Didaktik der Stochastik in der Sekundarstufe I.* Berlin: Springer Spektrum. Zugriff auf http://dx.doi.org/10.1007/978-3-662-43355-3

Kunter, M. & Baumert, J. (2011). Das COACTIV-Forschungsprogramm zur Untersuchung professioneller Kompetenz von Lehrkräften: Zusammenfassung und Diskussion. In M. Neubrand (Hrsg.), *Professionelle Kompetenz von Lehrkräften* (S. 345–366). Münster u. a.: Waxmann.

Kunter, M., Brunner, M., Baumert, J., Klusmann, U., Krauss, S., Blum, W. & Neubrand, M. (2005). Der Mathematikunterricht der PISA-Schülerinnen und -Schüler. *Zeitschrift für Erziehungswissenschaft, 8* (4), 502–520. https://doi.org/10.1007/s11618-005-0156-8

Kütting, H. & Sauer, M. J. (2014). *Elementare Stochastik: Mathematische Grundlagen und didaktische Konzepte* (3. Aufl., korr. Nachdr Aufl.). Berlin: Springer Spektrum.

Kvatinsky, T. & Even, R. (2002). Framework for teacher knowledge and understanding about probability. In International Conference on Teaching Statistics, B. Phillips, International Statistical Institute.& International Association for Statistical Teaching. (Hrsg.), *ICOTS 6 : the Sixth International Conference on Teaching Statistics : „Developing a Statistically Literate Society", 7–12 July 2002, Cape Town, South Africa / editor: Brian Phillips.* International Assoc. for Statistical Teaching Voorburg, Netherlands. Zugriff am 2021-10-12 auf https://iase-web.org/documents/papers/icots6/6a4_kvat.pdf?1402524962

Lambert, A. (2014). Teilprozesse der stoffdidaktischen Methode (in der Geometrie). In Mitteilungen der Gesellschaft für Didaktik der Mathematik (Bd. 40 (96), S. 89). Zugriff am 2020-02-19 auf https://ojs.didaktik-der-mathematik.de/index.php/mgdm/article/view/397

Lee, H. S. & Hollebrands, K. F. (2008). Preparing to teach data analysis and probability with technology. In C. Batanero, G. Burrill, C. Reading& Rossmann, A. (Hrsg.), *Joint ICMI/IASE Study: Teaching Statistics in School Mathematics. Challenges for Teaching and Teacher Educatio.* Zugriff auf https://iase-web.org/documents/papers/rt2008/T3P4_Lee.pdf?1402524990

Leuders, T. (Hrsg.). (2020). Mathematik-Didaktik: Praxishandbuch für die Sekundarstufe I+III (9. Auflage Aufl.). Berlin: Cornelsen.

Loewenberg Ball, D., Thames, M. H. & Phelps, G. (2008). Content Knowledge for Teaching: What Makes It Special? *JOURNAL OF TEACHER EDUCATION, 59* (5), 389–407.

Löwe, M. & Knöpfel, H. (2011). *Stochastik - Struktur im Zufall* (2., verbesserte und erweiterte Auflage Aufl.). München: Oldenbourg Verlag.

Malle, G. (2003). Vorstellungen von Differenzenquotienten fördern. *Mathematik Lehren* (118), 57–62.

Malle, G. & Malle, S. (2003). Was soll man sich unter einer Wahrscheinlichkeit vorstellen? *Mathematik Lehren* (118), 52–56.

Mayer, R. E. (2003). What Causes Individual Differences in Cognitive Performance? In R. J. Sternberg & E. L. Grigorenko (Hrsg.), *The Psychology of Abilities, Competencies, and Expertise* (S. 263–274). Cambridge University Press. doi: https://doi.org/10.1017/CBO9780511615801.012

Neuweg, G. H. (2011). Das Wissen der Wissensvermittler: Problemstellungen, Befunde und Perspektiven der Forschung zum Lehrerwissen. In E. Terhart, H. Bennewitz & M. Rothland (Hrsg.), *Handbuch der Forschung zum Lehrerberuf* (S. 451–477). Münster: Waxmann.

OECD. (2019). PISA 2018 Mathematics Framework. *In PISA 2018 Assessment and Analytical Framework* (S. 73–95). Paris: OECD Publishing. doi: https://doi.org/10.1787/13c8a22c-en

Oehl, W. (1970). *Der Rechenunterricht in der Hauptschule.* Hannover.

Pickert, G. (1969). Einführung in die Differential- und Integralrechnung (1. Aufl. Aufl.). Stuttgart: Klett.

Prediger, S. & Wessel, L. (2012). Darstellungen vernetzen: Ansatz zur integrierten Entwicklung von Konzepten und Sprachmitteln. *PM: Praxis der Mathematik in der Schule, 54* (45), 28–33.

Rach, S., Heinze, A. & Ufer, S. (2014). Welche mathematischen Anforderungen erwarten Studierende im ersten Semester des Mathematikstudiums? *Journal für Mathematik-Didaktik, 35* (2), 205–228. https://doi.org/10.1007/s13138-014-0064-7

Reichersdorfer, E., Ufer, S., Lindmeier, A. & Reiss, K. (2014). Der Übergang von der Schule zur Universität: Theoretische Fundierung und praktische Umsetzung einer Unterstützungsmaßnahme am Beginn des Mathematikstudiums. In I. Bausch et al. (Hrsg.), *Mathematische Vor- und Brückenkurse: Konzepte, Probleme und Perspektiven* (S. 37–53). Springer Fachmedien Wiesbaden. doi: https://doi.org/10.1007/978-3-658-03065-0_4

Reiss, K. & Hammer, C. (2013). *Grundlagen der Mathematikdidaktik.* Basel: Springer Basel. https://doi.org/10.1007/978-3-0346-0647-9

Renkl, A. (2020). Wissenserwerb. In E. Wild & J. Möller (Hrsg.), Pädagogische Psychologie (S. 3–24). Berlin, Heidelberg: Springer Berlin Heidelberg.

Riemer, W. (1991a). Das 'Eins durch Wurzel n'-Gesetz. Einführung in statistisches Denken auf der Sekundarstufe I. *Stochastik in der Schule, 11* (3), 24–36. Zugriff am 2022-11-26 auf https://www.stochastik-in-der-schule.de/sisonline/struktur/jahrgang11-91/heft3/1991-3_Riem.pdf

Riemer, W. (1991b). Stochastische Probleme aus elementarer Sicht. Mannheim [u. a.]: Wissenschaftsverlag.

Salle, A. & Clüver, T. (2021). Herleitung von Grundvorstellungen als normative Leitlinien – Beschreibung eines theoriebasierten Verfahrensrahmens. *Journal für Mathematik-Didaktik, 42* (2), 553–580. https://doi.org/10.1007/s13138-021-00184-5

Salle, A. & Frohn, D. (2017). Grundvorstellungen zu Sinus und Cosinus. *Mathematik Lehren* (204), 8–12.

Schoenfeld, A. H. (2011). Reflections on teacher expertise. In Y. Li & G. Kaiser (Hrsg.), *Expertise in mathematics instruction* (S. 327–341). Boston: Springer.

Schreiber, A. (1979). Universelle Ideen im mathematischen Denken – ein Forschungsgegenstand der Fachdidaktik. *Mathematica Didacta* (2), 165–171.

Schreiber, A. (1983). Bemerkungen zur Rolle universeller Ideen im mathematischen Denken. *Mathematica Didacta* (6), 65–76.

Schumacher, S. (2017). *Lehrerprofessionswissen im Kontext beschreibender Statistik: Entwicklung und Aufbau des Testinstruments BeSt Teacher mit ausgewählten Analysen* (Bd. 4). Wiesbaden: Springer Fachmedien Wiesbaden. https://doi.org/10.1007/978-3-658-17766-9

Schupp, H. (1982). Zum Verhältnis statistischer und wahrscheinlichkeitstheoretischer Komponenten im Stochastik-Unterricht der Sekundarstufe I. *Journal für Mathematik-Didaktik, 3* (3–4), 207–226. https://doi.org/10.1007/BF03338665

Schupp, H. (1988). Anwendungsorientierter Mathematikunterricht in der Sekundarstufe I zwischen Tradition und neuen Impulsen. *Der Mathematikunterricht, 34* (6), 5–16.

Schupp, H. (2002). *Thema mit Variationen oder Aufgabenvariation im Mathematikunterricht.* Hildesheim [u. a.]: Franzbecker. Zugriff auf http://digitale-objekte.hbz-nrw.de/storage2/2016/08/28/file_2/6856780.pdf

Schweiger, F. (1982). Fundamentale Ideen der Analysis und handlungsorientierter Unterricht. *Beiträge zum Mathematikunterricht* (16), 103–111.

Schweiger, F. (1992). Fundamentale Ideen. Eine geistesgeschichtliche Studie zur Mathematikdidaktik. *Journal für Mathematik-Didaktik, 13* (2), 199–214. doi: https://doi.org/10.1007/BF03338778

Shulman, L. S. (1986a). Paradigms and Research Programs in the Study of Teaching: A Contemporary Perspective. In M. C. Wittrock (Hrsg.), *Handbook of research on teaching* (S. 3–36). New York: Macmillan.

Shulman, L. (1987). Knowledge and Teaching: Foundations of the New Reform. *Harvard Educational Review, 57* (1), 1–23. doi: https://doi.org/10.17763/haer.57.1.j463w79r56455411

Shulman, L. S. (1986b). Those who understand: Knowledge growth in teaching. *Educational researcher, 15,* (2) 4–14.

Steinbring, H. (2000). Mathematische Bedeutung als eine soziale Konstruktion – Grundzüge der epistemologisch orientierten mathematischen Interaktionsforschung. *Journal für Mathematik-Didaktik, 21,* (1) 28–49. https://doi.org/10.1007/BF03338905

Stohl, H. (2005). Probability in Teacher Education and Development. In G. A. Jones (Hrsg.), *Exploring Probability in School: Challenges for Teaching and Learning* (S. 345–366). Boston, MA: Springer US. doi: https://doi.org/10.1007/0-387-24530-8_15

Tietze, U.- P. (1979). Fundamentale Ideen der Linearen Algebra und Analytischen Geometrie. *Mathematica Didacta, 2,* 137–163.

Tietze, U.- P., Klika, M., & Wolpers, H. (1982). *Didaktik des Mathematikunterrichts in der Sekundarstufe II.* Braunschweig [u. a.]: Vieweg.

Toepell, M. (2003). Rückbezüge des Mathematikunterrichts und der Mathematikdidaktik in der BRD an historische Vorausentwicklungen. *ZDM, 35,* (4) 177–181. https://doi.org/10.1007/BF02655739

Vohns, A. (2005). Fundamentale Ideen und Grundvorstellungen: Versuch einer konstruktiven Zusammenführung am Beispiel der Addition von Brüchen. *Journal für Mathematik-Didaktik, 26,* (1) 52–79. https://doi.org/10.1007/BF03339006

Vohns, A. (2016). Fundamental Ideas as a Guiding Category in Mathematics Education – Early Understandings, Developments in German-Speaking Countries and Relations to Subject Matter Didactics. *Journal für Mathematik-Didaktik, 37* (1), 193–223. Zugriff auf https://doi.org/10.1007/s13138-016-0086-4

Vollrath, H. J. (1984). *Methodik des Begriffslehrens im Mathematikunterricht.* Klett. Zugri auf https://books.google.de/books?id=4WN7twAACAAJ

Vollrath, H.- J. & Roth, J. (2012). *Grundlagen des Mathematikunterrichts in der Sekundarstufe* (2. Aufl. Aufl.). Heidelberg: Spektrum, Akad. Verl.

Vollstedt, M., Ufer, S., Heinze, A. & Reiss, K. (2015). Forschungsgegenstände und Forschungsziele. In R. Bruder, L. Hefendehl-Hebeker, B. Schmidt-Thieme & H.- G. Weigand (Hrsg.), *Handbuch der Mathematikdidaktik* (S. 567–589). Berlin, Heidelberg: Springer Berlin Heidelberg. doi: https://doi.org/10.1007/978-3-642-35119-8_21

vom Hofe, R. (1995). *Grundvorstellungen mathematischer Inhalte.* Spektrum Akademischer Verlag.

vom Hofe, R. (2003). Grundbildung durch Grundvorstellungen. *Mathematik Lehren* (118), 4–9.

vom Hofe, R. & Blum, W. „Grundvorstellungen" as a Category of Subject-Matter Didactics. *Journal für Mathematik-Didaktik, 37* (1) 225–254. doi: https://doi.org/10.1007/s13138-016-0107-3

Wallman, K. K. (1993). Enhancing Statistical Literacy: Enriching Our Society. *Journal of the American Statistical Association, 88* (421) 1. https://doi.org/10.2307/2290686

Watson, J. (1997). Assessing Statistical Thinking Using the Media. In I. Gal & J. B. Garfield (Hrsg.), *The assessment challenge in statistics education* (S. 107–121). Amsterdam: IOS Press.

Weber, C. (2016). Making Logarithms Accessible – Operational and Structural Basic Models for Logarithms. *Journal für Mathematik-Didaktik, 37* (1), 69–98. https://doi.org/10.1007/s13138-016-0104-6

Weigand, H.- G. (2015). Begriffsbildung. In R. Bruder, L. Hefendehl-Hebeker, B. Schmidt-Thieme & H.- G. Weigand (Hrsg.), *Handbuch der Mathematikdidaktik* (S. 255–278). Berlin, Heidelberg: Springer Berlin Heidelberg. doi: https://doi.org/10.1007/978-3-642-35119-8_9

Weigand, H.- G. (o.J.). *Didaktische Prinzipien.* Zugriff am 2020-09-16 auf https://www.uni-wuerzburg.de/fileadmin/10040500/dokumente/Texte_zu_Grundfragen/weigand_didaktische_prinzipien.pdf

Weinert, F. E. (1999). *Konzepte der Kompetenz.* Paris.

Weinert, F. E., Rychen, D. S. & Salganik, L. H. (2001). Concept of competence: A conceptual clarification. *Defining and selecting key competencies., 2001, 45.*

Wild, C. J. & Pfannkuch, M. (1999). Statistical Thinking in Empirical Enquiry. *International Statistical Review / Revue Internationale de Statistique, 67* (3) 223–248. https://doi.org/10.1111/j.1751-5823.1999.tb00442.x

Wittmann, E. C. (1981). *Grundfragen des Mathematikunterrichts.* Vieweg+Teubner Verlag. doi: https://doi.org/10.1007/978-3-322-91539-9

Wu, H.- H. (2011). The Mis-Education of Mathematics Teachers. *Notices of the AMS, 58* (3), 372–384.

Wu, H.- H. (2015). *Textbook school mathematics and the preparation of mathematics teachers.* Zugriff am 2022-12-02 auf https://math.berkeley.edu/~wu/Stony_Brook_2014.pdf

Wu, H.-H. (2018). The Content Knowledge Mathematics Teachers Need. In Y. Li, W. J. Lewis & J. J. Madden (Hrsg.), *Mathematics Matters in Education: Essays in Honor of Roger E. Howe* (S. 43–91). Cham: Springer International Publishing. https://doi.org/10.1007/978-3-319-61434-2_4

Printed in the United States
by Baker & Taylor Publisher Services